DER WELTRAUM

Die Originalfotografien der NASA

Klett-Cotta

Herausgegeben im Auftrag des Dezernats für Kultur und Freizeit, Amt für Wissenschaft und Kunst der Stadt Frankfurt am Main
Deutsches Architekturmuseum
Verantwortlich: Heinrich Klotz

Die Ausstellung wurde zusammengestellt von der Baxter Art Gallery, California Institute of Technology, Pasadena.
Die Bilder wurden vom Jet Propulsion Laboratory für die NASA* angefertigt.

Ausstellungsorganisation Pasadena: Jay Belloli
Ausstellungsorganisation Frankfurt:
Luminita Sabau

Die Autoren:
Prof. Dr. Heinrich Klotz (Direktor, Deutsches Architekturmuseum, Frankfurt am Main)
Dr. Lew Allen (Director, Jet Propulsion Laboratory, Pasadena)
Jay Belloli (Director, Pasadena Gallery of Contemporary Arts)
Dr. Albert R. Hibbs (Office of Technology and Space Program Development, Jet Propulsion Laboratory, Pasadena)
Christopher Knight (Kunstkritiker, The Herald Examiner, Los Angeles)
Catherine J. LeVine (Image Processing Applications and Development Section, Jet Propulsion Laboratory, Pasadena)
Donald J. Lynn (Consultant, Image Processing Applications and Development Section, Jet Propulsion Laboratory, Pasadena)
Michael Maegraith (Fellow of the British Interplanetary Society, London)
Prof. Dr. Willi Ziegler (Direktor, Forschungsinstitut Senckenberg, Frankfurt am Main)

* NASA – National Aeronautics and Space Administration

Gestaltung: Michael Maegraith
Herstellung: Bernd Engel
Koordinierung: Hedwig Ladner
Aus dem Amerikanischen übersetzt:
Dr. Susanne Päch-Franke

Schutzumschlag: Saturn (siehe Seite 130/131)

© 1985 Baxter Art Gallery, California Institute of Technology, Pasadena, California 91125
© 1987 für die deutsche Ausgabe bei DAM, Frankfurt am Main und
Ernst Klett Verlage GmbH und Co. KG, Stuttgart
Verlagsgemeinschaft Ernst Klett –
J. G. Cotta'sche Buchhandlung Nachfolger GmbH, Stuttgart. – Alle Rechte vorbehalten.
Gesetzt in der Frutiger 55 von Steffen Hahn, Kornwestheim
Reproduziert von Reprographia, Lahr
Gedruckt bei Graphische Betriebe Eberl, Immenstadt
Gebunden bei Lachenmaier, Reutlingen
Printed in Germany

CIP-Kurztitelaufnahme der Deutschen Bibliothek:

Der Weltraum: d. Orig.-Fotogr. d. NASA/
[d. Ausstellung wurde zsgest. von d. Baxter Art Gallery, California Inst. of Technology, Pasadena. Hrsg. im Auftr. d. Dezernats für Kultur u. Freizeit, Amt für Wiss. u. Kunst d. Stadt Frankfurt a. M.: Dt. Architekturmuseum. Verantw.: Heinrich Klotz. Aus d. Amerikan.: Susanne Päch-Franke. Die Autoren:
Lew Allen …].
– Stuttgart: Klett-Cotta, 1988
ISBN 3-608-76248-5
NE: Klotz, Heinrich [Hrsg.]; Baxter Art Gallery ⟨Pasadena, Calif.⟩

Inhaltsverzeichnis

Vorwort

Das Jet Propulsion Laboratory von Caltech hat am Programm der Vereinigten Staaten zur wissenschaftlichen Erforschung des Weltraums in den zurückliegenden 25 Jahren wesentlichen Anteil genommen. Dieses Programm betraf die Flüge zum Mond, die Beobachtung der Erde aus dem Weltraum und astronomische Beobachtungen mit erdumkreisenden Teleskopen. Doch die dramatischsten Missionen stellten die zahlreichen Reisen zu allen Planeten unseres Sonnensystems bis hinaus zum Saturn dar; zur Zeit ist gerade eine Raumsonde zum Uranus und danach zum Neptun unterwegs.

Die Raumsonden für diese Projekte sind komplizierte Laboratorien; sie enthalten eine Vielzahl von Instrumenten, die verschiedenartigste wissenschaftliche Daten aufnehmen können. Für die Ausstellung – „Der Weltraum" – wurden die besten Aufnahmen der JPL-Flüge ausgesucht. Bis auf eine Ausnahme, den Lunar-Orbiter, sind sie nicht mit Kamera und Fotofilm entstanden; die meisten wurden mit einer speziellen Fernsehkamera aufgenommen, die ein System von Filtern für die Farbinformation enthielt. Einige Bilder stammen aus Radarbeobachtungen. Der Infrared Astronomical Satellite (IRAS) stellte keine Abbildungen im üblichen Sinn her, vielmehr erzeugte ein zeilenweise abtastendes Teleskop jedesmal, wenn ein Stern die schmale Öffnung in der Ebene seines Fokus passierte, ein elektrisches Signal.

Alle hier abgebildeten Aufnahmen wurden aus dem Weltraum übertragen und mittels Computern auf der Erde wieder zusammengesetzt. Diese auf der Erde vorgenommene Verarbeitung von Bildern entwickelte sich zu einer Technik, in der das JPL ungewöhnlich fachkundig ist. Die visuellen Daten müssen von Fehlern befreit und in Perspektive und Größe angepaßt werden; viele verschiedene Bilder müssen kombiniert werden, um das für die wissenschaftliche Analyse in Farbe, Intensität und Detail sinnvollste Einzelbild zu erhalten. Das Ergebnis sind Bilder von außergewöhnlichem wissenschaftlichem Wert. Gleichzeitig aber bieten sie die Möglichkeit, Ergebnisse wissenschaftlicher Missionen auch dem Laien klar und einleuchtend verständlich zu machen.

Viele dieser Bilder sind unzweifelhaft schön. Sie zeigen uns Welten, die wohl kaum ein Mensch je besuchen wird und die das menschliche Auge selbst gar nicht wahrnehmen könnte. Die elektronische Bildverarbeitung wurde entwickelt, um unterschiedliche Auslegungen zu ermöglichen; sie wurde von Experten angewendet, die auch ein Auge für das Schöne haben. Ich selbst glaube, diese Aufnahmen sind Kunstwerke. Sie informieren, regen an und rufen Vorstellungen noch nicht gesehener Welten wach.

Dr. Lew Allen

Einleitung und Danksagung

Die komplizierten, rätselhaften und erstaunlichen Bilder, die dieser Band zeigt, deuten auf unerwartete Weise Parallelen zwischen Kunst und Wissenschaft an. Ursprünglich für Zwecke der wissenschaftlichen Forschung geschaffen, dienten diese Aufnahmen mit ihren ausdrucksstarken Farben, ihren ungewöhnlichen räumlichen Eigenschaften und den außergewöhnlichen Kontrasten von Licht und Dunkel als unvorhersehbare Hilfen für das Studium von Himmelskörpern. Wie nicht anders zu erwarten, haben sie oftmals mehr wissenschaftliche Fragen aufgeworfen als beantwortet.

Sie haben aber auch, was weniger zu erwarten war, künstlerische Fragen aufgeworfen. Tatsächlich hat die Mischung von Inspiration, Experiment und harter Arbeit, die diese Bilder hervorgebracht hat, offensichtlich Gemeinsamkeiten mit der modernen Konzeption des künstlerischen Schaffensprozesses. Diese Konzeption hat mit der wissenschaftlichen Methode sowohl die Betonung der Intuition als auch die der Logik gemein. Ob es sich nun um ein Gemälde oder eine mathematische Gleichung handelt, der Ausdruck „schön" wird oft in beiden Bereichen angewandt, um das gelungene Endprodukt zu beschreiben.

Marcel Duchamps Gedanke, daß nur Künstler und Betrachter die Frage, was ein Kunstwerk sei, entscheiden können, kommt unweigerlich in den Sinn, wenn man diese Bilder sieht. Obwohl es sich gewissermaßen um „Zufallsprodukte" handelt, unterstreicht die Tatsache, daß sie in dieses Buch und in die Ausstellung aufgenommen wurden, ihre ästhetischen Qualitäten; auch wenn ihre wichtigste Funktion – tatsächlich der einzige Grund ihrer Existenz überhaupt – mit Kunst gar nichts zu

tun hat, sind ihre ästhetische Kraft und Bedeutung, wenngleich sie schwer auszudrücken sind, doch nicht zu leugnen.

Doch offensichtlich sind die Zusammenhänge noch wesentlich komplexer. Jemanden, der Kunst und Wissenschaft als sich gegenseitig ausschließende Kategorien erachtet, mag die Entdeckung überraschen, daß diese Bilder oft aufgrund einer Reihe unleugbar künstlerischer Entscheidungen entstanden. So wurden zum Beispiel die Farben verstärkt, um bestimmte Motive dem Auge angenehmer erscheinen zu lassen. Die Wahl von Bildern, die in ein Fotomosaik des Mars aufgenommen werden sollen, oder die Farbwahl für das wie ein Juwel funkelnde Bild der Insel Hawaii stellt sich als willkürlicher und – in vielen Fällen – rein künstlerischer Akt heraus. Manchmal wurden Entscheidungen nur getroffen, um zu sehen, „was passieren würde, wenn…": wenn ein Bild manipuliert, also „gespreizt", verstärkt oder abgeschwächt würde.

Letztlich sind diese Bilder – in der Kunst wie in der Wissenschaft – Ausdruck des gleichen menschlichen Bestrebens nach Wissen und des Wunsches, Antworten zu finden. In diesem Sinn sind diese seltsamen, fremdartigen und doch erkennbaren Bilder letztlich Ausdruck unserer menschlichen Natur, und das, obwohl keines der in der Ausstellung gezeigten Weltraumbilder von einem menschlichen Wesen mit der Kamera in der Hand aufgenommen wurde und obwohl kein Mensch diese Welten bewohnt.

*

Diese Ausstellung zusammenzustellen war ein außerordentlich kompliziertes Unterfangen, das die Fähigkeiten und Anstrengungen einer großen Zahl von Organisationen und Personen erforderte. Über David R. Smith von Caltech lernte ich Dr. Albert R. Hibbs kennen, der weitgehend für die Entwicklung des JPL-Weltraumprogramms verantwortlich ist. Dr. Hibbs wiederum machte mich mit Frank Colella und Jurrie van der Woude vom JPL bekannt; ohne Jurrie van der Woudes' Wissen und unermüdliche Hilfe wäre diese Ausstellung unvorstellbar gewesen. Dr. Lew Allen, Direktor am JPL, ist für die Unterstützung sowie für seine Bereitschaft zu danken, das Vorwort zu diesem Buch verfaßt zu haben. Die Mitglieder des Pressebüros von JPL halfen mir sehr, insbesondere Don Bane, Yolanda Blevin, Frank Bristow, Henry Fuhrmann, Alison Galien, Mary Beth Murrill, Yvonne Samuel und Alan Wood. Neben Dr. Hibbs gestatteten mir Don Lynn und Cathy LeVine, gleichfalls vom JPL, ihre Bemerkungen und Beobachtungen in diesem Buch zu zitieren. Danken möchte ich auch Terre Ashmore-Davis, Mary Di Salvo, Ben Holt, Gina Nelson, Bob Post, Joe Stockemer und vielen anderen am JPL, die mir ihre Hilfe zuteil werden ließen.

Am Caltech unterstützte mich David Grether in besonderer Weise.

Barbara Alexander von der Baxter Art Gallery, die lange die Ausstellungsvorbereitungen betreut hat, danke ich ebenfalls.

Gail Peterson gebührt mein Dank, ebenso wie Phyllis Brewster, Susan Davis, Jane Dietrich, Kathy Harris, Tanya Mink, Brian Forrest, Curtis Berak und Stephen Berens.

Mein Dank gilt Andrea P.A. Belloli und Lynne Dean für ihre redaktionelle Hilfe. Christopher Knight muß für seinen hervorragenden Artikel, der unter unvorstellbarem Zeitdruck entstand, lobend erwähnt werden.

Die amerikanische Ausstellung wäre ohne die Unterstützung der IBM Corporation nicht zustande gekommen. Ich bin auf das tiefste für ihre Großzügigkeit und ihr Interesse dankbar. Schließlich möchte ich meine Dankbarkeit dem gesamten JPL als Institution ausdrücken. Ohne die Anstrengung von vielen einzelnen Mitarbeitern in dieser Einrichtung während der letzten 25 Jahre würden die hier zusammengestellten außergewöhnlichen Bilder einfach nicht existieren. Ich freue mich, daß ich dem Caltech für die fünfzehnjährige Unterstützung der Baxter Art Gallery durch diese Ausstellung danken kann.

Jay Belloli

Das Sonnensystem –
eine geowissenschaftliche Betrachtung

Einleitung

Eine der gewaltigsten Errungenschaften der Naturwissenschaften der letzten 25 Jahre ist die Erforschung des erdnahen (besser: sonnennahen) Weltraums. Geowissenschaftlich und planetologisch haben die Ergebnisse dieser Erkundung des Mondes und der Planeten mit ihren anderen Trabanten eine so ungeahnte Fülle neuer Erkenntnisse gebracht, daß die sich aufbauende Vorstellung von der Struktur der Himmelskörper in unserem Sonnensystem kaum mehr etwas mit der seit dem späten Mittelalter entwickelten Himmelskunde zu tun hat. Die mit Hilfe von Satelliten, Raumsonden, bemannten und unbemannten Landefähren gesammelten Daten und mit Computer übermittelten und ausgewerteten Radar- und fotografischen Bilder haben eine Planetenwelt gezeichnet, welche den mit den traditionellen Fernrohren zu beobachtenden Kosmos in Zahl, Genauigkeit und Detail bei weitem übertrifft.
Die Rückwirkung dieser neuen Erkenntnisse auf die grundlagenforschenden Erdwissenschaften – allein die Erforschung der Geologie des Mondes stimulierte neue geowissenschaftliche Aktivitäten in den alten Schilden der Erde –, ganz zu schweigen von Auswirkungen auf die angewandten Wissenschaften, wie Meteorologie, Erdvermessung, Nachrichtenübermittlung, Photogrammetrie usw., ist zu vergleichen mit der Auswirkung der Erkenntnis von der Plattentektonik der Erde. Diese hat im gleichen Zeitraum ein völlig neues Bild vom Aufbau der Erde und vor allem von der internen Dynamik des Planeten Erde geschaffen – vom Entstehen und Vergehen ganzer Krustenteile, vom Vulkanismus und vom irdischen Erdbebengeschehen.

Die spezifischen Eigenschaften der Erde unterscheiden sie von allen anderen heute bekannten Himmelskörpern in unserem Sonnensystem:
Der innere Aufbau, die endogene Dynamik, das Klima, die Atmosphäre, die Hydrosphäre lassen sich in solchem Zusammenwirken auf keinem anderen Planeten nachweisen. Das hängt mit der Entstehungsgeschichte und mit dem Entwicklungsstadium zusammen. Befinden sich im Prinzip gleichaltrige Planeten, wie etwa der Mars, heute schon in einem Stadium, das der Erde noch bevorsteht? Andere, wie zum Beispiel Merkur und Mond, sind in einem (End-)Stadium angekommen, das die Erde dank ihrer fortentwickelten Dynamik längst überwunden hat.

Entstehung des Sonnensystems

Das Isotopenalter von Meteoriten und Mondgestein läßt darauf schließen, daß das Sonnensystem etwas mehr als 4,6 Milliarden Jahre alt ist. Es wird vermutet, daß aus einer Supernova-Explosion stammende expandierende Trümmer von dichter Materie auf eine gewaltig breit ausgedehnte dünne Wolke aus Gasen und Staubpartikeln trafen und eingefangen wurden. Verdichtungen und Schockwellen ließen diese Gaswolke kollabieren, in sich zusammenfallen, wobei ihre eigene Gravität dann zu einer solchen Zunahme der Dichte und der Temperaturen führte, daß im Inneren eine verdichtete und nach außen hin eine diffuse Region entstand. Durch stets vorhandene Turbulenzen und Wirbel erhielt jedes Fragment in dieser Wolke einen Drehimpuls. Hierdurch schließlich entwickelte sich eine flache, rotierende Scheibe aus Gas und aus in Gas umgewandelten oder von Gas umgebenen Staubpartikeln: Ein Sonnennebel, ähnlich dem des heutigen Andromedanebels, war geboren. Es wird heute angenommen, daß sich aus einem solchen Nebel heraus die Sonne im Zentrum formierte und sich alle anderen Objekte unseres Sonnensystems um sie herum gebildet haben.

Entstehung der Planeten

Im Zentrum des Nebels entstand also die Sonne: ein neuer Stern. Um sie herum entwickelten sich aus der Nebelscheibe die Planeten und ihre Satelliten, die Asteroiden und, zumindest teilweise, die Kometen, die alle zusammen das Sonnensystem ausmachen. Beim Abkühlen der Nebelscheibe kondensierte Materie verschiedener Dichte, z. B. Körner von Silikaten (SiO_2-haltige Mineralien), Metalle, Wassereis und Kohlendioxideis. Beim Kollidieren verschmolzen sie miteinander. Auf diese Weise blieben bald nur größere Körper zurück; die neue Sonne im Zentrum hatte das meiste Gas und die restlichen Staubpartikel durch den Sonnenwind (Ströme von sich schnell bewegenden Atomteilchen) sowie den immerwährenden Druck des Sonnenlichtes in interstellare Weiten hinausgetrieben. Die übriggebliebenen schweren Körper rotierten weiter und kollidierten, wobei sie miteinander verschmolzen und an Größe zunahmen. Da diese Verschmelzungsvorgänge (Akkretion genannt) in unterschiedlichem Abstand von der Sonne erfolgten, bildeten sich verschiedenartige Zusammensetzungen. Die Kondensate wuchsen sich schließlich zu Asteroiden (Körpern bis zur Größe von einigen zehn Kilometern) aus, die, Planetesimale genannt, als Bausteine für die inneren Planeten angesehen werden. Obwohl physikalisch und chemisch sehr komplex und schwer zu erklären, hat sich schließlich eine riesige Anzahl solcher Planetesimale zu nur vier inneren Planeten vereinigt: Merkur, Venus, Erde und Mars. Diese werden terrestrisch genannt, weil sie der Erde ähnlich sind. Je größer ein solcher Planet wurde, desto mehr erhöhte sich seine Gravität, auch die Wärmeentwicklung bei Impakt (Aufprall) der Planetesimale nahm zu. Wahrscheinlich liefen

die Wachstumsprozesse so ab, daß eine große Menge Wärme bewahrt wurde (Impaktwärme und Wärme aus dem kurzfristigen Zerfall radioaktiver Substanzen), welche die Materie der entstehenden Planeten bis in große Tiefen (mehrere 100 km) schmelzen ließ.

Die vier inneren, erdähnlichen, gesteinsreichen Planeten bestehen allesamt aus einer festen Kugel mit einem metallischen Kern und mit äußeren Schalen aus Silikaten. Diese Planeten sind relativ arm an leichtflüchtigen Bestandteilen. In ihrer frühen Vergangenheit sind sie durch Meteoritenbombardements mit Kratern bedeckt gewesen. Vulkanismus und Erdbeben waren charakteristisch für ihre vergangene Dynamik. Vulkanismus und starke seismische Aktivität gibt es bei diesen vier Planeten heute nur noch auf der Erde. Vulkane haben in den frühen Entstehungsphasen die Gase ausgestoßen, die dann die durch Gravitation an Venus, Mars und Erde gebundenen Gashüllen aufgebaut haben. Diese aus der Verdampfung flüchtiger Bestandteile entstandene Atmosphäre stellt vielleicht eine der frühesten Trennungen von Materialien in der Geschichte der festen Planeten dar. Ähnliche Trennungen von Material verschiedener Dichte haben auch im Inneren dieser Planeten verschiedene Zonen aufgebaut: metallischer Kern, metallisch-silikatischer Mantel und Kruste aus leichten Silikaten.

Die Atmosphäre des Mars besteht vorwiegend aus Kohlendioxid (CO_2) und hat einen Oberflächendruck, der weniger als ein Hundertstel von dem der Erde beträgt, während die Atmosphäre der Venus, ebenfalls hauptsächlich aus CO_2 bestehend, hundertmal dichter als die der Erde ist. Der Merkur als kleinster der vier inneren Planeten besitzt keine Atmosphäre, seine Entgasungsprodukte sind wohl wegen der geringen Gravität und der Nähe zur Sonne schon früh in den Weltraum abgeblasen worden.

Viele der Asteroiden oder Planetesimale, die nicht auf die in Entstehung befindlichen Planeten aufschlugen, sind heute im Asteroidengürtel konzentriert, der die vier inneren von den fünf äußeren Planeten trennt. Ihre Größe schwankt zwischen 1000 km und Partikelgröße. Asteroiden, die wie Kometen und

Meteoriten als Überreste des frühen Sonnensystems angesehen werden (ob die letzteren auch von außerhalb kommen können, ist noch nicht geklärt), sind häufig auf Kollisionskurs mit den Planeten, schlagen dort ein und überbringen uns auf der Erde Informationen über die chemische Zusammensetzung des frühen Solarsystems. Die Schwerkraft des benachbarten Jupiters verhindert übrigens, daß sich aus dem Asteroidengürtel ein größerer Planet bilden kann.

Vier der jenseits des Asteroidengürtels umlaufenden äußeren Planeten sind gigantisch im Ausmaß. Jupiter, Saturn, Uranus und Neptun sind riesige Gasbälle, die vorwiegend aus Wasserstoff und Helium bestehen mit Beimengungen von Methan (CH_4), Ammoniak (CH_3), Wasser und anderen leichtflüchtigen Bestandteilen. Unterhalb von Wolkenschichten wird der Wasserstoff zunehmend dichter und damit flüssig und geht bei Saturn und Jupiter schließlich in einen metallischen Zustand über. Die vier Riesenplaneten haben wahrscheinlich alle einen Kern aus Silikaten, Metallen und Wasser; außer dem Uranus strahlen sie mehr Hitze in den Weltraum ab, als sie von der Sonne aufnehmen, das heißt, sie kühlen sich ab. Dieser Wärmeüberschuß scheint in der früheren Phase der Zusammenführung gespeichert worden zu sein.

Der äußerste aller Planeten ist Pluto. Er ist der am wenigsten erforschte, der kleinste und kälteste Planet und wurde auch schon zusammen mit seinem großen Mond Charon als Doppelplanet bezeichnet. Bestehend aus Methan und Wassereis, mit Gesteinsbrocken durchmischt, ist er nicht zuletzt wegen seiner schräg zu den anderen Planetenbahnen verlaufenden Sonnenumlaufbahn schon ein Übergangsobjekt zwischen Planeten und Kometen genannt worden.

Die Enthüllung der Geheimnisse der Planeten und ihrer Satelliten ist zur Zeit nur über das Studium ihrer Oberflächen möglich. Durch deren Inneres vermögen nur seismische Wellen zu dringen, und diese sind derzeit lediglich beim Planeten Erde (und Mond) und beschränkt beim Mars anwendbar. Deshalb liefern die Bilder, zum Teil auch Radarrekonstruktionen, die mit Hilfe der eingangs erwähnten Sonden seit 1969 von den Oberflächen aufgenommen wurden, wichtige Daten zur Rekonstruktion der Geschichte der Planeten. Bisher konnten nur vom Erdenmond und vom Mars stammende Gesteine im Labor oder von einer gelandeten Fähre aus direkt untersucht werden. Allerdings erhielt man auch schon vor den Sondenflügen durch Analyse von Meteoriten, die auf der Erde aufschlugen, umfangreiche Informationen über die dichte Materie des frühen Sonnensystems.

Hier sind zu unterscheiden: *Eisenmeteorite* (überwiegend Eisen und Nickel), *Steinmeteorite* (Sauerstoff, Silicium, Mangan, Eisen, Calcium in Form von Verbindungen), *Sulfidmeteorite* (Eisen, Schwefel, Kupfer u. a. Verbindungen), *Tektite* oder *Glasmeteorite* (Sauerstoff, Silicium, Aluminium, Eisen) – hierbei handelt es sich um beim Impakt aufgeschmolzene und ausgeschleuderte irdische Substanzen.

Die Meteoriten enthalten Kerne von auf der Erde nicht bekannten Elementen; ihr Isotopenalter ist hoch (einige Milliarden Jahre). Kohlenstoffverbindungen in chondritischen Meteoriten sind – voreilig – außerirdischem organischem Leben zugeschrieben worden.

Oberflächenformen

Es ist angedeutet worden, daß die Entwicklung zum heutigen Zustand der Planetenkörper unterschiedliche Wege ging. Die Landschaften, die außerhalb der Erde entstanden, sind von denen auf der Erde verschieden, auch wenn die Marsbilder Ähnlichkeit mit unseren Wüsten suggerieren. Erst wenn man die auf der Erde prägenden Elemente – Ozeane und Vegetation – hinwegnimmt, lassen sich Gemeinsamkeiten erkennen, die zu unterschiedlichen Zeiten einen zum Teil homologen Entwicklungszustand der Planeten wahrscheinlich machen.

Krater
Alle Planeten sind am Anfang ihrer Entwicklung einem heftigen Bombardement durch meteoritische Körper ausgesetzt gewesen, deren Einschläge (Impakte) unzählige Krater

zurückließen. Auf einigen Planeten und Monden sind die kraterbedeckten Oberflächen das typische Erscheinungsbild. Die Kratergröße und die Menge des ausgeworfenen und beiseite geschleuderten Materials hängen von Größe und Geschwindigkeit des einschlagenden Körpers ab. Festigkeit der getroffenen Oberfläche und die Gravität bestimmen die Größe und Form des Einschlagkraters mit. Die größten Krater messen mehrere hundert Kilometer im Durchmesser. Sie werden Becken genannt.

Die Meteoriteneinschläge waren zu Beginn der Krustenbildung der Planeten so zahlreich, daß sie die gesamte Oberfläche überdeckten. Zu diesem Zeitpunkt reflektieren die reichen Meteoritenfälle den frühen Zustand im sich formierenden Solarsystem. Allmählich klangen diese Einschläge dann ab. Heute sind sie sehr gering, aber noch vorhanden (Beispiel von Einschlägen auf der Erde: Nördlinger Ries vor etwa 14 Mio. Jahren; Meteorkrater in Arizona vor etwa 20 000 Jahren; Tunguska in Sibirien, 1908 [Eisen-Nickel-Komet]).

Auch die Erde ist sicherlich in ihrer frühen Vergangenheit von Einschlagkratern bedeckt gewesen; sie hat jedoch später durch ihre dynamische Entwicklung – Plattentektonik, Vulkanismus und Verwitterung – ihre Kraterspuren weitgehend eliminiert. Bei genauerem Hinsehen lassen sich indes noch zahlreiche solcher Spuren entdecken (Grieve/Robertson, 1987). Immerhin bringt die heutige Wissenschaft gelegentliche oder zyklische globale Aussterbenskatastrophen auf der Erde (seit etwa 500 Mio. Jahren) mit den Sekundärwirkungen von eingeschlagenen Asteroiden in Verbindung; vorhandene Einschlagkrater lassen sich jedoch kaum mehr genau zuordnen.

Verformungskräfte der Planetenkrusten

Als eine Folge der Kontraktion oder Expansion eines Planeten kann die Kruste aufgebrochen oder verformt worden sein; dies geschieht entlang tektonischen Linien. Solche Vorgänge können in der Vergangenheit bei vielen Planeten mit schnell wechselnden Vorgängen im endogenen Bereich oder durch Krusten-Gezeitenspannungen (gravitativ bedingte Wechselwirkungen) entstanden sein. Die heute noch gegenwärtigen tektonischen Spannungen und Zerreißungen auf der Erde haben mit Umwälzungen der Wärmeverteilung zu tun, die im oberen Mantel stattfinden. Die darauf schwimmende irdische Kruste ist in Platten zerbrochen.

Hinweise auf tektonisches Auf- und Zerbrechen der Kruste lieferten z. B. Merkur, Mars und die Jupitermonde Ganymed und Europa (siehe dort).

Vulkanismus

Vulkanismus und tektonische Bewegungen sind eng miteinander verbunden und direkt abhängig von der Wärmeentwicklung im Planeteninneren. Dem Vulkanismus muß eine Magmenbildung vorausgehen. Neben der Erde sind auch auf anderen Planeten Vulkanismuserscheinungen bekannt. Die Erscheinungsformen dieses Vulkanismus lassen sich im Vergleich mit denen des irdischen Vulkanismus ganz gut interpretieren:

Auf dem Mond und den Planeten Merkur und Mars gibt es kompakte großflächige Basaltlavadecken, die nach Schmelzvorgang (in großer Tiefe) aufstiegen, ausgestoßen wurden, über große Areale flossen und dann erstarrten. Solche Lavaströme füllen auf dem Mond die dunklen „Meere". Basaltische Laven sind im Gegensatz zu granitischen Magmen leichtflüssig; sie vermögen daher große Areale zu überdecken.

Auf dem Mars gibt es riesige kuppelförmige Berge (Abb. S. 78) mit sanft geneigten Abhängen, die mit Schildvulkanen vergleichbar sind (wie sie die Hawaii-Inseln darstellen). Solche Gebilde sind durch aufsteigende Basaltlaven entstanden. Auf dem Mars können an den Flanken solcher Vulkane Lavaströme über Hunderte von Kilometern verfolgt werden. Die Schildvulkane des Mars können mehrere hundert Kilometer Durchmesser und über 25 Kilometer Höhe erreichen, was durch ihre besondere Position über tiefsitzendem Magmaherd und über lange Zeit aufrechterhaltene Zufuhr durch einen Zuleitungskanal erklärt werden kann. Wesentlich ist ausreichende Dicke und Festigkeit der Kruste sowie anhaltender Magmadruck.

Außer der Erde gilt Io, der innerste Jupitermond, als das vulkanisch am stärksten aktive Planetenobjekt in unserem Sonnensystem (Abb. S. 119, 121, 122, 123). Hunderte von Ausbrüchen wurden beobachtet, Dutzende Vulkane scheinen gleichzeitig aktiv zu sein.

Erosion und Sedimentation

Die gerade beschriebenen Kräfte und ihre Auswirkungen prägen die Planetenoberfläche und hinterlassen ihre bleibenden Spuren überall dort, wo sie nicht durch Einwirkung von Verwitterung und Sedimentation verändert wird. Diese exogenen Kräfte können nur dann nennenswert wirksam werden, wenn eine ausgeprägte Atmosphäre vorhanden ist, wie auf der Erde, dem Mars (Abb. S. 91) und der Venus. Hierbei werden die topographisch hoch liegenden Regionen durch mechanische und chemische Verwitterung allmählich zerstört. Der entstehende Gesteinsschutt wandert infolge der Schwerkraft und mit Hilfe eines Transportmediums (Wasser, Eis, Wind) abwärts und füllt die niedriger gelegenen Regionen langsam auf, sobald die Transportenergie nachläßt.

Diese Erosionsprozesse hinterlassen Spuren, oft als tiefe Täler. Solche tiefen Rinnen, die als Flußtäler gedeutet werden, kommen außer auf der Erde auch auf dem Mars vor. Einst muß es dort fließendes Wasser als erodierendes Medium gegeben haben. Heute herrschen auf dem Mars Gesteinserosion und Sedimentation hauptsächlich durch Windeinwirkung vor. Von Zeit zu Zeit toben dort Staubstürme, die den ganzen Planeten einhüllen und feines Material über die gesamte Oberfläche verteilen. An den Polgebieten gibt es ausgedehnte Flächen von strukturlosem Terrain, die möglicherweise äolisch entstanden sind. Spuren von Gletschererosionen mag es am Rande der Poleiskappen des Mars (Wasser im Norden und Kohlendioxideis im Süden) geben.

Der Mond des Planeten Erde

Unter den terrestrischen Planeten ist der Mond der kleinste, mit einer Dichte von 3,34 g/cm³. Rotationsperiode und Umlaufzeit stehen im Verhältnis 1:1 und betragen 27,3 Tage. Die Oberfläche wird von zerklüfteten Hochländern (helle Gebiete), einem Gesamtgebiet, auf dem etwa 40 000 Krater zu beobachten sind, und den großen, im Bild dunkler erscheinenden ebenen Becken (den Maria) gebildet.

Die Hochländer stellen die ursprüngliche Kruste des Mondes dar, die sich am Ende der Akkretionsphase bildete. Sie sind von zahlreichen Kratern bedeckt, von denen einige bis 1000 km Durchmesser haben (Becken). Charakteristisch sind die konzentrisch ringartigen Wälle, die sie als Ringgebirge umgeben. Fast alle diese Krater scheinen in der letzten Phase der Mondentstehung durch Meteoriteneinschläge, von denen einige kilometergroß sind, entstanden zu sein. Diese Einschläge schleuderten Mondkrustenmaterial hoch und bauten dicke, vielfach brekziöse Schichten auf. Die Morphologie der Hochländer und das meist zertrümmerte, bis zur Staubgröße zerschlagene Gestein (in dem die Astronauten ihre Fußspuren hinterließen) lassen sich durch diese Einschläge erklären. Die Hochländer sind alt, wie die hohe Kraterdichte ausweist.

Die Maria, fast ausschließlich auf der Vorderseite des Mondes verbreitet, bilden kontrastreiche riesige Ebenen zum zerklüfteten Hochland. Sie enthalten weniger Krater, sind also viel jünger als die Hochländer. Die Maria sind mit basaltischen Laven gefüllt. Vom Mond sind zahlreiche Gesteinsproben gesammelt und in Laboratorien der ganzen Welt analysiert worden. Aufgrund dieser Analysen bieten sich folgende geologische Schlußfolgerungen an (nach: Briggs/Taylor, 1984):

Das Gestein der Hochländer besteht aus einem eisenreichen *Anorthosit,* der aus vollständig geschmolzenem Material entstand (Isotopenalter 4,2–4,5 Milliarden Jahre). Die geophysikalische Station der Apollo-Landeplätze ermittelte eine Dicke der Mondkruste von 50 bis 100 km. Die Hochländer bedecken einen großen Teil des Mondes und sind viel höher als die Maria. Daraus wurde der Schluß gezogen, daß früher die Mondoberfläche bis in Tiefen von mehreren hundert Kilometern geschmolzen war. Möglicherweise hat die bei Meteoritenbombardements entstandene

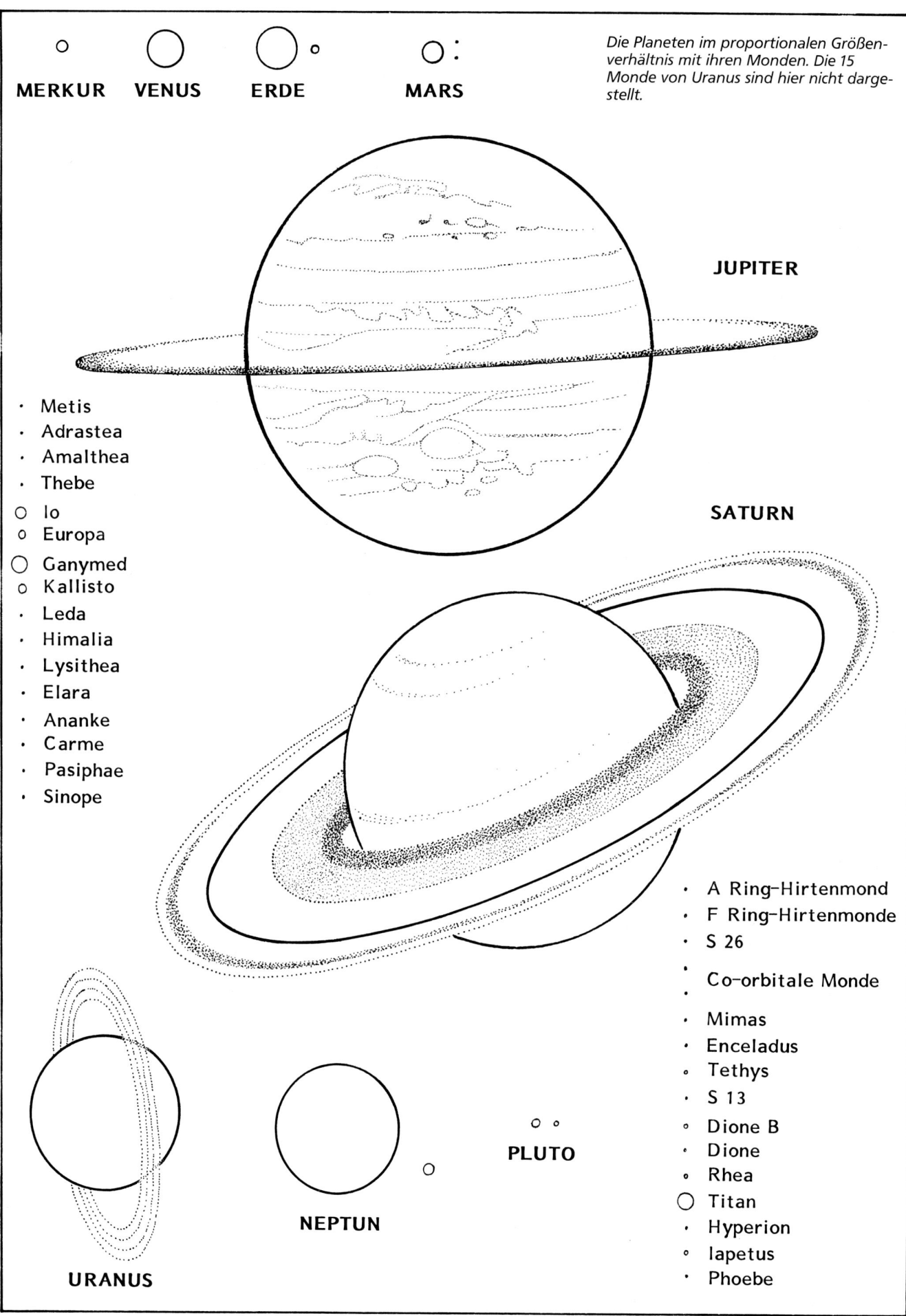

MERKUR VENUS ERDE MARS

Die Planeten im proportionalen Größen-verhältnis mit ihren Monden. Die 15 Monde von Uranus sind hier nicht darge-stellt.

JUPITER

- Metis
- Adrastea
- Amalthea
- Thebe
○ Io
○ Europa
○ Ganymed
○ Kallisto
- Leda
- Himalia
- Lysithea
- Elara
- Ananke
- Carme
- Pasiphae
- Sinope

SATURN

- A Ring-Hirtenmond
- F Ring-Hirtenmonde
- S 26
- Co-orbitale Monde
- Mimas
- Enceladus
○ Tethys
- S 13
○ Dione B
- Dione
○ Rhea
○ Titan
- Hyperion
○ Iapetus
- Phoebe

URANUS

NEPTUN

PLUTO

16

Wärme ausgereicht, die Oberflächenschicht zu schmelzen.

Das zweite lunare Gesteinsmaterial sind (magnesiumreiche) *Norite,* die in begrenzten Arealen der Hochländer entstanden und einige Millionen Jahre jünger sind als die Anorthosite. Die Norite entstammen offensichtlich Magmaherden großer Tiefe. Sie weisen einen hohen Gehalt an radioaktiven Elementen wie Uran, Thorium und Kalium 40 auf. Stellen, an denen Messungen von Apollo 15 und 16 erhöhte Gammastrahlung ergaben, sind wohl Gebiete, wo sich Norite an der Oberfläche befinden (z. B. zwischen Mare Imbrium und dem Oceanus Procellastum). Norite wurden durch Einschläge ausgeschleudert und weit über die Mondoberfläche verteilt.

Das jüngste Mondgestein sind *Basalte,* die etwa 3–4 Milliarden Jahre alt sind, manche vielleicht noch etwas jünger. Die Maria bedecken die großen Senken, die Becken. Ausbrüche von Basaltvulkanen füllten diese Becken bis zu einigen Kilometern mit Lava an. Mit der Entstehung der Basaltströme der Maria ist die geologische Entwicklung des Mondes abgeschlossen, von der immer seltener werdenden Bildung von Einschlagkratern abgesehen. Die Geschichte des Mondes hat sich in fünf Perioden abgewickelt (Briggs/Taylor, 1984):

1. Akkretion und globales Aufschmelzen bis in große Tiefen.
2. Krustenbildung aus Anorthosit und gleichzeitig häufige Meteoriteneinschläge.
3. Teilweises Aufschmelzen von Material in tieferen Schichten und Aufstieg der Norite.
4. Nachlassen der Meteoriteneinfälle, weiteres Aufschmelzen in der Tiefe und Aufstieg der Beckenbasalte.
5. Nachlassen der vulkanischen Aktivität und Abkühlung im Inneren.

Seismische Messungen von den geologischen Mondstationen aus machen wahrscheinlich, daß das Mondinnere bis in etwa 1000 km Tiefe fest ist; der Kern ist möglicherweise noch flüssig. Die Zusammensetzung des Mondes unterscheidet sich also stark von der der Erde. Leichte Beben werden im 28-Tage-Rhythmus registriert. Die Oberfläche zeigt keine Spur von organischen Substanzen. Auf dem Mond (ohne Luft und Wasser) sind flüchtige Bestandteile sehr viel seltener als auf der Erde, einschließlich aller chemischen Elemente, die leichter sind als Eisen. Auch Eisen ist viel seltener. Dagegen sind Materialien mit hohem Schmelzpunkt beträchtlich angereichert, wie Calcium, Aluminium und Titanoxide sowie Barium, Strontium, Uran und Thorium. An der Zusammensetzung der Mondgesteine sind die gleichen Elemente beteiligt wie auf der Erde, jedoch in verschiedener Menge und Konzentration. Diese Entdeckung allein aber reicht nicht aus, die ungeklärte Entstehung des Mondes zu entschlüsseln.

Die erdähnlichen inneren Planeten

Die erdähnlichen Planeten zeichnen sich durch eine feste Kugel aus, die aus einem metallischen Kern besteht, der von Silikatschalen verschiedener Dichte umgeben ist. Die Nähe der Sonne hat schon sehr früh in der Entstehungsgeschichte dieser vier Planeten die leichten Gase – Wasserstoff (H) und Helium (He) – weitgehend ausgetrieben, so daß sich die schwereren Elemente wie Stickstoff, Sauerstoff, Kohlenstoff, Silicium und die Metalle wie Eisen, Nickel, Kupfer, Gold konzentrierten. In ihrer Entwicklungsgeschichte hat es bei allen eine Phase der Meteoriteneinschläge gegeben, alle haben Vulkanismus erlebt. Der Vulkanismus hat bei der Konsolidierung aus den fester werdenden Stoffen die Gase ausgetrieben. Sie wurden als Gashülle eingefangen, wie sie heute noch bei Venus, Erde und Mars existiert.

Merkur

Der kleinste der inneren Planeten, Merkur, steht der Sonne am nächsten. Erst durch die Vorbeiflüge von Mariner 10 wurden Daten über den bis dahin weitgehend unbekannten Planeten gesammelt. Die Dichte ist mit 5,4 g/cm^3 fast so groß wie die der Erde; seine Größe umfaßt etwa ein Drittel der Größe der Erde und 0,055mal deren Masse. Umlaufzeit (188 Tage) und Rotation (59 Tage) stehen im Verhältnis 3:2.

Die erdähnliche Dichte von 5,4 im Vergleich mit der geringen Größe läßt auf größere Anreicherung von schweren Elementen (wahrscheinlich Eisen) im Kern des Merkurs schließen. Das von Mariner entdeckte Magnetfeld stützt die Hypothese eines Kernes. Die äußeren Schichten bestehen dann wohl aus Silikaten. Die Oberflächenstruktur ist ähnlich der des Erdmondes aus Kratern zwischen 100 m und 100 km Durchmesser aufgebaut. Die großen Becken (das größte wurde Caloris genannt, Abb. S. 86) zeigen Ringwälle und sind nicht, wie auf dem Mond, mit Lava gefüllt. Es fehlt die Unterscheidung in Hochländer und Maria. Nach Briggs/Taylor (1984) lassen sich die Oberflächenmerkmale chronologisch ordnen in:

1. stark mit Kratern bedeckte Gebiete
2. Ebenen zwischen Kratern (Periode von Vulkanismus)
3. Caloris-Becken-Topographie (Ringwälle bis 1000 m Höhe)
4. ebene Flächen (Vulkanismus)
5. junge Krater (mit Radialstreifen)

Wahrscheinlich ist daraus eine dem Monde ähnliche Entstehungsgeschichte abzuleiten, in der immer wieder Vulkanismus auftrat. Obwohl wesentliche Details noch fehlen oder abweichen, konnte aus den Mariner-Daten so etwas wie eine geologisch-topographische Karte rekonstruiert werden (Weaver, 1975). Zusätzlich sind auf den Bildern von Mariner 10 (Abb. S. 85) auffallende gerade bis mehrere 100 km lange Linien zu beobachten. Diese, als Risse in der Oberfläche durch tektonische Tätigkeit (Schrumpfung bei Abkühlung) gedeutet, bestehen aus mehreren 100 m tiefen und 10 km breiten langen Gräben mit Steilrändern, die bis 1000 m Höhe erreichen. Diese Lineamente scheinen eine bevorzugte Richtung (Nordwest–Südost) zu haben. Die Ursache ist weitgehend unbekannt. Dieser Zustand ist im wesentlichen vor etwa 3 Milliarden Jahren erreicht gewesen. Merkur, der ein toter Planet ist, hat sich, außer einigen jungen Einschlägen, nicht weiterentwickelt. Wegen der fehlenden Atmosphäre ist es vermutlich auch zu keinen besonders auffälligen Erosions- und Sedimentationserscheinungen gekommen.

Venus

Venus, die Zwillingsschwester der Erde, soweit dies die Größe betrifft, ist neben Mond und Sonne der hellste Himmelskörper. Sie besitzt eine Dichte von 5,3 g/cm^3, und ihre Masse beträgt 0,8mal die der Erde. Die Rotationszeit beträgt 243, die Umlaufzeit 225 Tage. Die Oberflächentemperatur mißt 480 °C, die Gashülle ist 100mal dichter als die irdische Atmosphäre. Die Oberfläche der Venus ist in dichte weiße Wolken gepackt, weswegen sie mit optischen Methoden nicht beobachtet werden kann; die große Helligkeit der Venus ist auf das Sonnenlicht zurückzuführen, das von den Wolken reflektiert wird. Die wenigen Sondenaufnahmen bei natürlichem Licht zeigen eine düstere Landschaft: Nur etwa 2 % der Sonnenstrahlen treffen auf die Oberfläche auf.

Venusatmosphäre
Die Gashülle der Venus besteht aus schwefelsaurem Kohlendioxid und zeigt, von außen im UV-Licht fotografiert, helle und dunkle Wolken (Abb. S. 82/83). Ferner sind Salzsäure und Wasser beteiligt. Die Messungen der zahlreichen Sonden zeigten, daß diese ultradichten Wolken in dauernder schneller Bewegung sind: Stürme und Gewitter peitschen sie ununterbrochen und lassen ständig sauren Regen fallen. Die obere Wolkenschicht zirkuliert in einer Höhe bis zu 60 km mit 320 km/h in etwa vier Tagen um den Planeten, der selber viel langsamer rotiert. Unter den Wolken liegt eine Kohlendioxidschicht. Die hohen Temperaturen auf der Oberfläche werden durch den Treibhauseffekt des CO$_2$ und von anderen Gasen verursacht. Die Wärme bleibt unter der Wolkenschicht gefangen. Auf der Oberfläche ist kein Wasser, kein freier Sauerstoff vorhanden. Deren Fehlen und die hohen Temperaturen lassen nicht an die Entwicklung einer Pflanzen- und Tierwelt denken.

Venusoberfläche
Nur Radarwellen von der Erde und von den Sonden aus (natürlich auch die unbemannten Landefähren der Sowjets) konnten die optisch undurchsichtige Wolkendecke durchdringen.

Durch die reflektierten Radarwellen können Bilder von der Topographie rekonstruiert werden, und die Kartographie der Venusoberfläche, die uns über wesentliche Merkmale informiert, ist weit fortgeschritten (Gore, 1985, S. 18). Die Venusoberfläche ist zu 70 % von einer leicht welligen, gleichförmigen Ebene (Planitia genannt) bedeckt. Diese ist in sich strukturiert und zeigt runde Formen (Einfallkrater oder vulkanischen Ursprungs). Daneben heben sich deutlich gebirgige Gebiete von 10 % der Fläche und tiefere, große Täler ab (20 %). Das eine Gebirgsmassiv (Ishtar Terra) zwischen 60 und 80° nördlicher Breite ist von der Größe Australiens und erhebt sich abrupt aus der Ebene. Es besteht aus einem 3–4 km über Grundniveau liegenden Hochplateau, auf dem sich die noch 3 km höheren Berge erheben. Die im Zentrum liegenden Maxwell Montes ragen bis 11 km auf und erinnern an einen Caldera-Vulkan. Ein anderes Hochland, Aphrodite Terra, erstreckt sich etwa auf 10 000 km entlang dem Äquator und ist komplex gegliedert. Es enthält einen riesigen kreisrunden Berg und eine kreisrunde Vertiefung, die ein Krater sein könnte, sowie zahlreiche tiefe Täler (Chasma genannt). Über die Struktur der Venuskruste kann kaum etwas Genaueres ausgesagt werden. Tiefe Gräben und aufgesetzte Vulkane lassen auf Plattenbewegung schließen (Beta-Region), wie auch die in dem Ishtar Terra gelegenen Akua Montes möglicherweise auf die Struktur eines Faltengebirges hinweisen (Gore, 1985, S. 18). Die sowjetischen Venera-Landefähren haben für kurze Zeit Bilder zur Erde gefunkt, die deutlich vulkanische Gesteinsplatten erkennen ließen. Radarbilder machen riesige kreisrunde Magmenaustritte (Coronas) wahrscheinlich, in einer Form, die auf der Erde nicht bekannt ist. In der Beta-Region gibt es möglicherweise aktive Schildvulkane, die noch heute große Mengen SO_2, Wasserdampf und CO_2 in die Venusatmosphäre ausstoßen. Amerikanische Fachleute nehmen an, daß durch Herdstellen, sogenannte Hot Spots, innere Wärme der Venus nach außen abgegeben wird. Vielleicht sind die großen Planitia in der früheren Geschichte einmal Ozeane mit Wasserfüllung gewesen, die verdampfte, als die Sonnenenergie zunahm (etwa vor 2 Mil-

liarden Jahren). Das CO_2 der Vulkanausstöße konnte dann nicht in Form von Karbonatgestein, wie auf der Erde, im Meer gebunden werden. Es nahm unkontrolliert zu und führte zu einem Treibhauseffekt, weil die mittlerweile dicke CO_2-Schicht die Sonnenenergie wie auf einer Einbahnstraße einleitet, aber die Wärme (Infrarotstrahlen) nicht mehr in den Weltraum hinausläßt. Die Temperaturen sind zu hoch (Blei würde schmelzen!), um die Entwicklung von noch so primitivem Leben zuzulassen.

Gesteine

Durch die Bilder und Analysen, welche den sowjetischen Venera-Landefähren zu verdanken sind, hat man auch eine optische Vorstellung von der Oberfläche und Kenntnis von der Zusammensetzung des Gesteins. Die Oberfläche ist wüst und steril. Am Landeplatz von Venera 9 liegen viele Felsbrocken verstreut; vulkanische Gesteinsplatten sind von Venera 14 aus identifizierbar. Venera 10 zeigte eine flache, steinige Ebene mit Merkmalen, die an Auswurfmaterial von Vulkanausbrüchen erinnern. Die Gesteine zeigen scharfe Bruchflächen, aber keine Erosionsspuren, obwohl die Hitze Gesteine so viskos machen kann, daß sie zu fließen anfangen. So könnte ein Wärmefließen der Gesteine eine Erosion der Gebirge verursachen. Gammaspektrometer der Venera-Sonden wiesen an den Landestellen mit der Häufigkeit der natürlichen Isotope Uran, Thorium und Kalium 40 auf eine den irdischen Basalten ähnliche Zusammensetzung hin (Briggs/Taylor, 1984, S. 47). Läßt dies den Schluß zu, daß die Venus eine ähnliche Entwicklung wie Erde, Mond und Mars durchgemacht hat, von einer verflüssigten Kruste zu einer aus einzelnen Schichten aufgebauten Kugel, deren äußere Schicht aus Basalt besteht?

Mars

Der rote Planet ist ein relativ kleiner Himmelskörper, dessen durchschnittlicher Radius mit 3393,5 km etwa halb so groß ist wie der der Erde. Seine Dichte mißt 3,9 g/cm³, und die Masse beträgt 0,1mal die der Erde. Die Oberflächentemperaturen variieren, liegen jedoch durchschnittlich bei −50 °C. Die Umlaufzeit beträgt 687 Tage, die Rotation 24,6 Stunden. Die Sonden entdeckten ein schwaches Magnetfeld. Es ist bisher nicht klar, ob es sich um ein von einem inneren metallischen Kern oder vom Sonnenwind induziertes Feld handelt.

Die seit 1963 von Amerikanern und Sowjets zur Erforschung des Planeten Mars ausgesandten Sonden und Landefähren haben eine gewaltige Menge von Daten zur Erde gebracht, deren wichtigste in einer Kurzdarstellung wie folgt aussehen: Der Mars hat, noch deutlicher als die Erde, Birnenform, die eine flachere nördliche und höhere südliche Hemisphäre produziert hat. Der südliche Teil, ähnlich dem lunaren Hochland, ist mit Kratern bedeckt. Es gab stärkeren Vulkanismus und ausgeprägtere Verwitterung, die die Gebiete zwischen den Kratern und deren Rändern einebnete. Das alte verkraterte Terrain verwitterte und zerbröckelte, und der Schutt wanderte in die tiefer liegenden Ebenen, wo er ein chaotisches Trümmerfeld hinterließ. Dieses wurde durch Einsenkungen und Aufbrüche noch verstärkt. In manchen Senken treten tiefe Rinnen (früher als Kanäle bezeichnet) auf, die wie ausgetrocknete Flußtäler aussehen und auf einst vorhandene Wasserkraft als Erosionsmedium hinweisen. Auffällig ist neben Kratern und Vulkanen das große Canyongebiet des Valles Marineris (Abb. S. 76, 93), das östlich des Tharsisgebirges von westnordwestlicher nach ostsüdöstlicher Richtung mehrere 1000 km südlich des Äquators verläuft und mehrere Kilometer tief eingesenkt ist. Der Hauptcanyon ist über 100 km breit und verzweigt sich am Westende. Im Osten zweigen breite Kanäle ab. Das System kann durch großräumige Tektonik entstanden sein; später bot es fließendem Wasser den Weg. Da Wasser heute nur in den Polkappen vorhanden ist, muß diese mit einer Erwärmung einhergehende Periode schon früh in der Entwicklung aufgetreten sein. Vermutlich ist Wasser als Permafrost in den unter der Oberfläche liegenden Schichten gebunden gewesen und auf diese Weise zum Teil auch heute noch vorhanden. Eine weitere wichtige Oberflächenstruktur bildet eine bis 200 m dicke Schicht aus Sedimentgestein an

den Polen, die auf den Kratern des Südens und den Ebenen des Nordens liegt. Offensichtlich hat sich dieses Material an die Pole hin verlagert. An den Polen liegen noch weitere Ablagerungen über dieser Sedimentdecke. Im Norden treten häufig Dünen auf.

Vulkanismus

Auf dem Mars ist Vulkanismus offensichtlich weit verbreitet gewesen. Es schälen sich allerdings drei Hauptgebiete heraus:

a) Das Tharsisgebiet bei 110° westlicher Länge zu beiden Seiten des Äquators. Die große Höhe der Vulkane spricht für eine lange Aktivität und eine stabile Kruste, die dafür sorgt, daß die Magmaquelle dauernd an derselben Stelle bleibt. Der gewaltige Schildvulkan des Olympus Mons (Abb. S. 78, 97), nordwestlich des Tharsisgebirges, mit einer Gesamthöhe von 27 km, liegt ebenfalls über einer stationären Magmenausstülpung (Hot Spot), von der aus durch Wärmekonvektion Magma hochgepreßt wird. Die Dicke der Marskruste, die eine so gewaltige Masse tragen kann, wird mit etwa 200 km geschätzt. Die ortsstabile Lage der Vulkane über einem Hot Spot spricht gegen eine Plattenbewegung der Kruste (anders als bei den Hawaiivulkanen, die ähnlich entstanden, aber in einer Kette aufgereiht sind, die Plattenbewegungen über dem Hot Spot im Mantel signalisiert).

b) Die Elysien-Vulkan-Region im Nordosten. Es handelt sich um zwei Schildvulkane, die kleiner und niedriger sind als die im Tharsisgebiet; auch das sie umgebende Lavafeld ist weniger ausgedehnt.

c) Das dritte Vulkangebiet liegt im alten Kratergelände nahe dem Hellas-Becken im Südosten. Es gibt hier mehrere Vulkane mit Vertiefungen im Zentrum und strahlenförmigen Strukturen; sie sind offensichtlich älter als die oben erwähnten.

Wahrscheinlich gab es auf dem Mars bald nach der Entstehung Vulkanismus. Amerikanische Marsspezialisten vermuten, daß er noch heute nicht ganz erloschen ist. Obwohl ein „kalter" Planet, läßt Mars möglicherweise im Abstand von etwa 10 000 Jahren noch Wärme und Gase aus den Olympus Mons ab (Briggs/Taylor, 1984, S. 125; Gore, 1986, S. 31).

Temperatur – Polkappen – Klima

Der Mars erscheint heute als eine tote, kalte Welt. Die Atmosphäre ist 100mal dünner als auf der Erde und besteht zum größten Teil aus CO_2. Die Temperaturen am Tage bewegen sich um -5 °C, und bei Nacht sinken sie bis auf -100 °C ab. Bei dieser Kälte bestehen die permanenten Polkappen nicht nur aus Wassereis im Norden, sondern auch aus CO_2-Eis im Süden. Im Winter jedoch dehnen sich diese Polkappen stark unter einer Wolkendecke aus Wassereis und CO_2 aus, die die Wolkendecke zum Verschwinden bringen. Mit dem Abtauen der randlichen Polkappen im Sommer bildet sich diese Wolkendecke wieder aus. In dieser Phase treten oft gigantische Staubstürme auf, die in wenigen Tagen den ganzen Planeten einhüllen können und dabei auch feines Gesteinsmaterial verbreiten.

Geologie

Die Instrumente der Sonden untersuchten die Marsatmosphäre, die zu 95 % aus CO_2, 2 % Stickstoff, 1–2 % Argon sowie Spuren von Wasserdampf, O_2 und O_3 (Ozon) besteht. Gesteins- und Bodenproben, die von den Viking-Landefähren analysiert wurden, zeigen, daß Eisen, Magnesium, Calcium sehr häufig, Aluminium, Silicium und Kalium dagegen selten sind (die leichten Elemente unterhalb der Ordnungszahl 12 konnten mit der angewandten Methode nicht gemessen werden). Alles, was bisher aus diesen Funden geschlossen werden kann, deutet darauf hin, daß das analysierte feinkörnige Bodenmaterial ein weit verteiltes Erosionsprodukt darstellt und vielleicht dem eisenreichen Silikatgestein des Erdmantels ähnlicher ist als dem aluminiumreichen der Erdkruste. Weiterhin läßt sich jetzt folgern, daß der Mars einen Kern besitzt, eine Trennung in weitere, nach außen hin leichter werdende Silikatschalen aber nicht deutlich ausgeprägt wurde. Es scheint, daß der Mars keine Anzeichen von Plattentektonik zeigt. Möglicherweise haben die Bildung einer frühen dicken Kruste und rascher Wärmeverlust den heutigen Zustand (und den Unterschied zur Erde) verursacht.

Aus der Zusammenfassung aller Daten, Bilder und Messungen glauben Briggs/Taylor (1984) an folgende Entstehungsgeschichte des Mars:

1. Gegen Ende der Akkretionsperiode bedecken Krater die Oberfläche; Unterschiede zwischen Norden und Süden sind auf Ungleichförmigkeit zurückzuführen; z. B. dünnere Kruste im Norden.

2. Einbrüche des verkraterten Gebietes im Norden, radiale Verwerfungen im Tharsisgebiet; vielleicht frühe Gasemission, die zu dichterer Atmosphäre führte, Ursache der Erwärmung. Erosion von Kraterrändern, Wasser an Polkappen durch Versickerung verloren. Ansammlungen von Wassereis in tiefen Arealen, bei Meteoriteneinschlägen und Vulkanausbrüchen zum Schmelzen gebracht und über Flußsysteme abgelaufen.

3. Der Vulkanismus im Tharsisgebiet überflutete viele tausend Quadratkilometer. Entgasung, aber kein flüssiges Wasser, da Temperatur nicht mehr hoch genug.

4. Die Kruste bricht, wohl unter Druck der Tharsis-Vulkanmassen. Es entstehen Einbrüche, besonders der Valles Marineris Canyon.

5. Andauernder Vulkanismus und Erosion in niedrigen Breiten durch Verwitterung und Wind. Sediment polwärts transportiert. Schichtung deutet auf mehrfachen Klimawechsel hin. Heftige, über den ganzen Planeten hinwegfegende Stürme verteilen und zerkleinern Sand zu Staub. Sie hängen mit dem dynamischen Verhältnis der dünnen Marsatmosphäre zusammen. Starke Höhenunterschiede, direkte Erwärmung und rasche Abkühlung und damit gekoppelte Luftströmungen und Druck sind die Ursachen für diese gigantischen Zirkulationen. Mit Viking wurden biologische Analysen des Marsbodens durchgeführt, um etwa vorhandene organische Mikrolebewesen zu entdecken. Es konnte kein Nachweis erbracht werden. Der Mars ist steril. Die Phase, da der Mars eine erdähnliche Atmosphäre mit flüssigem Wasser besaß, lag so weit zurück und war wahrscheinlich so kurz, daß es auch damals nicht zur Entwicklung von Organismen kam. Die Hoffnung, Fossilien zu finden, wurde damit ebenfalls enttäuscht.

Die äußeren Planeten

Die Riesenplaneten Jupiter und Saturn strahlen mehr Energie ab, als sie von der Sonne erhalten. Diese Gasriesen sind aus demselben Material aufgebaut wie die Sonne. Mit ihren vielen Monden stellen sie selber kleine Sonnensysteme dar. Jupiter und Saturn besitzen zusammen mehr als 90 % der Masse unseres Sonnensystems, die Sonne ausgenommen.

Jeder ist ein riesiger Ball aus Gasen, Wasserstoff und Helium mit Beimengungen aus Methan, Ammoniak, Wasser und anderen leichtflüchtigen Bestandteilen.

Die noch weiter draußen kreisenden Eisplaneten, Uranus, Neptun und Pluto, befinden sich weiter weg von der Sonne, und deshalb sind ihre Oberflächen noch kälter. Sie besitzen riesige Schalen von Wasser, Methan und Ammoniak, die unter der dichten Atmosphäre liegen. Pluto, als der am weitesten entfernt liegende Planet, hat so niedrige Temperaturen, daß diese den Kältetiefstpunkt erreichen.

Äußere Planeten   (nach verschiedenen Quellen und Störig, 1985)

Name	Radius (km) am Äquator	Masse (Erde = 1)	Dichte (g/cm³)	Volumen (Erde = 1)	Rotation in Stunden	Umlauf in Jahren	Monde	Temperatur auf den Wolken
Jupiter	71 400	318,00	1,3	1 317	9,9	11,86	16	−130 °C
Saturn	60 300	95,00	0,7	762	10,7	29,46	17	−185 °C
Uranus	25 900	15,00	1,2	50	15,6	84,00	5	−215 °C
Neptun	24 300	17,00	1,6	42	17,9	165,00	2	−200 °C
Pluto	1 500	0,002	1,0	0,1	6,4	248,00	1	−230 °C

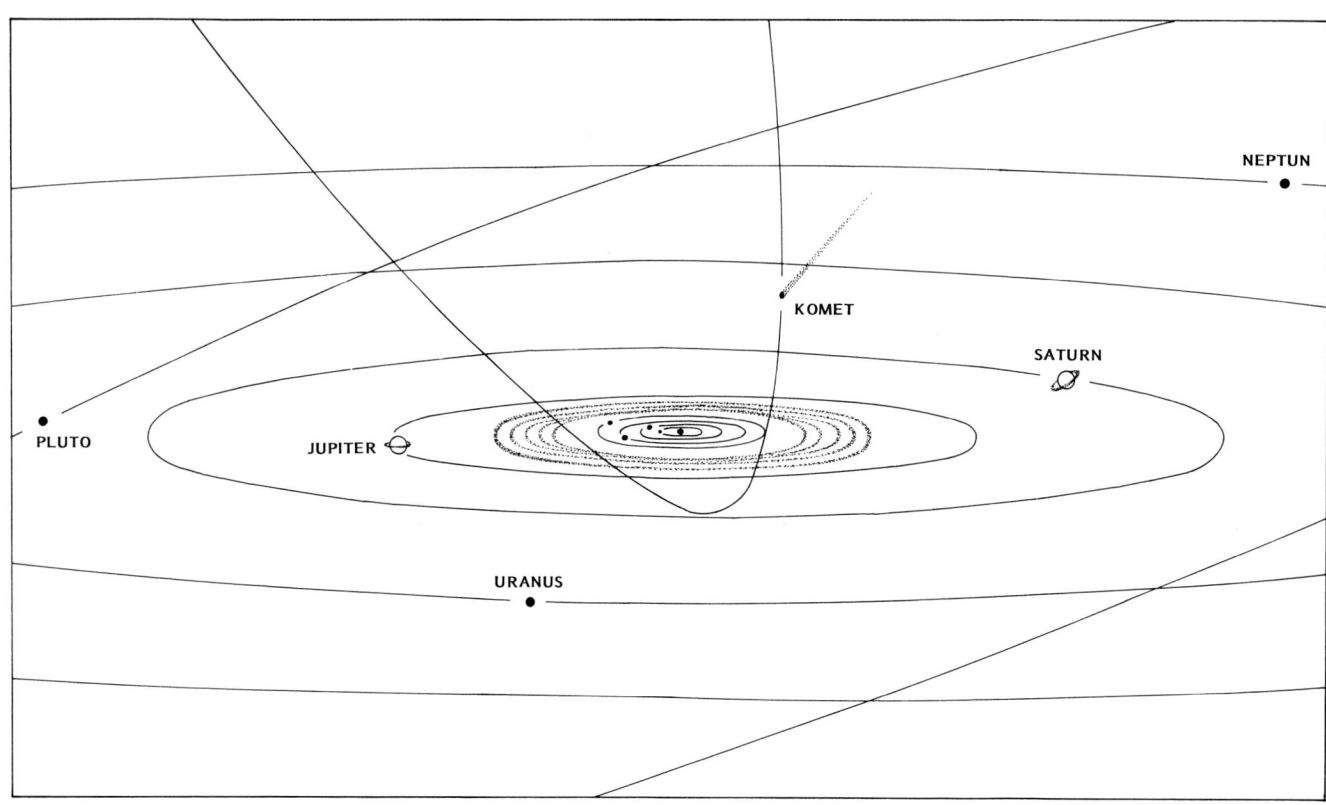

Ausschnitt aus dem Sonnensystem mit den Planetenbahnen.
Im Inneren die Sonne und die vier terrestrischen Planeten: Merkur, Venus, Erde, Mars; dann der Asteroidengürtel (gepunktet) und die nach außen folgenden Planeten.

Jupiter

Der Planet Jupiter ist nach Venus das hellste Objekt am Nachthimmel. Hätte er mehr Masse, würde er strahlen wie die Sonne; mit seiner zu geringen Materie aber kann er eine solche gewaltige thermonukleare Reaktion nicht auslösen. Er besteht (wie die Sonne) hauptsächlich aus Helium und Wasserstoff im Verhältnis 1:4. Jupiter ist von Wolken eingehüllt, die im sichtbaren Licht (Abb. S. 107–109) in vielen Farben erscheinen und eine variable Streifenstruktur haben. Die Atmosphäre ist sehr dick und nimmt womöglich den größten Teil des Planeten ein, ausgenommen ein kleiner Kern (ein Zehntel der Gesamtmasse) aus Silikaten und Metallen, der von flüssigem metallischem Wasserstoff umgeben ist.

Die Gase bilden drei Schichten, wobei die höhere Schicht auf der jeweils tieferen lastet, bis der entstehende Druck schließlich das Gas verflüssigt. In großer Tiefe wird der Druck so mächtig, daß die Wasserstoffmoleküle gespalten werden und die Atome letztlich ihre Elektronen verlieren – der Wasserstoff wird in einen metallischen Zustand übergeführt. Die Gase enthalten noch andere Bestandteile, wie Methan, Ammoniak, Schwefel und Phosphor; einfache Aminosäuren können Bestandteile der Wolken sein. Es wird angenommen, daß jede der Wolkenschichten ihre eigene Dynamik hat. Die etwa 100 km dicken Wolkenschichten bestehen, von außen nach innen, aus Ammoniak, Ammoniumhydrosulfid und wahrscheinlich Wassereis. Zwischen diesen Schichten befindet sich jeweils Wasserstoff- und Heliumgas. Aufgrund der Sondenmessungen konnte man diese drei Wolkentypen identifizieren, die sich auch farblich und durch ihre Temperatur unterscheiden. Durch die aufsteigende innere Wärme und die schnelle Drehung werden die Gasschichten in Bewegung gehalten. Die farbigen Streifen ändern dauernd ihre Form, Jetstreams über dem Äquator und den polwärtigen Gebieten wirbeln die Wolken schneller durcheinander als in der Nachbarschaft. Farbflecke bedeuten Wirbel und wahrscheinlich Löcher in einzelnen Wolkenschichten, die in tiefere oder höhere Lagen hineinreichen. Der Große Rote Fleck (schon vor 300 Jahren entdeckt) wurde von den Sonden fotografiert (Abb. S. 34, 35). Er wird als ein heftiger Wirbelwind von kosmischen Dimensionen gedeutet, der so groß ist, daß zwei Erden in ihm Platz hätten. Der Große Rote Fleck kann sich bis in große Tiefen ausweiten, da keine Krustentopographie vorhanden ist, die ihn bremsen würde.

Der unter dem hohen Innendruck metallisch gewordene Wasserstoff bildet einen elektrischen Leiter, und die große Hitze in der Tiefe rührt diesen inneren Ozean aus Wasserstoff ununterbrochen neu um. Es bildet sich auf diese Weise ein riesiges Magnetfeld um den Planeten, das, wäre es von der Erde aus sichtbar, größer als unser Mond erschiene. In diesem riesigen Magnetfeld liegen alle vier Galileischen Monde. Das Magnetfeld generiert einen elektrischen Strom, der zwischen dem Planeten und dem Monde Io mit 5 Millionen Ampere fließt (Gore, 1980, S. 16). An diesem riesigen Magnetfeld werden die Solarwinde, die mit 1,5 Millionen km/h Geschwindigkeit von der Sonne weggeblasen werden, auf etwa ein Viertel ihrer Geschwindigkeit abgebremst und die meisten Partikel abgelenkt. Die Voyager-1-Sonde entdeckte als besondere Überraschung einen von der Erde aus nicht sichtbaren zarten Ring um Jupiter, der, wie bei Saturn, aus Materiebrocken und -partikeln besteht.

Jupitermonde

Bisher wurden 16 Jupitermonde entdeckt. Die meisten Monde sind nur klein, zwischen 10 und 200 km groß. Sie wurden wahrscheinlich eingefangen. Hingegen glaubt man, die vier großen Galileischen Monde, Io, Europa, Ganymed und Kallisto, seien zur gleichen Zeit wie Jupiter als eigenständige Objekte zusammen entstanden und könnten so helfen, über die Entstehung des Riesenplaneten Aufschluß zu geben.

	Radius (km)	Dichte (g/cm^3)	Entfernung vom Jupiter (km)	Umlaufzeit (Tage)
Io	1 820	3,55	421 600	1,769
Europa	1 565	3,04	670 000	3,551
Ganymed	2 635	1,43	1 070 000	7,155
Kallisto	2 425	1,81	1 880 000	16,689

Io

Von den 16 Jupitermonden haben die Voyager-Sonden über die sogenannten Galileischen Monde, das sind die großen Jupitermonde, Io, Europa, Ganymed und Kallisto, eine Fülle von Daten und Bildern geliefert, deren Auswertung erste Erkenntnisse über Entstehungsgeschichte und Zusammensetzung dieser Trabanten ermöglicht. Dabei erweist sich der jupiternächste Mond, Io, als der am stärksten vulkanisch aktive Himmelskörper. Er ist über und über mit pockennarbigen Gebilden bedeckt, die sich als vulkanische Caldera und Lavaströme erwiesen. Hier fotografierte Voyager 1 (Abb. S. 119, 121) zwölf aktive Vulkane. Diese haben zum Teil eine Eruptionskraft, das vulkanische Material mit einer Geschwindigkeit von 900 m/s 280 km in die Höhe zu schleudern. Voyager-2-Bilder (Abb. S. 122–123), wenige Wochen später beim Vorbeiflug aufgenommen, zeigen, daß inzwischen einige Vulkane zur Ruhe gekommen, andere jedoch weiter aktiv sind. Nahaufnahmen der Oberfläche weisen auf starke Veränderungen hin, die offensichtlich durch ausgeflossene Lavamassen zustande kamen. Die Analyse der Daten zeigt, daß Io über einem möglicherweise festen Kern eine Schicht geschmolzenes Silikatmagma besitzt, über der eine Kruste aus Schwefel und Schwefeldioxid liegt; diese Kruste kann jedoch auch aus einer schwefelreichen Silikatschicht bestehen, durch die aus Magmenreservoiren Schwefel- und SO$_2$-Vulkanismus aufsteigt (die Bilder zeigen schwarze Schwefelseen um die Vulkane). Die Aufheizung, die den Vulkanismus steuert, wird in Gezeitenkräften gesehen, die zwischen Jupiter und den Monden Europa und Ganymed herrschen. Diese Kräfte beulen die Io-Kruste bis zu 110 m gezeitenabhängig auf, wodurch sie sich erhitzt. Oberflächenbilder zeigen, daß geiserartige Explosionen SO$_2$-Gas-Eis-Gemische ausblasen, aus denen dann SO$_2$-Schnee ausfällt. Manche Wissenschaftler nehmen an, daß die Io-Kruste aus festem SO$_2$ besteht. Es wird auch vermutet, daß vulkanisches Material, von Io ausgesandt, von dem neu entdeckten Jupiterring wieder eingefangen wird. Ios Oberfläche besitzt keine Krater, wie sie alle anderen Himmelskörper aus ihrer frühen Zeit aufweisen. Der Vulkanismus, vermutlich seit Millionen Jahren andauernd, hat die Oberfläche von Io ständig verändert und beispielsweise im Südpolargebiet bis zu 6 km hohe Berge produziert (Abb. S. 120). Heute sind ehemalige Krater nicht mehr auszumachen. Die Oberfläche selber ist orangerot mit Flecken von Gelb und Schwarz. Die letzteren signalisieren zirka 90 °C heiße Schwefelseen um die Vulkane. Während die allgemeine Temperatur auf der Io-Oberfläche −150 °C beträgt, liegen unter den dunklen Flecken Hot Spots mit flüssigem Schwefel, deren Temperatur etwa 600 °C mißt.

Europa

Der zweite der Galileischen Monde, Europa, sieht auf Voyager-Bildern wie ein rundes gesprungenes Ei aus. Die Oberfläche ist glatt, aber durchsetzt mit langen, unregelmäßigen Linien. Die hellen Gebiete (Abb. S. 115, 116) bestehen aus Wassereis, und die Linien können Risse sein, die mit dunklem Material oder Soft-Eis von unten gefüllt sind. Sie haben kaum Relief. Es gibt ganz wenige Krater aus der frühen Geschichte; die meisten von ihnen sind entweder abgesunken oder anderweitig zerstört worden, was die Oberfläche, so wie bei Io, relativ jung erscheinen läßt. Es wird vermutet, daß Gezeitenkräfte die Europakruste plastisch erhalten und daß die Schicht darunter entweder flüssig ist oder aus Weicheis besteht. Wärmeexpansion kann gelegentlich flüssiges Wasser oder Soft-Eis durch die Risse nach oben bringen und so die Glätte der Oberfläche erneuern.

Ganymed

Ganymed zeigt eine abwechslungsreiche Oberfläche: Kratergebiete wechseln mit zerfurchten und rippenartig strukturierten Arealen ab (Abb. S. 117). Die Oberfläche besteht im wesentlichen aus Wassereis, das bis in große Tiefen gefroren ist. Die dunklen kraterreichen Gebiete sind über weite Flächen unverändert geblieben; die Gebiete mit Furchen und Rippen laufen oft über Hunderte von Kilometern quer über die Kраterareale und deuten auf eine interne plattentektonische Aktivität hin. Eine weitere Generation von Kratern liegt auf dem zerfurchten Gebiet. Das bedeutet, daß Ganymed durch mehrere Perioden von Impaktzeiten gegangen ist. Helle Gebiete sind die jüngsten. Hier haben Einschläge frisches, weißes Eis aufgeworfen (Abb. S. 116). Diese Einschläge liegen möglicherweise 3 Milliarden Jahre zurück; seitdem ist Ganymed wohl ohne nennenswerte Veränderungen geblieben. Als Struktur von Ganymed wird angenommen: eine Eiskruste, ein Mantel aus Wasser oder Soft-Eis, das durch Konvektionskräfte in Bewegung gehalten wird, und darunter ein fester Kern.

Kallisto

Der am weitesten außen kreisende Galileische Jupitermond zeigt eine Oberfläche, die mit Kratern übersät ist (Abb. S. 118). Die aus Eis bestehende Kruste ist bei ihrer Entstehung gefroren, und außer Kratern zeigt sie keine tektonischen Strukturen wie bei Ganymed. Einige Krater sind mit Eis gefüllt. Bemerkenswert ist ein mit Eis gefüllter riesiger Einschlagkrater von ungefähr 500 km Durchmesser, der von zwei Dutzend konzentrischen Gebirgsringen umgeben ist, die sich bis zu 3000 km vom Zentrum hinweg erstrecken (Abb. S. 118). Wahrscheinlich hat der Einschlag das Eis der Kallistokruste geschmolzen, und die Ringe sind riesige Wellen, die bei der üblichen Oberflächentemperatur von −200 °C wieder gefroren.

Saturn

Der zweite Gasriese erinnert sehr an Jupiter. Auch seine Atmosphäre besteht hauptsächlich aus Wasserstoff und Helium, ein Gesteinskern wird angenommen. Seine Erscheinungsbilder sind denen vom Jupiter ähnlich: ein gelber Gasball voller Turbulenzen, der sich bei näherer Betrachtung in streifenartig wechselnde helle und dunkle Zonen auflöst. Jetstreams treten auf, wie beim Jupiter, sind jedoch breiter und haben höhere Geschwindigkeit. Atmosphärische Stürme sind ebenso beobachtet worden wie rotfleckige Strukturen (siehe Jupiter). Das wesentlichste Erscheinungsbild vom Saturn bilden seine Ringe, wovon die Voyager-Sonden zahlreiche Bilder aufgenommen haben, gleichfalls von den Saturnmonden.

Das Ringsystem setzt sich aus fast hundert einzelnen Ringfiguren und mehreren enger zusammengehörigen Ringstrukturen zusammen, die, aus Milliarden von Partikeln von Staubkorn- bis Hausgröße bestehend, den Planeten umkreisen. Die Sonden fanden bisher unbekannte Strukturen, wie „Speichen", die den B-Ring durchsetzen, dort entstehen und verschwinden, sowie Hirtenmonde, die an zwei Enden den F-Ring und außen den A-Ring begrenzen und offensichtlich den Strom der Partikel in Schach halten (Abb. S. 128). Neben dem Ringsystem besitzt Saturn noch 17 Satelliten, die in ihrer Größe zwischen dem A-Ring-Hirtenmond mit 30 km und dem größten Saturnmond, Titan, mit 5140 km variieren. Die Voyager-Sonden haben einige davon aus geringen Entfernungen fotografiert und überraschende Details entdeckt.

Saturnmonde

	Radius (km)	Masse (g)	Dichte (g/cm³)	Entfernung vom Saturn (km)	Umlaufzeit (Tage)
Mimas	195	$3{,}76 \cdot 10^{22}$	1,2	185 000	0,942
Enceladus	250	$7{,}40 \cdot 10^{22}$	1,1	238 000	1,370
Tethys	525	$6{,}26 \cdot 10^{23}$	1,0	294 700	1,888
Dione	560	$1{,}05 \cdot 10^{24}$	1,4	377 400	2,737
Rhea	765	$2{,}28 \cdot 10^{24}$	1,3	527 000	4,518
Titan	2 560	$1{,}36 \cdot 10^{26}$	1,9	1 222 000	15,945
Hyperion	200 x 110	$1{,}11 \cdot 10^{23}$	–	1 481 000	21,277
Iapetus	720	$1{,}93 \cdot 10^{24}$	1,1	3 558 000	79,331
Phoebe	100	–	–	12 945 000	550,40

(Aus: Briggs/Taylor, 1984)

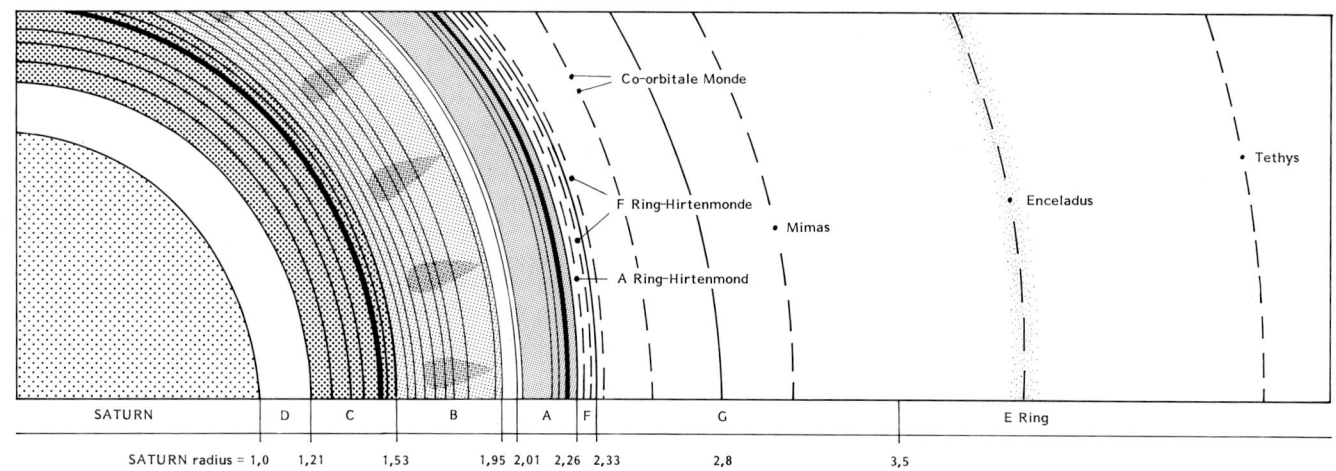

Saturn und seine Ringe sowie die nächsten Monde. Abstände vom Saturn im Mehrfachen seines Radius angegeben (60 300 km).

Die Sondenmessungen haben gezeigt, daß alle Saturnmonde eine Dichte unter 2 g/cm³ haben, einige sogar weniger als 1,5 g/cm³. Daraus kann man schließen, daß sie vorwiegend aus Eis bestehen. Für die meisten Monde läßt sich ein Gesteins-Eis-Verhältnis von 30 bis 40 % Gestein und 70 bis 60 % Eis kalkulieren (Soderblom/Johnson, 1982). Nur Titan, der größte Saturnmond, der als einziger eine Atmosphäre aufweist, hat eine Zusammensetzung von 50 % Gestein und 50 % Eis. Die Oberflächenspektren des Sonnenlichts, das die Saturnmonde reflektieren, unterstreichen dies, da sie Wellenlängen von Wassereis offenbaren. Die hohe Reflexion der Strahlung von den meisten Monden (60–90 %) ist durch das Wassereis zu erklären.

Alle Begleitmonde außer Iapetus und Phoebe haben ihre Umlaufbahn in der äquatorialen Ebene des Planeten, die auch die Ebene der Ringe ist. Die Umlaufbahn von Iapetus ist 14,7° und die von Phoebe 150° geneigt. Alle drehen sich gegen den Uhrzeigersinn um den Planeten, nur Phoebe bewegt sich in entgegengesetzter Richtung.

Titan
Der größte Saturnmond hat eine Atmosphäre, die vorwiegend aus Stickstoff besteht, eine Oberflächentemperatur von –180 °C, Atmosphärendruck von 1,9 Erdatmosphären. Die Gase sind schichtweise angeordnet: Außen liegt eine blaue, durchsichtige Schale (Abb. S. 136) von organischen Verbindungen (kohlenstoffhaltig), darunter liegt eine smogartige Schale von partikelreicheren roten organischen Gasen, dann folgt eine weitere aus Methanwolken mit noch größeren Partikeln. Die Oberfläche ist nicht sichtbar, besteht aber wohl aus festem, flüssigem oder gasförmigem Methan (Gore, 1981, S. 19).

Iapetus Bahneigung 1470
Auffälligstes Merkmal ist der Helligkeitsunterschied der beiden Hemisphären (Abb. S. 132). Die vorangehende, in Richtung der orbitalen Bewegung weisende Seite ist dunkel mit nur 4 % Albedo (im Vergleich mit 50 % auf der Erde) und höchstwahrscheinlich mit dunklem Material bedeckt, über das spekuliert wurde, es könne rußartig und von anderen Körpern (z. B. Phoebe) ausgestaubt sein oder aus Methaneis bestehen, aus dem sich Kohle gebildet habe; auch an kohlig-organische Substanzen, wie sie in chondritischen Meteoriten zu finden sind, ist gedacht worden. Die regionale Verteilung soll auch auf Intrusion von innen deuten können. Beide Hemisphären sind mit zahlreichen Kratern bedeckt.

Mimas und Enceladus
Die innersten der Saturnmonde, die schon vor dem 20. Jahrhundert bekannt waren, Mimas und Enceladus, haben nur ein Tausendstel der Masse des Erdenmondes. Aufgrund der Dichte bestehen die Monde vorwiegend aus Eis. Die Temperaturen von –200 °C sind für eine feste Eiskruste verantwortlich, in der zahlreiche Krater erhalten sind. Einer der Mimaskrater mißt 130 km im Durchmesser und ist, verglichen mit der Größe des Mondes, riesig. Durch den Aufprall ist der Mond beinahe zerborsten, wie Bruchlinien auf der dem Krater gegenüberliegenden Seite andeuten. Im Krater ist durch isostatische Rückschlageffekte ein 6 km hoher Berg entstanden (Abb. S. 133). Die Oberfläche von Enceladus (Abb. S. 134) ist sehr viel heller und glatter und reflektiert fast alles Licht, das ihn erreicht. Dies wird möglicherweise durch frisches Wassereis hervorgerufen. Er ist das hellste Objekt im Sonnensystem. Aufnahmen zeigen Risse, Furchen und andere Verformungshinweise der Kruste. Möglicherweise wärmen Gezeitenspannungen die dünne Eiskruste auf und bringen sie zum Platzen, so daß Eiswasser und -kristalle austreten können.

Tethys, Dione und Rhea
Diese drei sind ebenfalls vereiste Monde. Unterschiede in der Dichte hängen von der Menge des anwesenden Gesteinsmaterials ab. Alle drei sind mit Kratern bedeckt, die zum Teil (wie bei Rhea) zwei Generationen angehören. Sie zeigen Risse und canyonartige Frakturen und Gebiete mit Albedo-Unterschieden. Helle Gebiete können frisches Eis bedeuten, das bei Impakten hochgeschleudert wurde, oder (wie bei Dione) Spuren von Schnee, aus Flüssigkeit oder Gasen, die aus dem Inneren aufgestiegen sind. Die vorliegenden Bilder lassen jetzt schon eine gewisse chronologische Zuordnung der Oberflächenstrukturen zu (Soderblom/Johnson, 1982, S. 101, 107).

Hyperion
Jenseits vom Titan kreisend, ist Hyperion kaum größer als Mimas. Er zeichnet sich durch eine unregelmäßige und zerfurchte Oberfläche aus. Sein Verhalten auf der Umlaufbahn ist nicht stabil.

Phoebe Bahneigung 150° (rückläufig)
Der am weitesten außen liegende Mond ist wahrscheinlich ein eingefangener Satellit, der an anderer Stelle gebildet wurde.

Uranus und Neptun

Von den „eisigen Planeten" ist Uranus (1986) im Blickfeld der vorbeifliegenden Sonde Voyager 2 gewesen. Als milchig-blaugrün aussehender Gasball ist Uranus deutlich dunkler als Jupiter und Saturn. Diese blaugrüne Atmosphäre verbirgt die darunterliegenden turbulenten Wolkenschichten und einen Heißwasserozean mit Ammoniak, aus denen sich der Planet wahrscheinlich zusammensetzt. Im Inneren birgt Uranus wohl einen Gesteins-Metall-Kern. Außen herrscht eine Temperatur von –215 °C. Der Planet liegt auf seiner Drehachse, ist also um etwa 90° gekippt; er rollt wie ein Ball in seiner Umlaufbahn. Seine Magnetachse ist um 60° von der Rotationsachse verschieden und verläuft nicht durch das Zentrum. Das Magnetfeld, zudem durch die Sonnenwinde beeinflußt, ist infolgedessen bizarr.

Uranus hat ein Ringsystem wie Jupiter und Saturn, das jedoch im Unterschied zu diesen vertikal verläuft und aus zehn Ringen besteht (Abb. S. 144, 145). Diese Ringe setzen sich aus schwarzen, bis zu hausgroßen Gesteinsbrocken zusammen; zwei Hirtenmonde wurden entdeckt, die den neunten Ring „bewachen". Wie das Ringsystem in Gang gehalten wird, ist noch nicht bekannt.

Von den vorher bekannten größeren Monden liegen zum Teil hervorragende Nahaufnahmen vor, die Überraschungen bieten. Hatte man, wie bei den meisten Saturnmonden, weiße Eisbälle erwartet, so zeigte bereits Miranda, der innerste der großen Monde, erstaunliche Merkmale (Abb. S. 148, 149). Der Mond ist offensichtlich durch den Impakt eines großen Körpers fast zerplatzt und wieder zusammengebacken. Altes Kratergebiet ist von tief zerfurchtem Terrain mit bizarren oder ovalen Strukturen (bis zu 10 km tief) umgeben. Auch die anderen Monde – Ariel, Umbriel, Titania und Oberon – zeigen neben Kraterbedeckung Strukturen, die auf geologische Aktivität wie Grabenbildung hinweisen. Umbriel ist bedeckt mit einer dunklen Substanz, die vielleicht nach einem Impakt aus seinem Inneren kam. Auch Titania zeigt lineare Strukturen, die auf geologische Aktivität in der Vergangenheit schließen lassen. Auffälligstes Merkmal bei Oberon (Abb. S. 146) sind schwarze Füllungen in den Kratern, was möglicherweise schwarze Eis-Lava ist,, die von aufgeschlagenen Kometen herrührt.

Festzustellen ist: Die Uranussatelliten scheinen eine größere Dichte zu haben, das heißt, sie sind gesteinsreicher als die des Saturns, und sie sind „schmutziger". Um die genauen Zusammensetzungen feststellen zu können, bedarf es weiterer Untersuchungen.

Ausblick

Die Vorbeiflüge der Voyager-Sonden am Saturn haben die ersten fotografischen Erkundungen abgeschlossen. Voyager 2 hat 1986 überraschende Aufnahmen vom Uranus und von seinen Monden gemacht. 1989 soll Voyager 2 dann am Neptun vorbeifliegen, um dann das Sonnensystem in die Weite des Weltalls zu verlassen. Bis dahin sind, sofern die Instrumente, die beim Uranusvorbeiflug hervorragend funktionierten, weiterhin intakt bleiben, neue aufregende Entdeckungen über das jetzt Bekannte hinaus zu erwarten.

Dr. Willi Ziegler

Benutzte Quellen
(auch zum Weiterlesen empfohlen)

Branley, F. M. (1986): Mysteries of the Satellites. – 77 S., Nodestar Books, E. P. Dutton, New York.

Briggs, G. / Taylor, F. (1984): Cambridge Fotoatlas der Planeten. Das neue Bild des Sonnensystems. – 255 S., 237 Abb. und Karten (101 vierfarbig), Kosmos, Gesellschaft der Naturfreunde, Franckh'sche Verlagsbuchhandlung, Stuttgart.

Gore, R. (1977): Sifting for life in the sands of Mars. – Nat. Geogr., **151**, S. 9–31.

Gore, R. (1980): Voyager views Jupiter's dazzling realm. – Nat. Geogr., **157**, S. 2–29.

Gore, R. (1981): Voyager 1 at Saturn. Riddles of the Rings. – Nat. Geogr., **160**, S. 3–31.

Gore, R. (1985): The Planets between Fire and Ice. – Nat. Geogr., **167**, S. 4–51.

Gore, R. (1986): Uranus: visit to a dark planet. – Nat. Geogr., **170**, S. 178–195.

Grieve, R. A. F. / Robertson, P. B. (1987): Terrestrial Impact Structures. – Geol. Survey Canada, Karte 1658 A, 1 : 63 000 000; Ergänzung zu: Episodes, Band **10**, Nr. 2, Juni 1987.

Sagan, C. (1982): Unser Kosmos. Eine Reise durch das Weltall. – 376 S., 500 Abb., Droemer-Knaur, München/ Zürich.

Soderblom, L. A. / Johnson, V. (1982): The Moons of Saturn. – Scientific American, Jan. 1982, S. 101–116.

Störig, H. J. (1985): Knaurs moderne Astronomie. – 280 S., Droemer-Knaur, München.

Weaver, K. F. (1975): Mariner unveils Venus and Mercury. – Nat. Geogr., **147**, S. 858–859.

Weiner, J. (1987): Planet Erde. – 383 S., Droemer-Knaur, München.

Der beharrliche Beobachter

Im Frühherbst des Jahres 1846 sandte U. J. J. Leverrier, ein junger französischer Mathematiker, einen Brief an Johann Gottfried Galle, Assistent am Berliner Observatorium. Aufgrund mathematischer Berechnungen, die das Vorhandensein eines Planeten außerhalb von Uranus nahelegten, der erst 65 Jahre zuvor entdeckt worden war, ersuchte Leverrier Hilfe von einem Astronomen, der seine Berechnungen bestätigen sollte.

„Ich hoffe, einen beharrlichen Beobachter zu finden", schrieb er an Galle, „der bereit ist, einige Zeit auf die Untersuchung eines Himmelsabschnitts zu verwenden, in dem möglicherweise ein Planet entdeckt werden könnte. […] Ich gehe davon aus, daß es unmöglich ist, die Bewegungen des Uranus zufriedenstellend zu erklären ohne das Wirken eines neuen, bisher unbekannten Planeten; und bemerkenswerterweise gibt es in der Ekliptik nur eine einzige Position, in der dieser aufregende Planet gelegen sein kann."

Galle erhielt Leverriers Brief am 23. September. Zwei Tage später antwortete er begeistert seinem Kollegen in Frankreich:

„Der Planet, auf dessen Position Sie hingewiesen haben, existiert *tatsächlich*. Am gleichen Tag, als ich Ihren Brief erhielt, fand ich einen Stern der achten Größe. […] Die Beobachtungen, die ich am darauffolgenden Tag vornahm, bestätigten, daß dies der gesuchte Planet ist."[1]

Dieser, der achte Satellit der Sonne, erhielt später den Namen Neptun.
Nach und nach enthüllten weitere intensive Untersuchungen, daß Neptun selbst Störungen ausgesetzt war, die ein weiterer, noch unbekannter Himmelskörper hervorrief. So wie zuvor bei Uranus führte die Aufzeichnung von Unstimmigkeiten in der Bahnbewegung des achten Planeten zu Spekulationen über die mögliche Existenz eines transneptunischen Planeten. Pluto wurde 1930 von Clyde W. Tombaugh, einem amerikanischen Farmer und Amateurastronomen, entdeckt. Am Lowell-Observatorium, wo Tombaugh ein mit einer Kamera verbundenes Teleskop benutzte, belichtete er fotografische Platten im Zeitabstand von zwei Tagen. Zwischen der ersten und zweiten Belichtung registrierte er in einem Lichtpunkt der 15. Größe eine winzige, aber dennoch deutliche Abweichung: Damit wurde das Vorhandensein des transneptunischen Planeten, rund 5 Milliarden Kilometer von der Sonne entfernt, bestätigt.
Zwischen der Entdeckung von Neptun im Jahr 1846 und der des Pluto 1930 war Leverriers Wunsch nach einem „beharrlichen Beobachter", der bereit wäre, seine Zeit dem Studium und der unnachgiebigen Untersuchung eines Himmelsabschnitts zu widmen, erhört worden – und zudem auf revolutionierende Weise. Die Kamera, die das „Licht der Welt" knapp 20 Jahre vor jenem Zeitpunkt erblickt hatte, als der französische Mathematiker den Brief an seinen deutschen Kollegen zur Post gab, dieses roboterartige Wesen, dessen Existenz Leverrier nicht hatte ahnen können, sollte zum beharrlichen Beobachter in der Erforschung des Weltraums werden. Eineinhalb Jahrhunderte später, nachdem der Mond und die Planeten von Merkur bis zum Saturn fotografiert wurden, stehen Kameras an Bord von Weltraumsonden kurz davor, jene aufregenden Planeten, Uranus [1986 – Red.] und Neptun, zu fotografieren.

*

Ich betrachte eine Farbfotografie des Planeten Mars (Abb. 1). Der Erläuterungstext erklärt:

„Das ist die erste Farbaufnahme, die von der Landefähre Viking 2 aufgenommen wurde; sie zeigt eine steinige rote Landschaft, ähnlich der, wie sie Fähre 1, mehr als 6400 Kilometer entfernt, fotografiert hat. Die Kamera schaut ungefähr in nordöstliche Richtung. Die Aufnahme wurde am späten Nachmittag aufgenommen, die Sonne steht hinter der Kamera. Weil die Sonde um acht Grad gegen Westen geneigt ist, erscheint der Horizont schief. Tatsächlich ist der Horizont beinahe waagerecht."[2]

Bestimmte Worte und Sätze in diesem knappen Text unterscheiden sich vom Rest: „die erste"; „ähnlich wie"; „ungefähr in nordöstliche Richtung"; „später Nachmittag"; „hinter der Kamera"; „acht Grad"; „gegen Westen"; „erscheint"; „tatsächlich". Die meisten von ihnen sind Begriffe, die versuchen, Örtlichkeiten in Raum und Zeit zu identifizieren, Worte, die an ein kompliziertes System von Koordinaten denken lassen, die die Beziehungen zwischen einer Kompaßrichtung, einem bestimmten Ort, einem vergleichbaren Raum, der allgemeinen Qualität von Licht, Kausalität sowie Zeit anerkennen. Die erste Einheit einer fotografischen Information, die von der Landefähre Viking 2 von der oxidierten Oberfläche des Mars zur Erde übertragen wurde, ist in der oberen linken Ecke der Fotografie plaziert, in der alleroberster Ecke des verarbeiteten Bildes. Es ist ein verschwindend kleines Quadrat visueller Daten – genannt Pixel – in blaßoranger Farbe. Die Vidikonkamera an Bord der Landefähre tastete den Ausblick in sequentiellen Bits ab – von links nach rechts und von oben nach unten –, wobei sie jedem Bit einen Wert zwischen 0 und 255 innerhalb einer Grauskala zuordnete. Die Hunderttausende einzelner Bildpunkte wurden in einer rund 90 Sekunden dauernden Zeitspanne gesammelt. Zusammengenommen entsprechen diese Pixel eher sequentiellen Einzelbildern eines Films oder den auf dieser Seite gedruckten Worten. Liest man diese Pixels in der Reihenfolge ihrer

Entstehung und ihres Empfangs, dann entspricht das dem Lesen der Geschichte dieser zweidimensionalen Landschaft, die wir Fotografie nennen.

In bezug auf den hier geschilderten Mars bedeutet das eine öde, mit Geröll übersäte Wüste, die sich weit unter einem flachen, schwefeligen Himmel öffnet, dessen Farbe ins Graue abfällt. Dünne Staubschleier hüllen die Steine im Vordergrund ein, die sich über das Sichtfeld der Kamera zufällig und anscheinend wahllos verteilen. Das Licht hier ist grell, die Schatten sind scharf. Die gewaltige Tiefe dieses unfruchtbaren Feldes, das im Vordergrund Geröll in der Größe von Körnern zeigt und bis zu einem weit entfernten und unscharfen Horizont weiterführt, wird mit dem flachen Raster von Bildpunkten in Spannung gehalten, das in der Oberfläche des Bildes verankert ist. Was geschah auf der Oberfläche des Mars zwischen dem Zeitpunkt, in dem die Vidikonkamera mit dem Abtasten oben links begann, und dem Moment, da sie ihre methodische Reise unten rechts vollendete? Veränderte ein winziger Kiesel oder nur ein Gramm Staub in einem nicht wahrnehmbaren Luftzug seine Position? Welche Strukturen existieren außerhalb dieses fotografischen Feldes? Was liegt rechts und links der beschnittenen Seiten? Wächst der im Text als „flach" bezeichnete Horizont zu einer Bergkette an, oder versinkt er in einem alten Krater?

Die Kamera der Landefähre von Viking 2 zeichnete nicht nur das Panorama auf dem Mars nach, oder beantwortete nur wissenschaftliche Spekulationen über die Beschaffenheit jenes erdähnlichen Planeten, sie warf auch Fragen auf über die Welt, die jenseits dieses gezeigten Bildes liegt. Gerade die Begrenzungen des Bildes rufen Vorstellungen von dem hervor, was jenseits dieser Grenzen liegt. Wie jedes Pixel in dieser Sequenz, die das gesamte Bild konstituiert, ist auch diese spezifische Abbildung ihrerseits Teilausdruck des gesamten Planetenbildes.

Aussagekräftig wird dieses eine Bild nur im Zusammenhang mit all den anderen Fotografien, die zur Erde zurückgesendet werden. Die Deutung von Zehntausenden von Bildern, die vom Mars zurückgesendet wurden – ange-

Abbildung 1
Das erste Farbbild der Marslandschaft,
das von der Landefähre Viking 2 aufgenommen wurde. September 1976 (VF)

fangen mit den 25 verschwommenen Fotografien vom Vorbeiflug der Raumsonde
Mariner 4 im Jahr 1965 bis hin zu den letzten
Bildern, die übertragen wurden, ehe die
Landefähre Viking ihre Arbeit im November
1982 einstellte –, bedeutet nicht nur, in der
Geschichte dieses Planeten zu lesen. Man wird
damit selbst ein Teil dieser Geschichte. Die
Kamera scheint im Weltraum wie auf der Erde
nichts als ein Instrument der Übertragung zu
sein; in Wirklichkeit erschafft sie jene Welt, die
sie gerade abbildet. Weltraumfotografie ist ein
Instrument der Konstruktion.
Eine Ausstellung mit dem Titel „Die Fotografie
der Raumforschung", die 1981 in der Grey Art
Gallery der Universität von New York gezeigt
wurde, hatte Fotografien aus dem All zum

Thema. Unter anderem führte der Ausstel-
lungskatalog ganz richtig an, daß die Durch-
führung fotografischer Expeditionen zur
Lokalisierung und Kartographierung geogra-
phischer und geologischer Daten aus Grenz-
gebieten eine Tradition darstellt, die nur um
weniges jünger ist als das Medium der Fotografie selbst: Zuerst erfolgte sie mittels
Daguerreotypien, später mit fotografischen
Platten, manuellen oder elektronischen
Kameras und heute mittels Computerauf-
nahmen aus den Tiefen des Weltalls.[3] Vom
Kongreß beauftragt, nutzte J. M. Stanley 1853
eine Vermessungsreise zur fotografischen
Kartographierung der unberührten Wildnis
des Missouri; seinem Beispiel folgten in den
folgenden Jahrzehnten William Henry Jackson,

Abbildung 2
*Honoré Daumier (1808–1879): Nadar-
Luftbildaufnahme als Spiegel der Kunst,
1862. Lithografie. International Museum
of Photography im George-Eastman-
Haus*

Timothy O'Sullivan, Eadweard Muybridge,
Carleton Watkins und viele andere. Die erste
Fotografie, die von den unberührten Weiten
des Weltalls gemacht wurde, entstand 1858,
nur fünf Jahre nach Stanleys Reise. In diesem
Jahr stieg Gaspard Felix Tournachon – genannt Nadar – über dem Dorf Petit Bicêtre
unweit von Paris mit einem Ballon auf und
stellte ein Kollodiumpositiv her, das allerdings
nicht mehr existiert (Abb. 2). Wie in den
Seasat-Fotografien dieser Ausstellung, so war
Nadars Darstellung der Grenzregion oder
Wildnis nicht bloß das Abbild einer bisher
unbekannten Gegend, sondern vielmehr die
völlig neuartige Erfahrung eines bisher unbekannten Blickwinkels (Abb. 3). Timothy O'Sullivan, der sich während des Bürgerkrieges als
Mitglied von Mathew Bradys Foto-Korps aus-
gezeichnet hatte, schloß sich 1867 Clarence
Kings erster Expedition der Vereinigten
Staaten zur geologischen Erforschung des
40. Breitengrades an. Wie für den neuen
Berufsstand des Fotografen allgemein üblich,
umfaßte das Aufgabengebiet des Siebenund-
zwanzigjährigen zwei Bereiche: Einerseits
fungierte er als wissenschaftlicher Techniker,
der die Landschaft dokumentarisch festhielt,
andererseits sollte er als Publizist Aufnahmen
machen, deren Aussage zukünftige Expeditionen ermutigen sollte. 1978 folgte der
Fotograf Rick Dingus O'Sullivans Spuren, um
mehr als 100 Jahre später die gleichen Punkte
in der Landschaft erneut zu fotografieren und
festzustellen, ob und inwieweit Veränderungen stattgefunden hatten; er machte eine
erstaunliche Entdeckung. Einen bemerkens-
werten Unterschied zwischen den Aufnahmen von Dingus und O'Sullivan konnte man

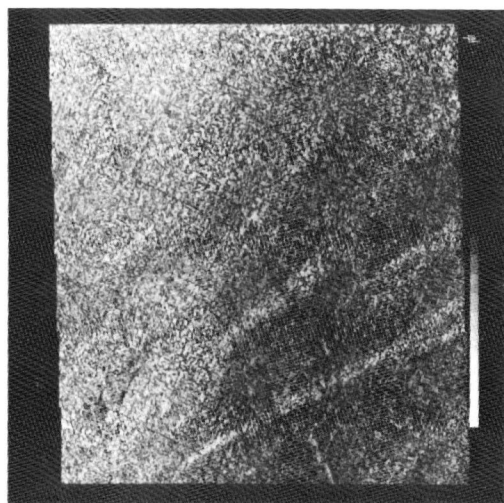

Abbildung 3
*Seasat-Radarbild von der Gegend um
Ames, Iowa, mit dem Muster von Feldern.
Die dunklen Bereiche zeigen an, daß es
hier vor kurzem geregnet hat. 16. 8. 1978
(SW)*

Abbildung 4
*Timothy O'Sullivan (ca. 1840–1882):
Tertiäres Konglomeratgestein, Weber
Valley, Utah, um 1868. Albumen-Druck
von einem Glasnegativ, ungefähr
23 x 30,5 cm. U. S. Geological Survey,
Denver*

bei einer riesigen Ansammlung von Felsblöcken in Weber Valley, Utah, feststellen: Auf der einen Fotografie verläuft der Horizont nahezu eben, während er auf der anderen leicht abfällt. O'Sullivan machte seine Aufnahme mit Hilfe eines Stativs und einer Kamera, die um neun Grad von der Waagerechten abwich (Abb. 4). Ähnlich wie auf den Farbaufnahmen, die die Landefähre Viking 2 vom Mars machte (Abb. 1), finden wir auf dieser Dokumentaraufnahme einer unberührten Landschaft aus dem 19. Jahrhundert einen künstlichen Horizont.

Nur in den seltensten Fällen enthält eine Aufnahme ihre eigene Dokumentation. Das Foto soll ja nicht sich, sondern Fakten dokumentieren (daher die erklärenden Bildunterschriften zu den miteinander verbundenen Koordinaten in den Bildern, die die Landefähre Viking 2 vom Mars machte, oder der aufschlußreiche Vergleich zwischen den beiden Aufnahmen aus dem Weber Valley). Je nach Art und Weise, in der die Fotografie verwendet wird, kann – laut Beaumont Newhall – eine Eigendokumentation vorliegen. In den anschaulichen Bildern von Jupiters Großem Rotem Fleck, von Voyager 1 fotografiert (Abb. 5) oder in der IRAS-Aufnahme (S. 166) des galaktischen Zentrums der Milchstraße stellt sich die Frage: Wo ist hier „oben", wo ist „unten", wo befinden wir uns, wenn wir diese Bilder betrachten? Wir stehen auf einem künstlichen Horizont. Die unsichtbare Position des Raumschiffes, die von der Ausrichtung seiner Antennen zu Sonne und zwei Sternen vorgegeben ist – ähnlich wie einst Kolumbus sein Schiff auf festem Navigationskurs hielt –, begründet unsere Wahrnehmungswelt. Auch die Farbe erklärt sich aus der Relativität von Bedingungen außerhalb des Bildes. Die stürmischen Wolkenformationen links vom Großen Roten Fleck sind fotografisch so wiedergegeben, wie sie das menschliche Auge an Bord des vorbeisausenden Raumschiffes wahrnehmen würde (Abb. 6); auf anderen Fotos werden sie geteilt oder mittels fotografischer Filter und computergesteuerter Bildverarbeitung einfach aufgelöst. Auf diesen Aufnahmen erlaubt uns die Anwendung von Falschfarben tiefer zu sehen, als es unseren Augen je möglich wäre;

wir können so unser Sehvermögen an die mechanisch und elektronisch konstruierte Erscheinung des Alls angleichen. Diese Dokumentaraufnahmen der „superlunaren Einöde" zu betrachten ist, als würde sich uns die Welt aus einem völlig neuen Blickwinkel erschließen oder als würden wir, wie einst O'Sullivan, das Neuland des noch nicht vermessenen Weber Valley betreten.

*

Ist die dokumentarische Funktion eines Bildes entweder vom Fotografen beabsichtigt oder entsteht sie durch die Verwendungsweise seitens des Betrachters, so bekommt etwas bisher nicht Gesehenes, aber dennoch ständig Vorhandenes damit Gewicht. Genau wie im Fotojournalismus bieten auch Dokumentaraufnahmen Beweismaterial an. Dies geschieht durch Feststellungen wie etwa: „So sieht der angeklagte Mörder aus"; „Diese Vorstadt-High-School war der Schauplatz, an dem ein im Untergrund arbeitender Polizist einen Ring jugendlicher Rauschgifthändler auffliegen ließ"; „Die verkohlten Überreste eines Lagerhauses, das ein unbekannter Brandstifter in Flammen aufgehen ließ". Dennoch besitzen Fotos aus der Berichterstattung an sich keine eigentliche Bedeutung. Fallen weitere Hinweise weg, sind sie nichts als Bilder ohne Aussagewert. „Die angeklagte Mörderin" ist nur die Aufnahme einer finster blickenden Frau mit schulterlangem Haar und Brille; der „Schauplatz des Drogenhandels" ist nichts weiter als ein Backsteingebäude in einer baumbestandenen Straße; „das Zielobjekt eines Brandstifters" reduziert sich zum Foto einer eingeäscherten Ruine, aus der noch Rauch aufsteigt. Ändert man hingegen die Erklärung, so wird aus der ernst blickenden Frau „das Opfer eines Raubüberfalles", und damit ändert sich auch die Aussage.

In diesem Buch werden Fotografien aus dem All in einem fundamental neuen Zusammenhang gesehen: Sie bringen nicht nur Anschauungsmaterial zum Ausdruck, sondern verwandeln sich in ästhetische Objekte, die zur eingehenden Betrachtung anregen. Auf diese Weise sind sie ihrer potentiellen Dimension zu wissenschaftlicher, militärischer oder

politischer Beweisführung entledigt; die Darstellungen werden ihres Sinns beraubt. Als Folge verschiebt sich der Blickwinkel; er entfernt sich von der Beziehung zwischen dem fixierten Bild und seinem entfernten Bezugspunkt – den gewaltigen Wolken interstellaren Gases, die im Zentrum unserer Galaxie verstreut sind, oder den aus verhältnismäßig winzigen Teilchen bestehenden Ringen des Saturns. Der Blickwinkel verlagert sich vielmehr auf die Beziehung zwischen dem Bild und seinem Fotografen.

Wer hat diese Fotos gemacht? Wer ist der Fotograf? Das einzig Verbindende der zahlreichen Farbabbildungen dieses Buches ist die Tatsache, daß sie auf unbemannten Raumflügen entstanden. Hier gibt es keinen O'Sullivan, der sich mit schwerer Ausrüstung im unwegsamen Gelände abmühte, nicht einmal einen Astronauten namens Charles Conrad,

der mit umgeschnallter Kamera auf der Mondebene Mare Procellarum steht (Abb. 8). Auf den unbemannten Raumflügen entstanden keine Aufnahmen von menschlichen Fußabdrücken in extraterrestrischem Staub (Abb. 10); es gibt nur ein Bild der leblosen Metallstütze der Viking-1-Landefähre, die unerschütterlich auf dem Boden des Mars steht (Abb. 11). Der Fotograf als einzelne, unabhängige Person wird hier durch eine Vielzahl voneinander abhängiger Wissenschaftler und Techniker ersetzt; ihre aufeinander abgestimmten Befehle, Aktionen und Reaktionen setzen eine komplexe Reihe von Abläufen in Bewegung, deren Ergebnis ein fotografisches Bild ist. Ähnlich wie die Fotografen des 19. Jahrhunderts, die den unbesiedelten amerikanischen Westen fotografisch dokumentierten – sie waren Forscher, Abenteurer oder Techniker –, so sind auch in der Weltraumfoto-

grafie keine Künstler am Werk. Timothy O'Sullivan und Carleton Watkins verfolgten mit der Herstellung ihrer Bilder kein ästhetisches Ziel; dennoch erhielten ihre einmaligen Aufnahmen durch ihre Seltenheit Fetischcharakter, waren sie doch Produkte ganz wesentlicher, persönlicher Eindrücke oder, mit anderen Worten: doch Kunstwerke. Fotos aus dem Weltall unterliegen nicht solcher Subjektivität. Ihres digitalen Ursprungs in einer Vidikonkamera zufolge gibt es keinen Materialwert, handelt es sich nicht um ein einmaliges Original oder einen Abzug, dessen Seltenheit zusätzlich durch die subjektive Betrachtungsweise des „Künstlerauges" gewinnt. Wir haben uns hier weit vom traditionellen Begriff Faktur in der Malerei entfernt; dieser Begriff ist bereits im Lexikon der Kunstfotografie verankert, und man versteht darunter, daß die sichtbaren Merkmale der Arbeitsweise des

Künstlers zu seiner ihn identifizierenden Handschrift werden, zum Garanten von Authentizität und Schlüssel zu transzendentalem Wert. Die Weltraumfotografien hingegen versuchen, dem Anspruch gerecht zu werden, daß Realität sichtbar werden soll ohne persönliche Interpretation oder Vermittlung. Benjamin Buchloh bemerkte bereits Ähnliches zum fotografischen Œuvre von Alexandr Rodtschenko aus den späten zwanziger und dreißiger Jahren dieses Jahrhunderts.[4] In beiden Fällen handelt es sich um die bildhafte Vergegenwärtigung eines nicht gegenwärtigen Bezugsobjektes, die uns die monumentale Vision der Kamera enthüllt und uns unleugbar das Gefühl von technologischem Optimismus vermittelt (Abb. 9).

Der Sucher einer Raumschiffkamera ist objektbezogen und nicht nach visuellen Wahrnehmungen ausgerichtet. Es handelt sich um eine

Abbildung 7
Fotografie der Saturnringe von Voyager 1,
die zarte Farbunterschiede sowie
einen zuvor unbekannten Detailreichtum
zeigen: Speichen, Kringel, Löcher und
Wellen sind in dieser Aufnahme zu unterscheiden. 8.11.1980 (FF)

Abbildung 8
Fotografie von Apollo-12-Astronaut Alan
L. Bean auf dem Mond, aufgenommen
von Astronaut Charles Conrad, jr.
19./20. 11. 1969

Abbildung 9
Alexandr Rodtschenko (1891–1956):
Chauffeur, 1933. Gelatinesilber-Druck,
28,5 x 40,5 cm. Museum of Modern Art.
Fonds von Mr. und Mrs. John Spencer

verwirrende Reihe mathematischer Berechnungen, die bereits im voraus ausgearbeitet
und in das Roboterauge einprogrammiert
wurden. Das objektbezogene Wahrnehmungs-
vermögen teilt uns nur mit, wann der genaue
Zeitpunkt zur „Blendenauslösung" gekommen
ist. Cartier-Bressons „entscheidender Moment"
wird hier ganz unglaublich elastisch, gedreht
und gedehnt wie ein gespanntes Gummiband,
denn ein elektronisches Signal, das von der
Erde aus ein Raumschiff reprogrammieren soll,
das den Saturn hinter sich gelassen hat,
braucht Stunden, bis es sein Ziel erreicht.
Heute bestimmen Bordcomputer den Pro-
zentsatz verfügbarer Informations-Bits, die für
den Empfang der notwendigen Daten erfor-
derlich sind, und definieren auf diese Weise
das endgültige Bild im Sucher. Auch die
Schwerkraft kann ganz wesentlich die endgültige Auswahl des zu fotografierenden Gegen-
standes beeinflussen: Der Kurs von Mariner 10
an der Venus vorbei wurde mit Rücksicht auf
die Schwerkraft gewählt, denn die Anziehungskraft des Planeten auf das vorbeiflie-
gende Raumschiff mußte so mit berechnet
werden, daß sie Mariner auf den Merkur, sein
eigentliches Ziel, zuschleuderte. Die Venusauf-
nahmen, die uns von der Sonde Mariner
während ihres Vorbeifluges erreichten, geben
damit Eindrücke wieder, die sich auf einem

genau berechneten interplanetaren
Verkehrsweg boten. Doch vom Standpunkt
der visuellen Wahrnehmung aus handelt es
sich dabei um Blindschüsse, ähnlich jenen
Aufnahmen, die entstehen, wenn ein Foto-
journalist über die Köpfe einer begeisterten
Menge hinweg mit hochgehaltener Kamera
versucht, einen wenn auch nur flüchtigen
Eindruck von einem Filmstar zu erhaschen,
wobei Tausende von Variablen seine Schät-
zungen beeinflussen können.
Wenn diese Weltraumfotografien nicht-
menschlichen Ursprungs sind – das heißt,
wenn sie durch das dichtgewebte Netz der
technologischen Kultur des ausgehenden
20. Jahrhunderts entstanden sind –, so trifft
dies gleicherweise auf ihren Empfang zu. Die
Herstellung dieser Bilder umschließt zwei
wesentliche Merkmale: Sie verkörpern eine
visuelle Form, die von den Bedürfnissen der
Zuschauer oder Auftraggeber bestimmt wird,
und sie benutzen das Verteilernetzwerk der
Nachrichtenmedien. An die Stelle der einmaligen Kopie tritt eine Vielzahl authentischer
Kopien. Ein wenig Geduld, ein kleiner Betrag
zur Kostendeckung und ein Schreiben an die
Datenzentrale im Nationalen Raumfahrt-
zentrum in Maryland reichen aus, und man
erhält beispielsweise einen originalgetreuen
Abzug eines Surveyor-Fotos vom Sonnen-

untergang auf dem Mond. In dieser Hinsicht unterscheiden sich Aufnahmen, die während unbemannter Raumflüge gemacht wurden, ganz wesentlich von Ansichten von Naturwundern voll eigenständiger Ausdruckskraft. Sie gleichen eher superlunaren Postkarten, die von einer Reise zum „Grand Canyon" am Jupiter oder zu einem „Glacier Park" am Saturnmond Enceladus stammen. Denn sowohl die Entstehung als auch der Empfang dieser Aufnahmen sind synchron kollektiv. In dieser fotografischen Chronik unserer Reisen ins All sind wir sowohl Schöpfer als auch agierende Geschöpfe. Fotografien aus dem Weltraum liefern zwar Beweismaterial, doch liegt der Beweis einzig in der einfachen

Tatsache, daß wir, das kollektive Kamerateam, da waren.

*

Ich betrachte ein Computerkompositum aus vier Voyager-1-Bildern; sie zeigen einen Teil des Saturns und seine berühmten Ringe (Abb. 7). Es ist ein verwirrendes Bild, von dem es in der erläuternden Unterzeile heißt, daß es eine Fülle neuer Informationen über den Planeten und den ihn umkreisenden Staub enthält. Aber ich weiß nichts über die Planeten-Wissenschaft, deren spezialisierte Sprache nötig ist, um den astronomischen Text dieser Aufnahme zu deuten. Das Bild ist einfach schön mit seinen changierenden Farben und den unklaren Konturen, Produkt der Zauberei der Bildverarbeitungstechnik. Dennoch kann ich Abertausende von Fotografien ausfindig machen, die aus den verschiedenartigsten Gründen in der Tagespresse oder in Wochen- und Monatszeitschriften veröffentlicht wurden und ebenso schön sind. Es ist aber wahr, daß dieses Bild vom Saturn einen ganz besonderen Eigenwert besitzt: Da gibt es drei unregelmäßige schwarze Punkte auf seiner Oberfläche, auf die im Text Bezug genommen wird. Aber alle Kameras hinterlassen ihre ganz eigentümlichen Spuren.

Abbildung 10
Fußspuren auf dem Mond sowie ein Bein
der Apollo-11-Landekapsel, aufgenom-
men von den Astronauten Neil A. Arm-
strong und Edwin E. Aldrin, jr. 20. 7. 1969

Abbildung 11
Die erste Fotografie, die auf dem Mars
gemacht wurde (Viking-1-Landefähre).
20. 1. 1976 (SW)

Was diesem eigentümlichen Bild und all den anderen, die auf dieser Reise in die Tiefe des Alls aufgenommen wurden, ihre außerordentliche und unvergleichliche Qualität der Fremdheit gibt, ist nicht schwer herauszufinden. Die Antwort ist schlichtweg entmutigend. Unaufhörlich wiederholt mir diese Aufnahme: *Ich werde den Saturn und seine berühmten Ringe niemals sehen.* Alle Fotografien sind Geschichte; sie sind Aufzeichnungen einer Begegnung von Kamera und Ort, einer Person und einer Zeit, die unwiederbringlich in der Vergangenheit liegt. (Darum erscheinen selbst unbedeutende Fotografien mit zunehmendem Alter immer interessanter.) Was Roland Barthes in seinem Buch „Camera Lucida" „jenes scheußliche Ding, das in jeder Fotografie vorhanden ist: die Wiederkehr des Todes"[5], nannte, ist hier deutlich zu sehen, es zwingt dazu, daß ich meine eigene in diesem Bild gespiegelte Sterblichkeit erkenne. Und es ist auch noch mehr. Weltraumfotografien – und vielleicht nur sie unter der endlosen Zahl von Bildern, die seit den ersten Lichtbildern des Franzosen Joseph Nicéphore Niepce gemacht wurden – legen nicht Zeugnis dafür ab, daß ein Mensch diese Kamera an historischem Ort und zu bestimmter Zeit bediente. Wenn man eine Fotografie des Saturns mit seinen berühmten Ringen betrachtet, dann ist das, als sähe man eine Abbildung, der jeglicher Bezugspunkt darüber fehlt, daß irgend jemand sie gesehen hat oder jemals sehen könnte.

Kameras zeichnen gewöhnlich die Vergangenheit oder die Gegenwart auf. Weltraumkameras fordern dagegen die Zukunft heraus, rufen den Wunsch hervor, in der Nähe des Objekts zu sein, was „irgendwann einmal" möglich sein könnte. Die innere Leere dieser konstruierten Bildwelt wird mit den Versprechungen der Science-fiction aufgefüllt. (Sinnigerweise wurde die Bezeichnung „Fotografie" 1839 von dem britischen Astronomen Sir John E. W. Herschel vorgeschlagen als Ersatz für den Begriff der „photogenetischen Malerei" des Pioniers dieses Genres, Henry Fox Talbot.) Das Prinzip der Kamera war seit Jahrhunderten bekannt, wenn auch nicht in dieser Form. In der späten Renaissance kam die *camera obscura* (also die „Dunkelkammer") in allgemeinen Gebrauch, um damit handgezeichnete Bilder herzustellen, die den Gesetzen von Leon Battista Albertis Perspektive folgten. Licht, das durch das winzige Loch in der Wand eines abgedunkelten Raumes fällt, bildet an der diesem Loch gegenüberliegenden Wand ein Abbild von dem, was zwischen den beiden Wänden liegt. Daniello Barbaro, Professor an der Universität in Padua und Autor der Abhandlung „La practica della perspettiva" (1569), schlug vor, das kleine Loch mit einer Linse zu versehen:

„Verschließe alle Türen und Fenster, bis kein Licht mehr in die *camera* fällt als das durch die Linse, und ihr gegenüber halte ein Blatt Papier, das du vorwärts und rückwärts bewegst, bis die Szenerie in schärfstem Detail erscheint. Auf dem Papier wirst du dann die ganze Ansicht so sehen, wie sie wirklich ist, mit ihren Entfernungen, ihren Farben und Schatten und den Bewegungen, den Wolken, dem funkelnden Wasser, den fliegenden Vögeln. Wenn du das Papier ruhig hältst, kannst du die gesamte Perspektive mit einem Stift nachzeichnen, sie schattieren und so feinfühlig wie die Natur kolorieren."[6]

Die Weltraumfotografien entstanden nach einem Verfahren, bei dem das der *camera obscura* zugrunde liegende Prinzip metaphorisch umgekehrt, das Innere nach außen gewandt wurde. Der Weltraum selbst ist die Dunkelkammer, die in sich sowohl das anvisierte Ziel als auch die Weltraumsonde enthält, die bewegliche „Linse", die sich vorwärts und rückwärts wendet, bis die Szenerie in schärfstem Detail erscheint. Und es ist die Oberfläche der Erde selbst, die das Blatt Papier darstellt, die Ebene, auf der man die Welt mit ihren Entfernungen, Farben, Schatten und den Bewegungen erfassen kann. Die unbemannten Sonden, die in die Tiefen des Weltraums aufbrechen, werden von dem Zweck geleitet, unseren Ursprung, unsere Geschichte zu entdecken, indem sie unsere Beziehungen mit dem Universum aufzeichnen. Wenn man den Planeten Erde anhalten würde, könnte man die ganze Perspektive mit einem Stift nachzeichnen, sie schattieren und so feinfühlig wie die Natur selbst kolorieren.

Christopher Knight

Anmerkungen

1 Morton Grosser: *The Discovery of Neptune* (Cambridge, Mass., 1962), S. 115 – 116.

2 Jet Propulsion Laboratory, California Institute of Technology: *Viking: The Exploration of Mars* (Pasadena 1974), S. 42.

3 Robert Littman (Hrsg.): *The Photography of Space Exploration* (New York 1981), S. 5.

4 Benjamin H. D. Buchloh: *From Faktura to Factography,* in: *October* (Herbst 1984), S. 83 – 118.

5 Roland Barthes: *Camera Lucida: Reflections on Photography* (New York 1983), S. 9.

6 Daniello Barbaro: *La practica della perspettiva,* übersetzt von A. Hyatt Mayor, in: *Bulletin of the Metropolitan Museum of Art* (Sommer 1946), S. 18.

Der Weltraum

Die folgenden Texte sind Ausschnitte aus Interviews, die Jay Belloli, Direktor der Baxter Art Gallery, mit Dr. Albert R. Hibbs vom Office of Technology and Space Program Development am Jet Propulsion Laboratory im Januar und Februar 1985 geführt hat, sowie mit Donald J. Lynn, dem Berater der Image Processing Applications and Development Section am Jet Propulsion Laboratory im März und April 1985 und mit Catherine J. LeVine von der Image Processing Applications and Development Section am Jet Propulsion Laboratory im März 1985. Die Aktualisierung wurde von Michael Maegraith, British Interplanetary Society, vorgenommen. Die Gesprächspartner sind mit ihren Initialen ausgewiesen.

Anmerkung der Redaktion: Das Datum am Ende der Bildunterschriften gibt an, wann das Bild ursprünglich im Weltraum aufgenommen wurde. Die diesem Datum folgenden Abkürzungen zeigen, ob dieses Bild ursprünglich in Schwarzweiß (SW), in Farbe (F), farbverbessert (VF) oder in Falschfarben (FF) vorlag. Erläuterungen der wichtigsten technischen Begriffe und Prozesse finden sich im Anhang S. 188.

J. B.: Wie kam es dazu, daß das Jet Propulsion Laboratory in das NASA-Programm einbezogen wurde?

A. H.: Wir haben den ersten Satelliten zusammengesetzt. Er wurde hier gebaut und an der Spitze einer Redstone-Rakete gestartet. Als die NASA ihre Arbeit aufnahm, waren das JPL und Wernher von Brauns Gruppe am Redstone-Arsenal die einzigen US-Organisationen, die zuvor im Weltraum erfolgreich gewesen waren. So wurden wir durch Erlaß des Präsidenten ein Teil der NASA.

J. B.: Soweit ich weiß, war das JPL zuvor eine Abteilung der Army . . .

A. H.: Ja, wir gehörten zur Army. Fast die gesamte NASA konstituierte sich aus den alten NACA-[National Advisory Committee on Aeronautics-]Laboratorien, die dann übernommen wurden. Ein Teil des Naval Research Laboratory, das an der Entwicklung der Vanguard-Raketen beteiligt gewesen war, wurde der NASA einverleibt. Daraus wurde das Goddard Space Flight Center. Man übernahm die Gruppe von Brauns, die mit der Raketenentwicklung am Redstone-Arsenal beschäftigt war, daraus wurde das Marshall Space Flight Center, und schließlich übernahm man das JPL.

J. B.: Ich nehme an, der Grund, warum man sich bezüglich Explorer 1 [gestartet am 31. Januar 1958] an Sie wandte, war, daß man hier seit Jahrzehnten Raketenentwicklung vorangetrieben hatte.

A. H.: Ja. In jenen Tagen ging der Spruch um, daß die Welt vier Weltraumprogramme habe: das Weltraumprogramm der Russen, das Weltraumprogramm der Air Force, das der Navy und das der Army. Das Internationale Geophysikalische Komitee stimmte zu, ebenso die Verantwortlichen unserer Streitkräfte, und so stimmten auch die sowjetischen Verantwortlichen zu, daß beide Länder irgendwann zwischen 1957 und 1958 Satelliten starten würden. Daraufhin bildete man hier in den Vereinigten Staaten unter der Bezeichnung Committee on Special Capabili-

ties ein Gremium, dessen Vorsitz Homer J. Stewart innehatte, der am JPL arbeitete und gleichzeitig Professor am Caltech war. Jenes Komitee sollte entscheiden, was im Programm der Vereinigten Staaten unternommen werden sollte, und die einzigen Leute, die überhaupt fähig waren, sich zu etwas Derartigem zu verpflichten, waren die der drei Waffengattungen. Die Air Force war in dieser Zeit tatkräftig damit beschäftigt, die Atlas-Rakete zu entwerfen, und hatte schon die Delta-Rakete; die Army in Redstone entwarf gerade die Jupiter-Rakete; die Navy arbeitete in erster Linie an der Polaris-Rakete. Das Komitee bat jede der Sparten, einen Vorschlag zu unterbreiten. Die Air Force zog sich mit dem Argument zurück, daß sie zwar den ersten Amerikaner in den Weltraum fliegen würde, sich aber bei der Entwicklung ihrer Atlas nicht davon ablenken lassen wollte, in so kurzer Zeit einen Satelliten bauen zu müssen . . . Zwischen Navy und Army gab es ein interessantes Hin und Her, aus dem die Navy schließlich als Sieger hervorging und autorisiert wurde, mit der Vanguard weiterzumachen. Die Army jedoch war so überzeugt davon, daß sich die Navy mit der Entwicklung übernehmen würde, daß sie die eigene Konzeption eines Satelliten weiterverfolgte. Als man die Vanguard schließlich nach dem zweiten oder dritten Versuch aufgab – sie explodierte auf der Startrampe –, wurde die Army von Eisenhower gebeten, die Entwicklung für den Start eines Satelliten voranzutreiben; so nahmen wir unser ganzes Zeug mit nach Florida, und das Vorhaben gelang uns. Wir standen ganz gut da, als wir ein Teil der NASA wurden. Als die NASA durch Gesetz gegründet wurde, gab der Kongreß dem Präsidenten das Recht, ihr jede andere regierungseigene Einrichtung innerhalb eines Jahres zu übertragen. Ungefähr sechs Monate später befahl der Präsident, die Administration des Redstone-Arsenals und des Jet Propulsion Laboratory von der Army an die NASA zu übergeben, zusammen mit dem Vertrag von Caltech, das JPL managte.

*

A. H.: Wir merkten, daß sich die Dinge entscheidend änderten, als die bemannte

Raumfahrt begann. Die bedeutendste Aufgabe der NASA war, einen Menschen in den Weltraum zu bringen. Wir hatten die Wahl, entweder in dieses bemannte Raumfahrtprojekt einzusteigen, wo wir ein kleiner Frosch in einem großen Teich geworden wären, oder aber uns davon völlig fernzuhalten, weiterhin in der unbemannten Raumfahrt tätig zu bleiben und einen eigenen kleinen Teich zu besitzen. Es gab lange Diskussionen, während wir das JPL umorganisierten. Zum Beispiel bestand für uns in der Army keine Notwendigkeit für wissenschaftliche Forschungen. Es war nicht unsere Aufgabe; unsere Aufgabe war es, Lenkraketen zu entwerfen und zu bauen. Aber William Pickering, damals Leiter des JPL, sagte schließlich: „Wir werden hier eine wissenschaftliche Forschungsinstitution haben, und du wirst sie leiten." So wurde ich der erste Manager der Space Science Division. Schließlich entschlossen wir uns, das JPL aus dem Unternehmen der bemannten Raumfahrt ganz herauszuhalten und uns auf die unbemannte zu konzentrieren.

J. B.: Diese Entscheidung muß so um 1959 oder 1960 gefallen sein?

A. H.: Ja, und wir standen kurz davor, die ersten Mondsonden zu bauen – die kleinen Pioneers.

*

A. H.: Als wir uns entschlossen, diese Mondsonden, die Pioneers, zu bauen, wußten wir, daß wir ihre Bahn verfolgen mußten, und wir dachten: „Wenn wir schon in der unbemannten Forschung weitermachen, warum dann nicht so weit wie möglich fahren, warum konzentrieren wir uns nicht auf die Planeten?" Wir schlugen dies der NASA vor, erhielten jedoch zur Antwort: „Es können zehn oder zwanzig Jahre vergehen, ehe wir uns in irgendeiner Weise mit den Planeten beschäftigen." Um ihre Meinung zu ändern, haben wir eine Dokumentation über die Erforschung des Mondes und des interplanetaren Raumes zusammengestellt und übergaben sie der NASA: Eine große Zahl von Wissenschaftlern war daran beteiligt. Mit unseren Fragen hatten wir sie herausgefordert. Gibt es Leben auf dem Mars? Wie entstanden die Planeten? Was ist ein Komet? Es war wirklich ein prächtiger Plan, der in den frühen sechziger Jahren sogar schon einen Flug zum Mars enthielt; alle Programme, die möglicherweise kommen konnten, waren darin zu finden. Also sagte die NASA: „In Ordnung, ihr geht in diese Richtung, und wir richten ein Mond-und-Planeten-Büro ein, aber es wird immer nur einen kleinen Teil des Budgets erhalten; das große Stück vom Kuchen werden die bemannten Flüge bekommen." Wir akzeptierten das, stiegen in das Mond-Planeten-Unternehmen ein und überließen damit im Grunde genommen Goddard die erdumkreisenden Satelliten . . . So kam es zu den ersten Flügen zum Mond, dem ersten Flug zur Venus und dem ersten Flug zum Mars.

Ranger –
Der Mond

J. B.: Soweit ich erfahren habe, gab es Probleme, das Ranger-Programm auf den Weg zu bringen. Die Schwierigkeit bestand darin, ein Gefühl dafür zu bekommen, wie die Oberfläche des Mondes tatsächlich beschaffen ist, wenn man näher als mit einem Teleskop an ihn herankommt – wie das Gelände genau aussieht. Ranger war etwa in der Weise in das bemannte Raumfahrtprogramm eingebunden, daß Sie Informationen für Ihren eigenen Nutzen und für dessen späteren Nutzen gesammelt haben.

A. H.: Vielleicht. Aber die anderen haben nicht so gedacht. Zumindest als das Apollo-Programm in den frühen Sechzigern begann und Homer Newell, der Leiter des Office of Space Sciences, vorschlug, dieses mit den Ranger- und Surveyor-Programmen zu unterstützen, sagte daraufhin der Apollo-Manager: „Oh, wenn das so ist, dann möchte ich bitten, mir das Geld dafür zu geben." Das war doch bitter. Die Apollo-Leute mochten es nicht, wie wir so an ihren Rockzipfeln hingen, und hoben hervor, daß der Entwurf für das Apollo-Landebein längst entwickelt sein müßte, bevor Surveyor auf der Oberfläche des Mondes niedergehen könnte.

*

A. H.: Die Startraketen machten ziemliche Schwierigkeiten, wir verloren die beiden ersten Rangers, weil die Raketen nicht funktionierten. Sie sollten in die Umlaufbahn kommen, in eine sehr hohe Umlaufbahn, statt dessen erreichten sie eine zu niedrige und verglühten in kurzer Zeit. Auch die folgenden Rangers versagten. Wir erklärten der NASA, daß wir Raumfahrzeuge bauen würden, die sich im Weltraum selbst stabilisierten, indem sie Erde und Sonne anvisierten; und wir

setzten hinzu, daß das noch nie zuvor gemacht worden war und daß man sich auf einige Mißerfolge einstellen sollte. Dies stieß auf Unverständnis, was wiederum wir nicht verstanden, denn in der Army war alles, was wir getan hatten, geheim gewesen. Wir mochten Fehlschläge nicht, aber sie waren bisher unter uns geblieben. Sobald wir jedoch im Rampenlicht der Öffentlichkeit standen und der Start dieser extrem teuren Rangers nicht funktionierte, sagten die Presse, der Kongreß und die Öffentlichkeit: „Was klappt denn bei euch nicht, können denn eure Leute gar nichts richtig machen?" Ganz plötzlich hatten sich also die Vorzeichen verändert. Wir waren gezwungen, unsere Methoden in diesem Geschäft grundlegend zu ändern, was sich in erster Linie in komplett neuen Vorgehensweisen bei der Dokumentation auswirkte. Jetzt ist ein Versagen selten, während früher die Wahrscheinlichkeit des Gelingens nur bei 50 % oder weniger lag.

*

J. B.: Hatte man nicht bestimmte Plätze für den Aufschlag von Ranger ausgewählt? Wie wurden die Entscheidungen getroffen, wo die Rangers aufschlagen sollten?

A. H.: Alphonsus war schon immer ziemlich berühmt, weil viele Astronomen über lokale Verschleierungen, sogenannte LTPs (Local Transient Phenomena), berichtet haben, die wie Rauch aussehen, der aus der Oberfläche des Mondes quillt. Der Boden des Kraters Alphonsus ist berühmt für solche LTPs. Um diesen Krater herum sind verschiedene kleine Merkmale, die von der Erde aus einfach wie kleine schwarze Kreise aussehen, und man nimmt an, daß es sich um Kohle oder um Vulkanasche handelt; sie sind ziemlich einmalig und unterscheiden sich von anderen Gegenden erheblich . . . Wir haben Bilder von Alphonsus von einer der Rangers erhalten; zum erstenmal konnten wir deutlich erkennen, daß sich innerhalb dieser schwarzen Höfe tatsächlich Krater befanden. Sie waren wirklich winzig. Wir sahen keine Ausbrüche, aber lokale Verschleierungen werden alle paar Jahre beobachtet.

J. B.: Sie sind nicht wie Sonnenflecken. Sie erscheinen nicht periodisch; es passiert einfach, und wir hoffen, sie gerade dann zu beobachten.

A. H.: Wir wollten auch auf Gegenden schauen, die „Hochebenen" genannt werden, wo es viele Krater und übereinandergetürmte Felsbrocken gibt. Wir haben deshalb einige solcher Gegenden für Ranger ausgesucht.

*

A. H.: Die Kameras sind in dieser Zeit laufend verbessert worden. Als wir anfingen, wollten wir Vidikonröhren verwenden. Die älteren Fernsehkameras arbeiteten nach dem Orthikonverfahren; die Systeme waren schwer und brauchten viel Energie. Vidikon war ein neuartiger Röhrentyp, aber niemand konnte eine Vidikonkamera bauen, die man kippen durfte. Sie sind ausgesprochen empfindlich. Also setzten wir uns mit RCA zusammen und entwarfen eine neue Vidikonröhre, die man wirklich strapazieren konnte. So trugen wir zu der Entwicklungsarbeit der Vidikonröhren bei oder arbeiteten zumindest sehr eng mit den Technikern zusammen. Das Vidikonverfahren haben wir bei sämtlichen unbemannten Raumflügen bis hin zu Voyager benutzt – es waren ständige Verbesserungen jener ersten Vidikonröhre.

J. B.: Wie arbeitet sie?

A. H.: Damals war es dem normalen Fernsehen sehr verwandt. Ein TV-Signal wurde empfangen, das eine Linie auf dem Bildschirm erzeugte. Dann wurde die nächste, darunterliegende Linie übertragen, und alle diese Linien zusammen ergaben ein Bild. Bei einem normalen TV-Signal kommen diese Linien so schnell, daß man 512 Linien, also ein vollständiges Bild, in einer dreißigstel Sekunde erhält. Wir hatten nicht genug Energie, die Signale so schnell zurückzusenden. Es brauchte viel Zeit, um eine Linie zurückzusenden, und wenn man auf den Bildschirm geschaut hätte, hätte man immer nur eine einzige Linie sehen können. Deshalb haben wir, statt alle diese Bilder auf einem Bildschirm zu betrachten, das Signal benutzt, um die Linien auf fotografischen Film zu zeichnen; erst wenn das Bild vollständig war, haben wir es uns angeschaut.

J. B.: Das ist interessant, weil Sie, sobald die Sonde aufschlug, nur einen Teil des Bildes übertragen bekamen; wie ich vermute, hing das damit zusammen, daß die Bilder nur langsam übertragen werden konnten.

A. H.: Ja, Ranger schlug oft genau während einer Bildübertragung auf.

*

J. B.: Das Bild kommt mit viel „Rauschen" zurück, das, soweit ich verstanden habe, mit dem Apparat zu tun hat, der bei der Aufnahme das Signal stört.

A. H.: Nein, es liegt einfach in der Natur des Signals selbst. Wir erhalten nur ein sehr schwaches Signal aus dem Weltraum zurück, und es ist mit „Fremdsignalen" vermischt, die ihren Ursprung in Sternen und dergleichen haben; wir müssen herausfinden, welche unsere Signale sind; sie lassen sich nie gänzlich herausfiltern und völlig rein empfangen.

J. B.: Dazu habe ich eine Folge von vier Schritten gesehen; zuerst haben Sie das ursprüngliche unbearbeitete Bild, dem Sie ein zweites Bild beinahe wie ein Gitter überlagern oder aus dem ersten herauszeichnen, ein Prozeß, bei dem Sie, wie ich annehme, dieses Rauschen in den Griff bekommen. Das dritte Bild ist im Grunde genommen nur das Netzmuster selbst – vermutlich das extrahierte Rauschen –, und das vierte Bild ist die Darstellung dessen, was dem originalen Signal so nah wie möglich kommt.

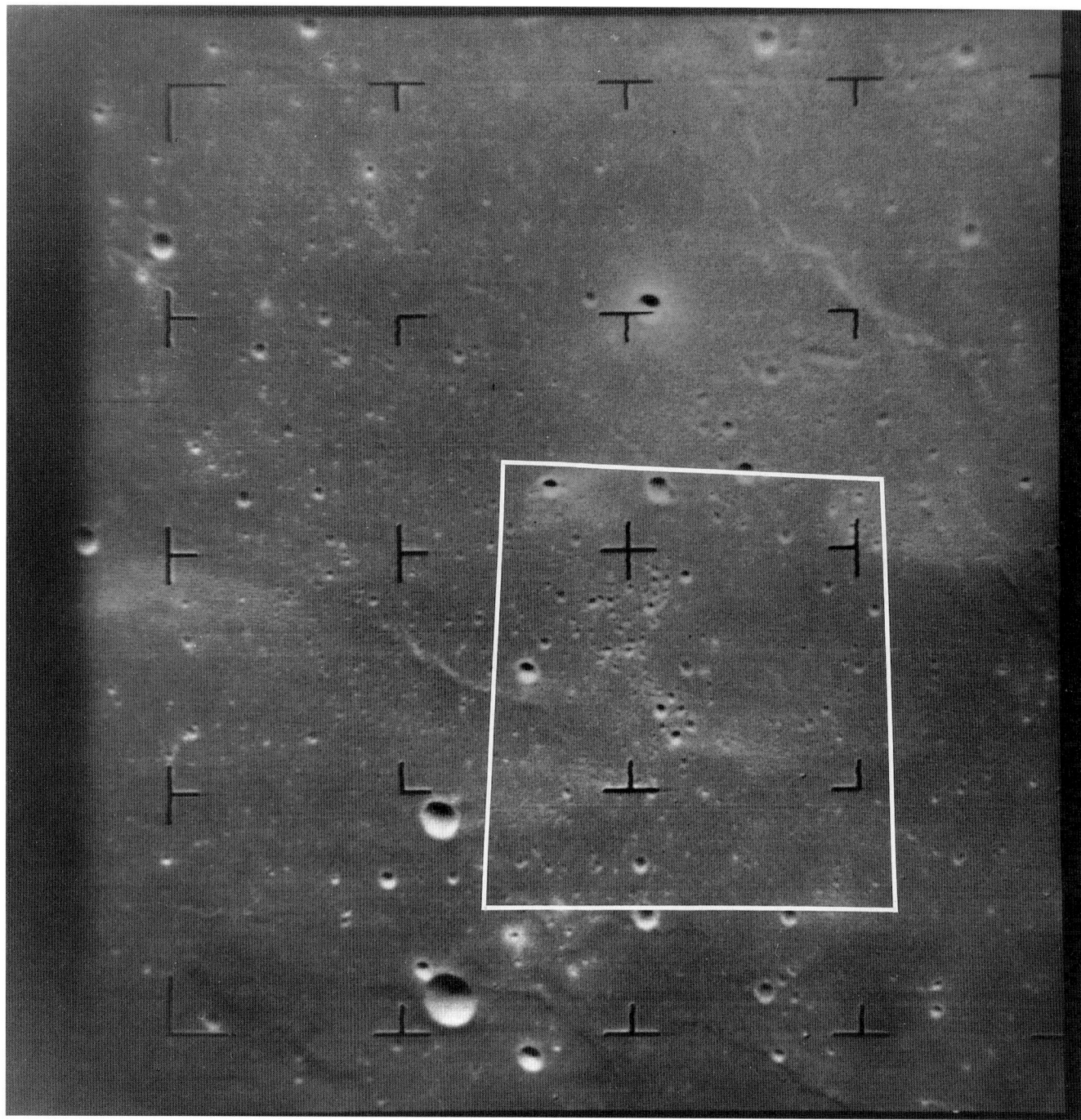

*Diese Sequenzen (S. 46–48) wurden wäh-
rend der letzten 15 Sekunden vor dem
Aufschlag der Sonde Ranger 7 im Mare
Cognitum von der Weitwinkelkamera A
übertragen. 31. 7. 1964 (SW)*

J. B.: Entsprach die Information über Rangers
Ihren Erwartungen?

A. H.: Ich denke doch. Wir haben allerdings
nicht erwartet, daß der Mond so eben sein
würde. Die einzige wirkliche Überraschung
war, daß wir keine kleinen Krater fanden, als
wir nahe herankamen. Die kleinsten unter

ihnen hatten einen Durchmesser von einigen
Fuß, es gab praktisch keine kleineren, es
mußte also irgendwelche Prozesse gegeben
haben, die sie einebneten, ohne dabei selbst
Krater zu bilden. Die Materie, die aus Kratern
hervordrang, bedeckte wiederum andere
Krater, und dieser Vorgang des Auffüllens war
wirksamer als der Prozeß der Kraterbildung.

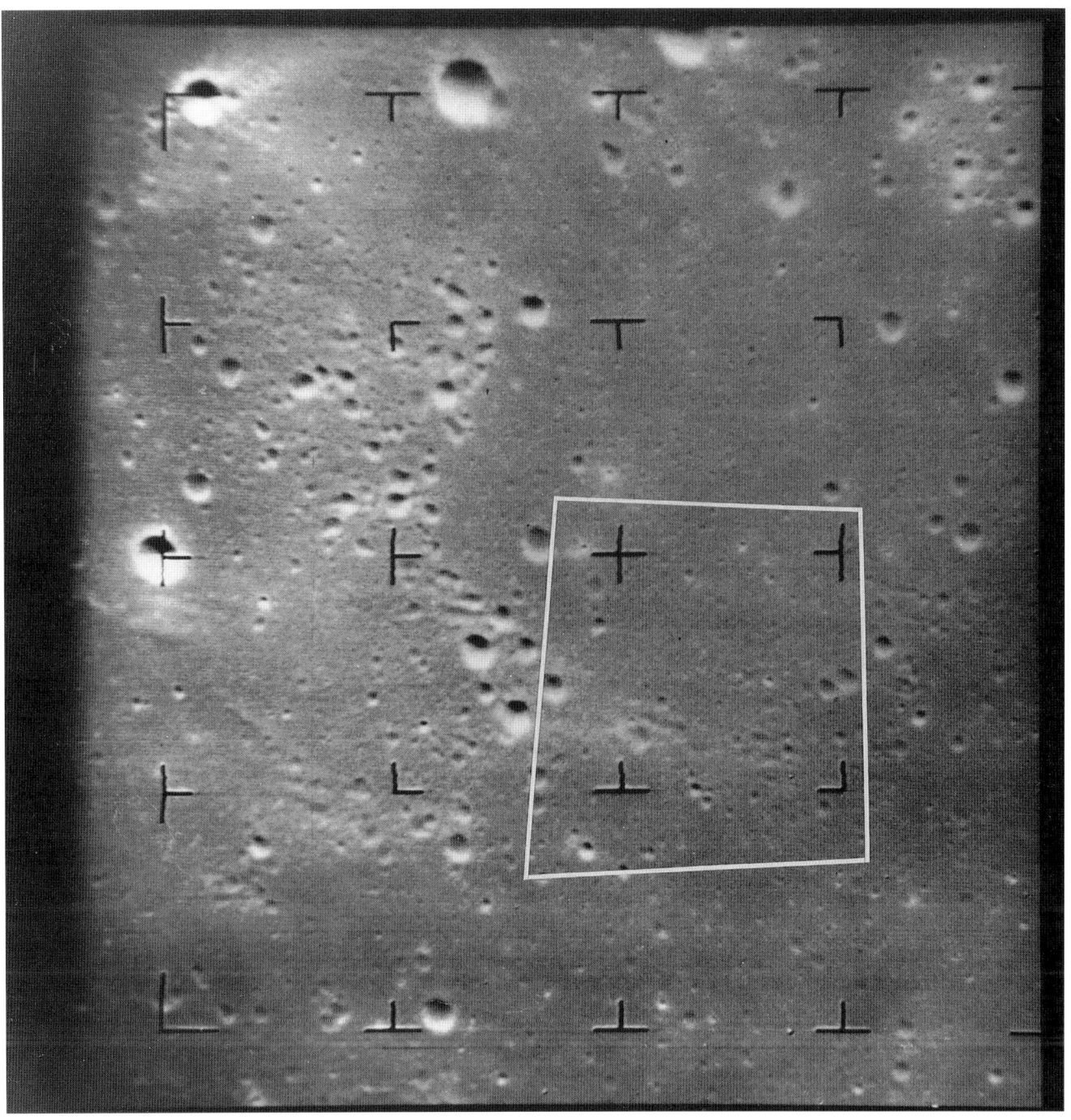

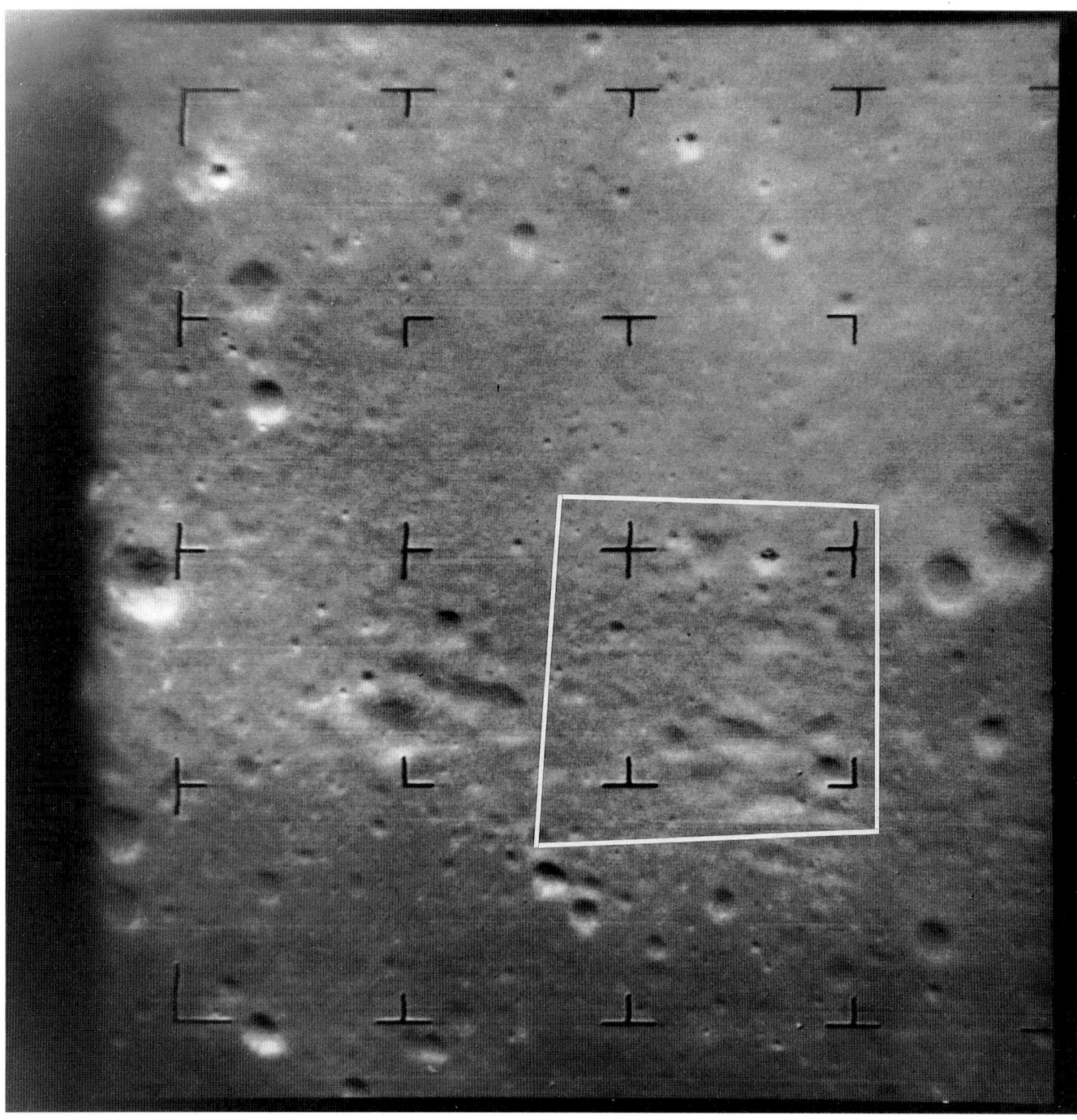

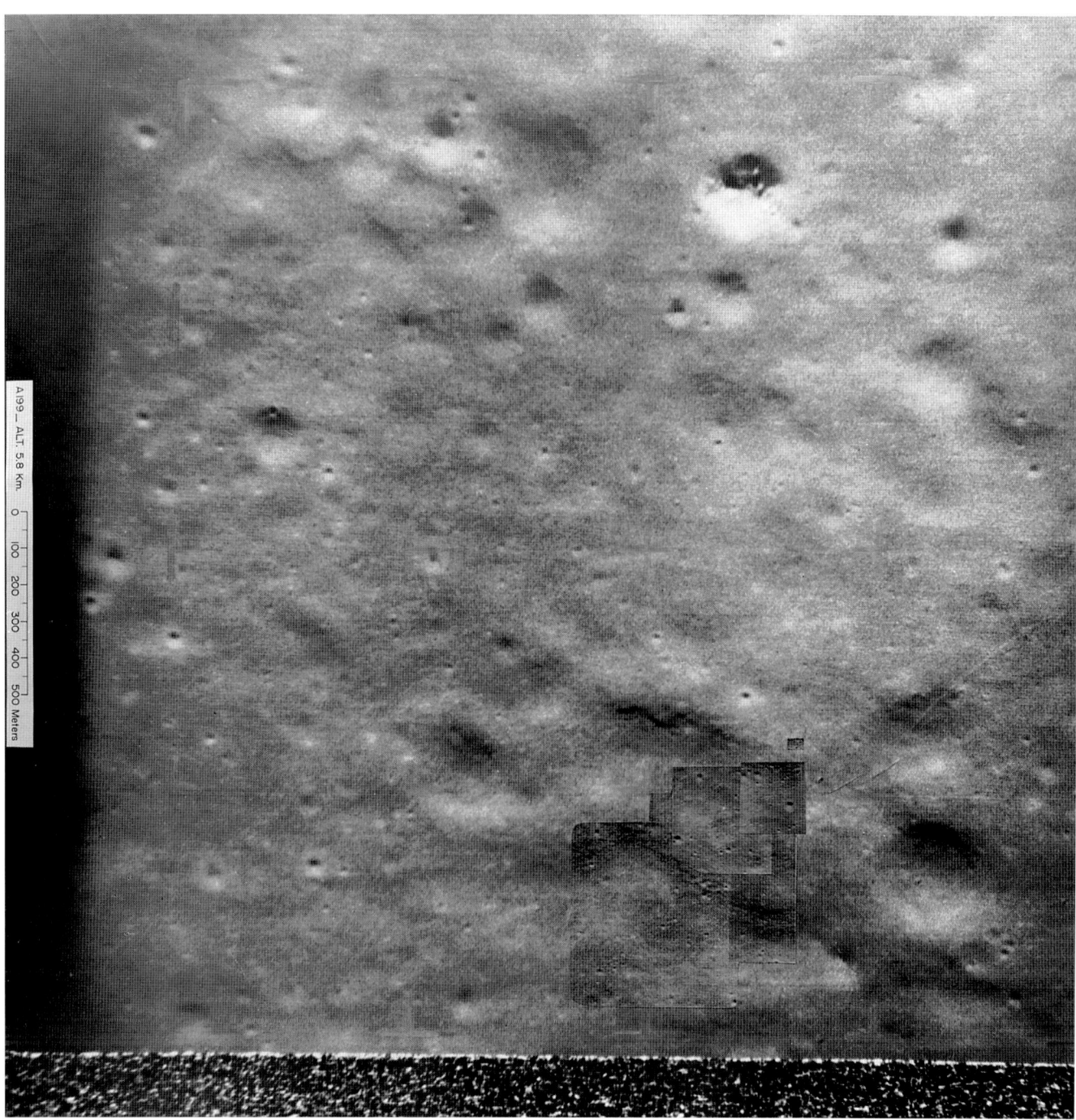

A199 — ALT. 5.8 Km.

0
100
200
300
400
500 Meters

*Die letzte Aufnahme von Ranger 7 mit
Kamera P zeigt Rauschen, nachdem durch
den Aufschlag die Bildübertragung
gestoppt wurde. Das Fotomosaik im
unteren rechten Teil wurde verarbeitet,
um mehr Detailinformation zu erhalten.
31. 7. 1964 (SW)*

Surveyor –
Der Mond

J. B.: Die Surveyors waren die ersten weich landenden Sonden und so konzipiert, daß sie mögliche Landeplätze für Apollo ansteuern konnten.

A. H.: Nun, sowohl Surveyor- wie Apollo-Landeplätze wurden auf Grund ihrer Erreichbarkeit und ihres wissenschaftlichen Interesses ausgewählt. Also in diesem Sinn wollten wir Krater sehen, wir wollten ebenes Gelände sehen, wir wollten verschiedene Felsarten sehen . . . Die Surveyors waren dazu da, die Beschaffenheit des Mondes zu erkunden.

J. B.: Nicht so sehr, sich darum zu kümmern, wo Apollo herunterkommen sollte?

*

A. H.: Das Space Sciences Steering Committee [Lenkungsausschuß der Weltraumwissenschaften] für Surveyor und die Arbeitsgruppe der Mondforschung von Ranger stritten darüber, wo genau unsere Flüge hinzielen sollten, und schließlich legten sie die Landeplätze durch den für solche Gremien typischen Entscheidungsprozeß fest . . .

J. B.: Ich habe überhaupt noch nicht über die Existenz von Ausschüssen nachgedacht. Klarerweise ist das der Weg, um solche Entscheidungen zu treffen.

A. H.: Es bleibt fast nichts anderes übrig, weil es zu viele unterschiedliche wissenschaftliche Streitfragen gibt, die darauf einwirken. Für eine einzelne Person wäre es eine zähe Arbeit.

J. B.: Wie setzt sich so ein Ausschuß zusammen – welche Wissenschaften sind vertreten?

A. H.: Nun, im Mond-und-Planeten-Ausschuß, zum Beispiel, sitzen zuerst einmal Leute, die die Planeten studiert haben. Als wir das Programm ins Leben riefen, gab es keine in den Vereinigten Staaten ausgebildeten Planetenforscher. Sie kamen alle aus Europa. Auch Geologen waren beteiligt, weil wir den Mond und die Planeten mit der Erde vergleichen wollten; Geomorphologen, Wissenschaftler, die sich mit Aufschlägen, Meteoriten, Kratern auf dem Mond beschäftigten, und einige Leute, die an den Folgen interessiert waren, die das ungefilterte Sonnenlicht über eine längere Zeitspanne hervorrufen könnte. Es waren also mehrere Gruppen repräsentiert.

*

A. H.: Bei Surveyor war ursprünglich viel Nutzlast vorgesehen, sie hatte sogar mehr Gewicht, als wir starten konnten; wir mußten allmählich auf viele Instrumente verzichten, bis nur noch wenige übrigblieben. Schließlich blieben wir bei einer Kamera – obwohl es zuerst drei sein sollten – für das Alpha(teilchen)-Streuungs-Experiment, mit dem die chemische Zusammensetzung des Gesteins bestimmt werden sollte, und einem Schürfwerkzeug.

J. B.: Die Kamera blickte mit Hilfe eines schwenkbaren Spiegels auf die Oberfläche.

A. H.: Sie konnte nicht hinter das Gerät schauen, aber wir erreichten einen beinahe vollständigen Rundblick. Eigentlich wollten wir zwei Kameras, um das Bild in Stereo zu bekommen, wie wir es auf den Viking-Landefähren haben. Und es sollte auch eine nach unten ausgerichtete Kamera geben, so daß man einen umfassenden Blick auf das Gelände erhielte, während Surveyor zur Landung niederging. Dies hätte uns die Sicht auf die Landungsstelle wie mit einer Landkarte erlaubt, so daß wir hätten genau bestimmen können, wo sich die Sonde befand.

*

J. B.: Mariner 10, die Sonde, die an Merkur und Venus vorbeiflog, war meines Wissens diejenige, mit der die Farbübertragungen begannen...

A. H.: Nein, Surveyor konnte das schon.

J. B.: Surveyor hatte Farbe? Ich habe nichts dergleichen je gesehen. Alle Surveyor-Fotos, die ich gesehen habe, waren schwarzweiß.

A. H.: Es war eine lausige Farbe, aber es war Farbe, ein Filterrad konnte vor der Kamera gedreht werden. Das Problem dabei ist: Sie wissen, wie „farbenfroh" der Mond ist?

J. B.: Ja.

A. H.: Dunkelbraun.

J. B.: So war mit Farbe nicht viel zu machen.

A. H.: Aber es gibt ein interessantes Farbbild. Am Fuß von Surveyor befand sich eine standardisierte Farbpalette; wir haben eine Aufnahme, wo man diese Farbpalette in einer Ecke und den Mondboden dahinter sieht. Mit Hilfe dieses Farbschemas war es im Grunde genommen möglich, drei Farbauszüge herzustellen, mit der die drei unterschiedlichen Farben: Rot, Grün und Blau, bestimmt werden konnten, um sie dann zu einer endgültigen Version zu überlagern. Aber wir konnten auf dem Mond mit Farbe nicht viel mehr erkennen als in gewöhnlichem Schwarzweiß, und so kümmerten wir uns nicht allzusehr darum.

*

J. B.: Es gab, soweit ich mich erinnere, einige Surveyors.

A. H.: Ja, sieben.

J. B.: Was genau haben Sie herausgefunden?

A. H.: Nun, die wichtigste Entdeckung war, daß die Oberfläche des Mondes – jedenfalls dort, wo wir waren – aus Basalt und nicht aus Granit besteht; es handelt sich um eine Art vulkanisches Gestein ... Das war das Hauptergebnis, und dann ging es um die genaue Beschaffenheit und Verteilung dieser Materie. Die chemische Zusammensetzung dieses Gesteins erwies sich als etwas anders als die auf der Erde. Das wurde durch die Apollo-Proben selbstverständlich wesentlich genauer bestätigt. Die mechanischen Eigenschaften dieses Bodens wurden mit der Schaufel gemessen, mit ihr wurden Bodenproben auf einige Magnete gekippt, die an einem der Beine befestigt waren. Blieben Materieteile an den Magneten hängen, wußten wir, daß darin Eisen enthalten war.

Der Mond

Fotomosaik des Mondpanoramas nahe dem Krater Tycho, aufgenommen von Surveyor 7. Die Hügel in der Mitte des Horizonts sind über 12 Kilometer von der Sonde entfernt. Januar 1968 (SW)

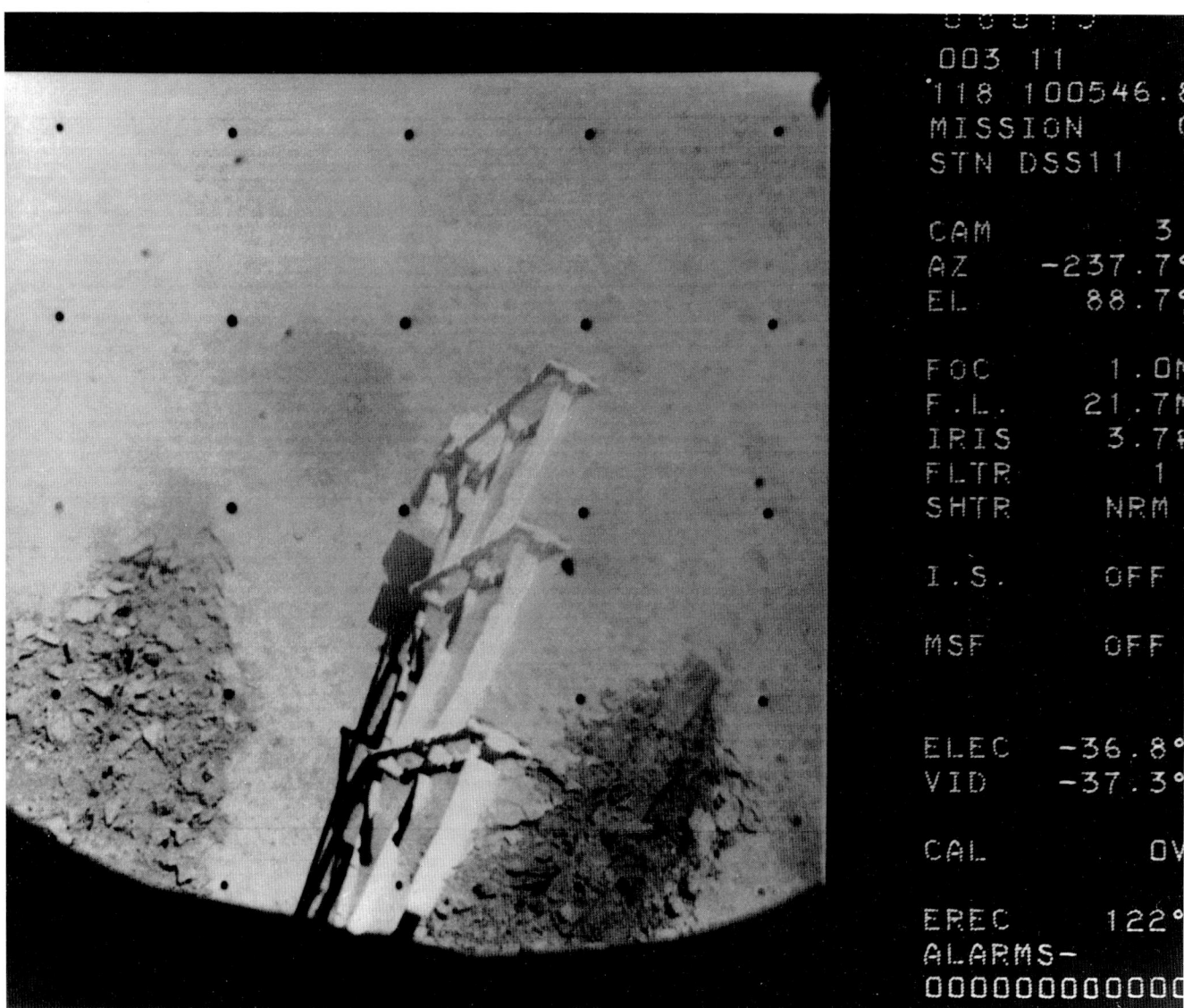

*Zu sehen ist der ferngesteuerte Arm
für Probenentnahmen an Bord von
Surveyor 3 im Ozean der Stürme; zu
erkennen sind zwei Furchen, die der
Greifarm kurz zuvor in den Mondboden
gegraben hat. 28.4.1967 (SW)*

Der Schatten von Surveyor 1 zeichnet sich
gegen die Mondoberfläche ab, aufgenommen am späten Mondnachmittag.
Der Horizont ist oben rechts zu erkennen. 13. 6. 1966 (SW)

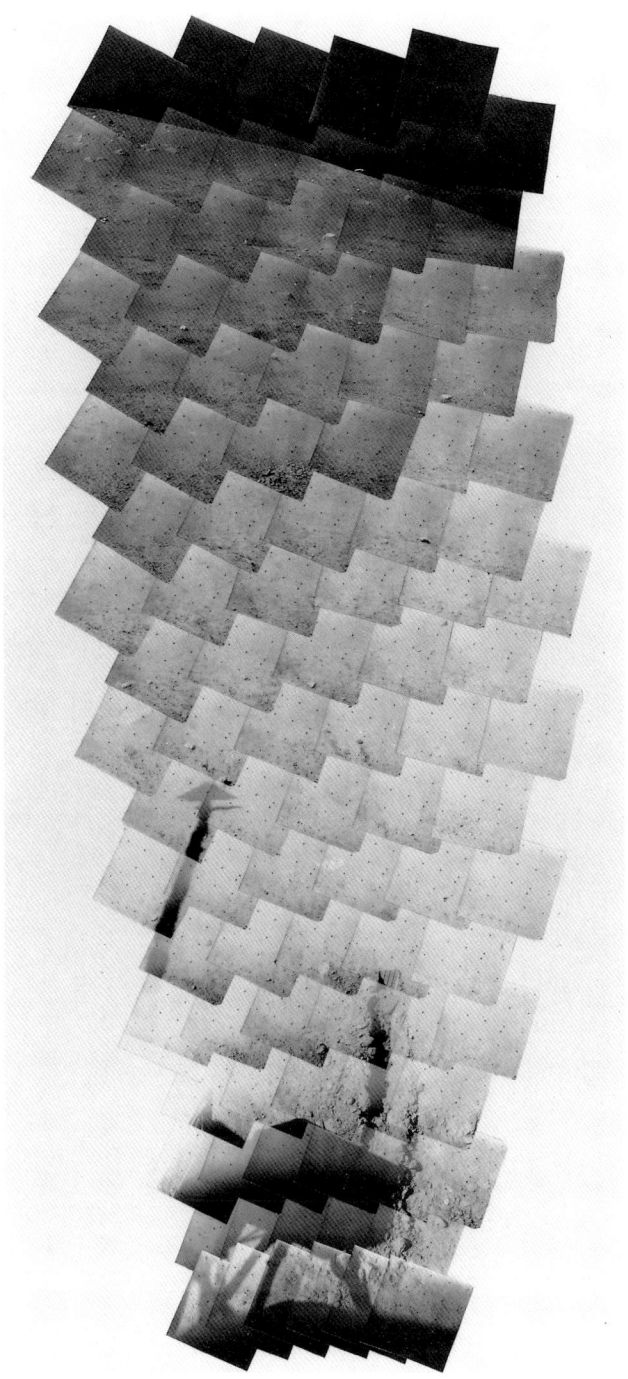

Fotomosaik von Surveyor 3 mit Mondhorizont 1967 (SW)

Das Bein von Surveyor 1 direkt neben der
Landungsmulde. Die weißen Pünktchen
sind Spiegelungen des Sonnenlichts in
den Linsen des Objektivs, während sich
das Filterrad der Kamera unten rechts
spiegelt. 1966 (SW)

Sicht auf die Mondoberfläche von Surveyor 1. Das Bild wurde aus drei Farbfilterauszügen sowie drei schwarzweißen Negativen zusammengesetzt. 1966 (F)

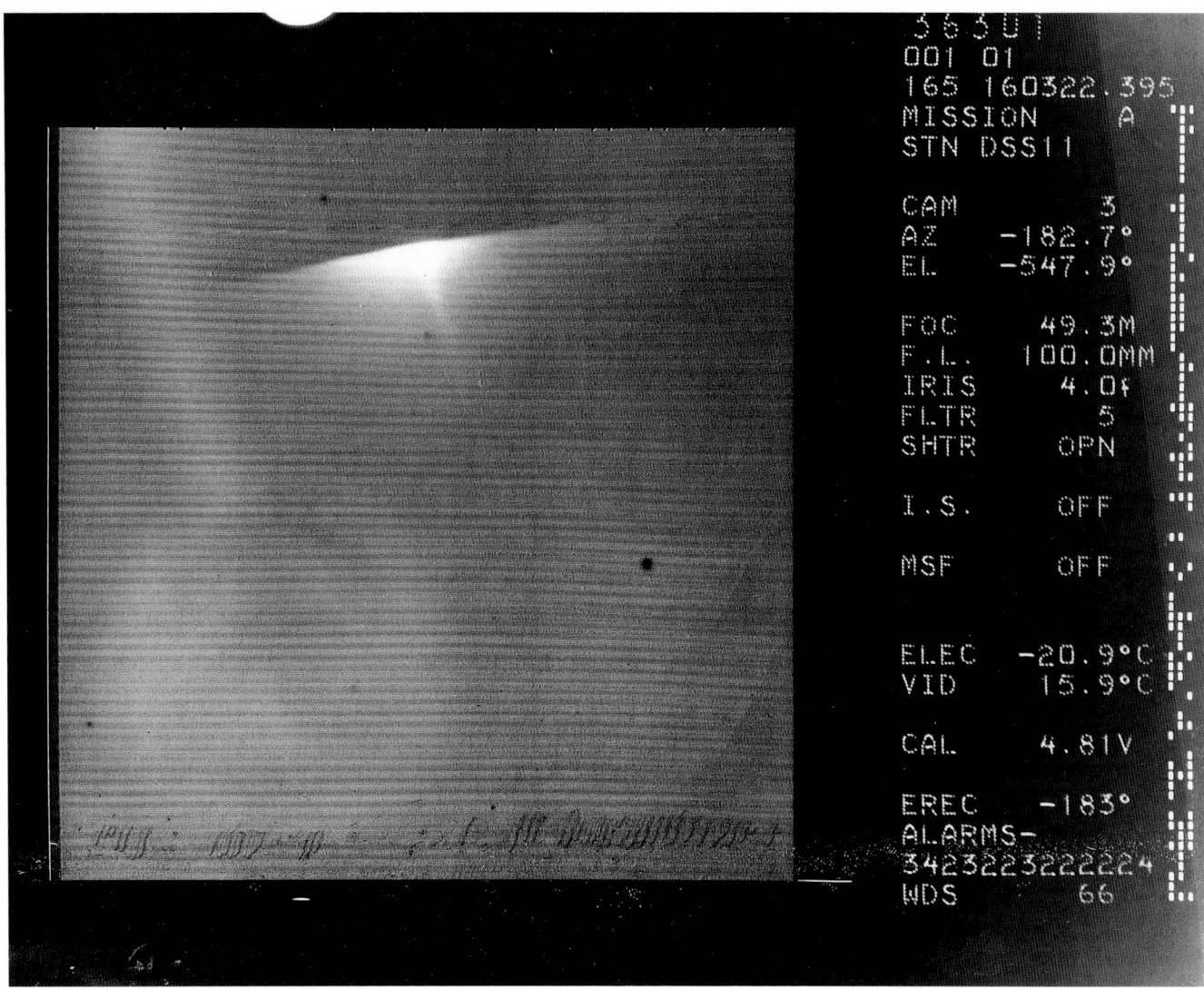

Sonnenuntergang auf dem Mond (auf
den Kopf gestellt), fotografiert von Surveyor 2 im Ozean der Stürme. Links nur
verschwommen zu erkennen: das Bild
des Antennenmasts von Surveyor.
14. 6. 1966 (SW)

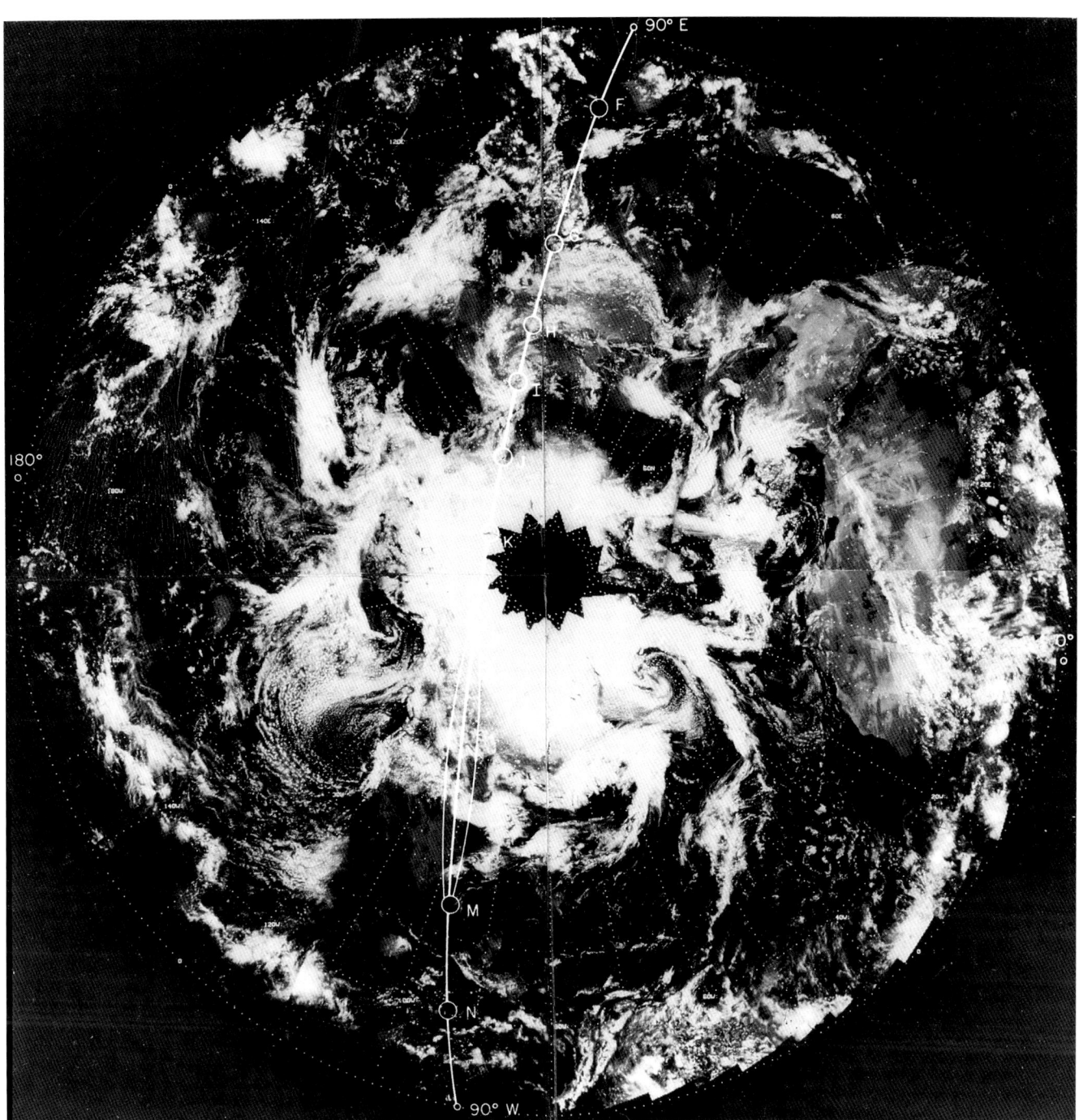

*Fotomosaik der nördlichen Erdhalbkugel,
aufgenommen von Surveyor 3 kurz vor
einer Sonnenfinsternis. Die durchge-
hende Linie auf diesem Bild markiert den
Rand der Finsterniszone; die gepunkte-
ten Linien zeigen Breiten- und Längen-
grade. 23. 4. 1967 (SW)*

Lunar-Orbiter –
Der Mond

J. B.: Der Lunar-Orbiter sollte bestimmte Gegenden des Mondes überfliegen und fotografieren.

A. H.: Er mußte einer beinahe polaren Umlaufbahn folgen; der Mond drehte sich darunter hinweg, und Lunar-Orbiter fotografierte, fotografierte, fotografierte. Tatsächlich umrundete er die gesamte Mondoberfläche.

*

J. B.: Was war der Lunar-Orbiter eigentlich? Ein Goddard-Programm? JPL war an der Verarbeitung der Bilder beteiligt.

A. H.: Es war ein Programm des Langley [Research Center]. JPL war daran kaum beteiligt, aber wir haben etwas an den Bildern mitgearbeitet.

J. B.: Die Sache war höchst seltsam, weil der Aufbau bei Langley rein fotografisch war. Die Orbiter nahmen Fotografien auf. Sie schossen die Bilder, entwickelten den Film und übertrugen die Negative zur Erde, indem sie sie mit einem Elektronenstrahl abtasteten. Der Elektronenstrahl arbeitete einwandfrei, aber die Rollen des Entwicklungsgeräts hinterließen Schmutzflecken auf den Negativen. Die ganze Prozedur war, verglichen mit den Vidikonröhren von Ranger, etwas eigenartig.

A. H.: Es war eine Kameraausrüstung der Air Force, keine unabhängige Entwicklung der NASA. Es passierte auch eine ziemlich verrückte Sache. Eigentlich sollte es ein karthographischer Einsatz werden – gerade herunter, die ganze Zeit –, und über längere Zeitabschnitte sollte die Kamera ausgeschaltet bleiben, weil sie über Plätze flog, die sie bereits fotografiert hatte. Aber wenn die Pause zu lang war, neigte der Film dazu, auf den Rollen klebrig zu werden, so daß man also hin und wieder eine Aufnahme machen mußte, ganz gleichgültig, ob man an der Szenerie interessiert war oder nicht. Bei einer dieser Gelegenheiten entschied die Projektüberwachung, eine Aufnahme seitlich anstatt gerade hinunter zu machen; es entstand die spektakuläre Aufnahme vom Krater Copernicus, die an allen Wänden hängt. Diese Aufnahme entstand aus technischer Notwendigkeit, nicht, weil Wissenschaftler sie wollten; und danach wurde sie eine der meistdiskutierten Aufnahmen der ganzen Serie.

J. B.: Wie oft passiert so etwas, Al? Ihr scheint öfter . . .

A. H.: Herumzuspielen? Es ist einfach, wenn man die Daten auf die Erde zurückbekommen hat, und man sitzt vor dem Computer, drückt Knöpfe, aber wenn du ein ganzes Raumschiff herumdrehen mußt . . .

J. B.: Also passiert es in dieser speziellen Weise nicht oft. Aber wenn die Daten einmal da sind, dann kann man damit herumspielen.

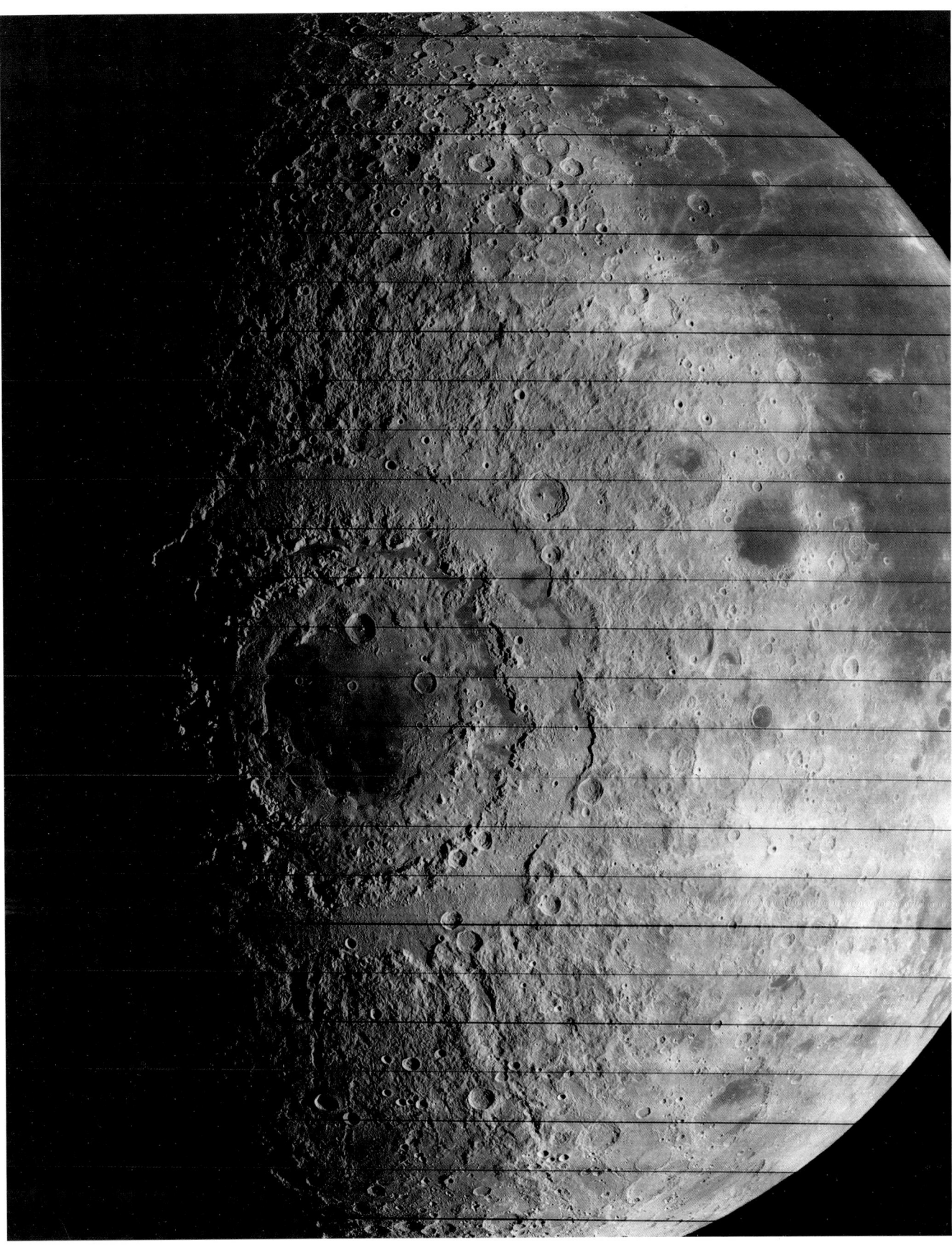

*Fotografie des Mare Orientale, eines der
jüngsten und besterhaltenen Mondbek-
kens, aufgenommen von Lunar-Orbiter 4.
Der äußere Ring, das Kordillerengebirge,
mißt ungefähr 880 Kilometer im Durchmesser. 1967 (SW)*

Fotografie mit Mondhorizont, auf-
genommen von Lunar-Orbiter 3. 1967
(SW)

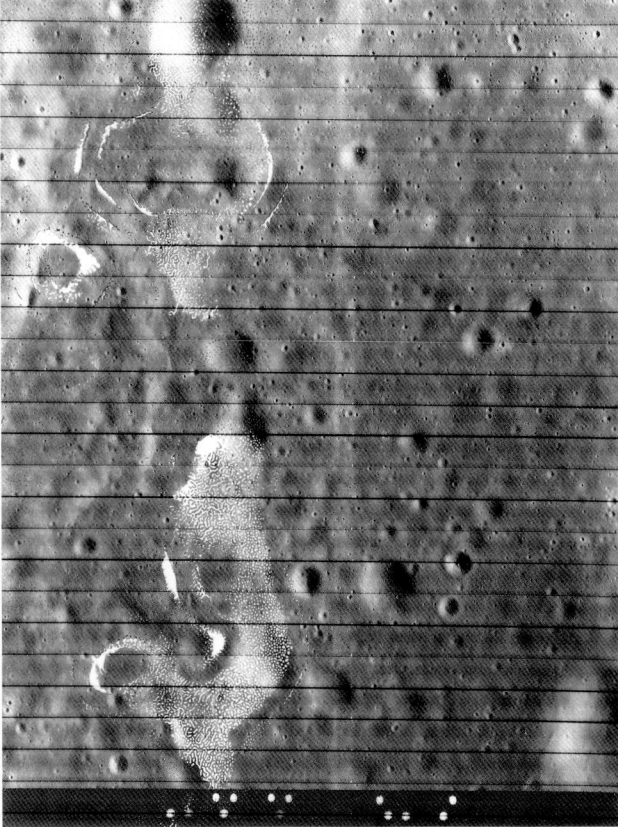

Fotografie des Kopernikus-Kraters, aufgenommen von Lunar-Orbiter 2. Die
Sonde befand sich in einer Höhe von
72 Kilometern. 1967 (SW)

Aufnahme von Lunar-Orbiter 2, die eine
Gegend mit vielen kleinen Kratern zeigt.
Die engen Punktmuster sind aufgrund
schlechter chemischer Filmentwicklung
an Bord der Sonde entstanden. 1967 (SW)

Der Mond

Erstes Bild der Erde vom Mond aus, foto-grafiert von Lunar-Orbiter 1. Die Sonde befand sich 1170 Kilometer über einem der Erde abgewandten Teil des Mondes. 23. 8. 1966 (SW)

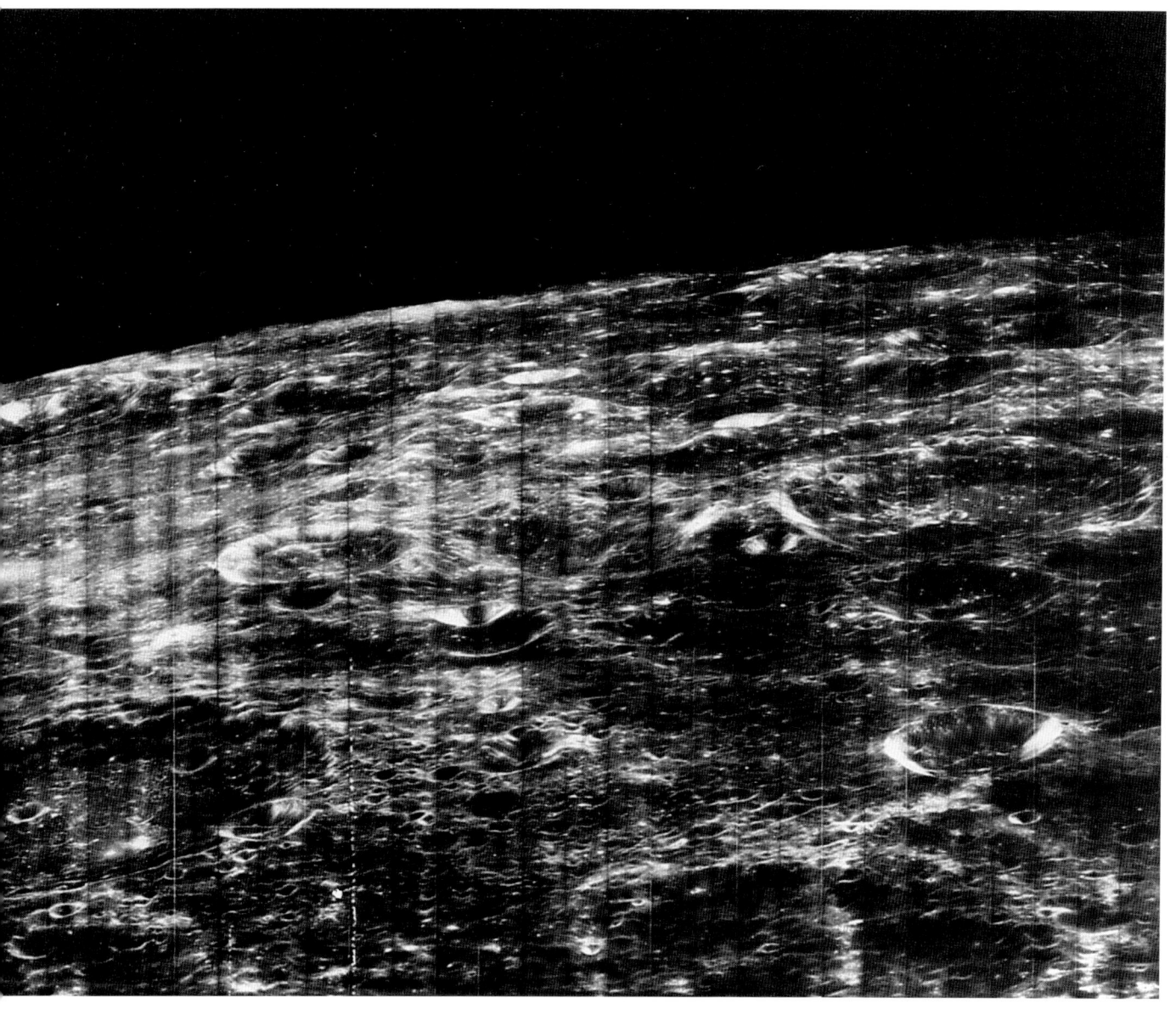

Mariner 4, 6, 7 – Mars

J. B.: Wie viele Projekte wurden schon in den frühen Sechzigern gleichzeitig durchgeführt? Die Rangers begannen 1961 . . .

A. H.: Wir hatten Mariner 2 1962 zur Venus und Mariner 4 1964 zum Mars gestartet, und dann kamen in kurzen Zeitabständen alle anderen Mariners.

J. B.: Welche Vorbereitungszeit gab es dafür? Ich habe den Eindruck, daß viele Entscheidungen sehr schnell getroffen wurden.

A. H.: O ja.

J. B.: Als Sie Teil der NASA wurden?

A. H.: Als der Präsident die Entscheidung bekanntgab, auf den Mond zu fliegen. Ganz plötzlich begannen Gelder in die NASA zu fließen, und alle Etats wurden erhöht, nicht nur der für Apollo, wir haben wirklich von Apollo profitiert.

J. B.: Was bedeutet, daß viele Entscheidungen für viele Projekte getroffen wurden.

A. H.: Bei Mariner 2 im Jahr 1962 ging es am schnellsten. Ich glaube, wir haben ihn in 18 Monaten zusammengebaut. Er war eigentlich nichts anderes als ein Ranger, dafür ausgerüstet, zur Venus zu fliegen. Aber selbstverständlich hatten wir Ranger schon für planetare Fähigkeiten ausgelegt.

J. B.: Mariner 2, der an der Venus vorbeiflog, machte keine Fotografien, aber viele Messungen.

*

A. H.: Mariner 2 war der erste interplanetare Flug. Dann kam 1964 mit Mariner 4 der erste Mars-Flug, das war derjenige, der uns die ersten Marsbilder brachte.

J. B.: 25 Aufnahmen, eine bescheidene Anzahl.

A. H.: Wir konnten die Kamera nicht umherschwenken, dafür hatten wir keine Zeit. Ein einziger Weg quer darüber hinweg, das war alles, was wir bekamen.

J. B.: Sie operierten also immer noch mit umgebauten Rangers, wenn ich Sie richtig verstehe?

A. H.: Die Mariners waren modifizierte Rangers; sie wurden daraus entwickelt.

J. B.: Also, was die Qualität der Bilder betraf, war es der gleiche Aufbau wie bei Ranger?

A. H.: Nein, sechs Kameras der Rangers waren in diesen komischen kleinen Turm eingebaut. Die Kamera von Mariner ragte aus dem Boden hervor; es gab nur eine einzige, und sie war in einem bestimmten Winkel nach unten gerichtet. Als Mariner am Mars vorbeiflog, mit seinen Sonnenzellen auf die Sonne und mit seinem Sternsensor auf Canopus gerichtet, zeigte seine Kamera auf den Mars. Sie besaß keine Abtastplattform.

J. B.: Wurden die Mars-Mariners auf bestimmte Punkte des Planeten kalibriert?

A. H.: Nicht der erste Mars-Mariner [Mariner 4], aber danach, bei den Mars-Vorbeiflügen, 6 und 7, die 1969 gestartet wurden, und bei den Mars-Orbitern 8 und 9 [gestartet 1971]. Die genauen Pläne waren speziell darauf ausgelegt. Mariner 7 flog über den Südpol, und Mariner 6 überflog den Äquator. Bei diesen beiden handelte es sich nur um fotografische Vorbeiflüge, aber wir erhielten viele Aufnahmen vom Vorbeiflug, wesentlich mehr als von Mariner 4.

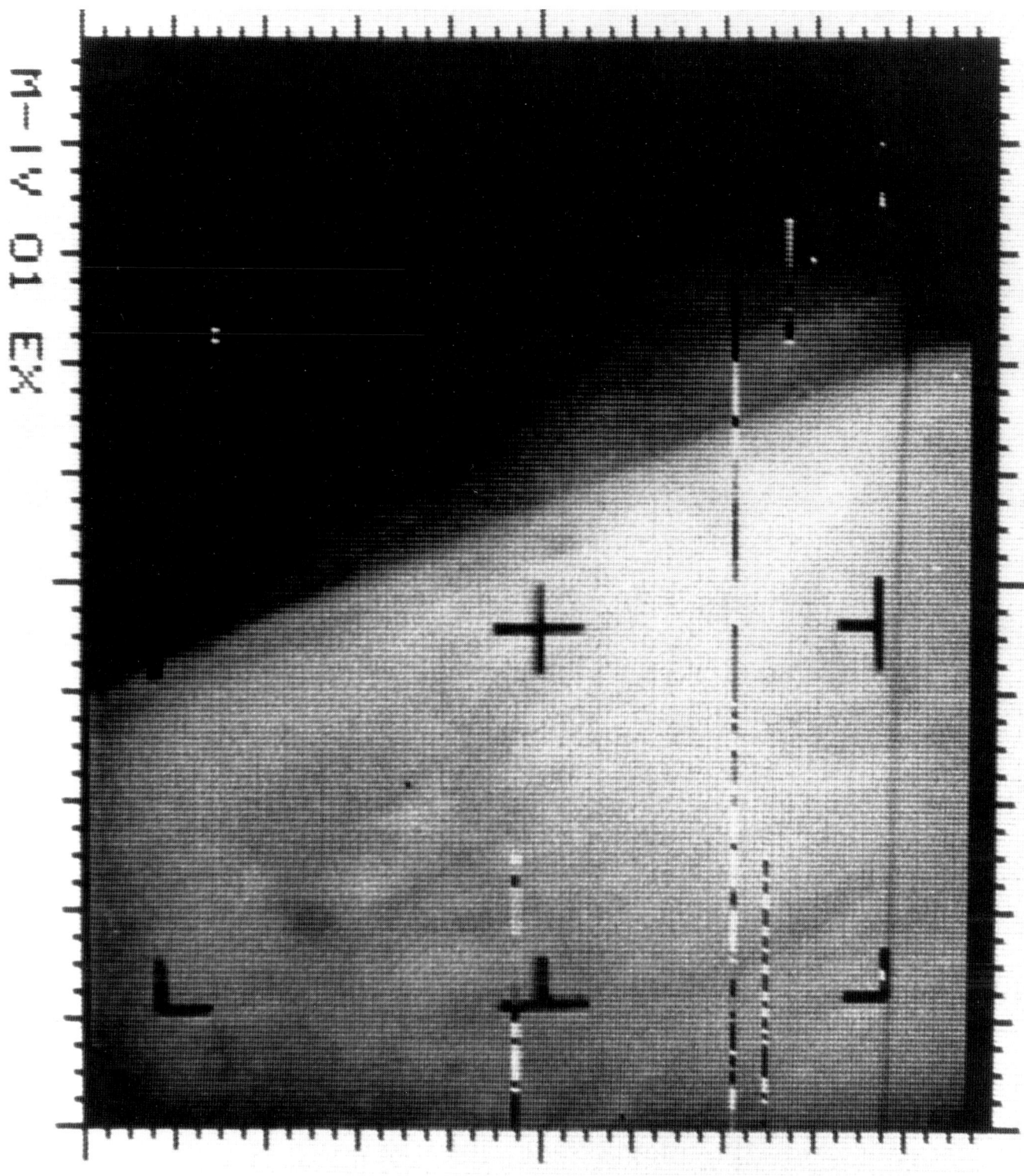

*Erstes Bild vom Mars (in „rohem"
Zustand), von Mariner 4 durch ein rotes
Filter aus einer Entfernung von annä-
hernd 16 900 Kilometern aufgenommen;
zu sehen ist die Region Phlegra mit
Horizont. 14. 7. 1965 (SW)*

Mars

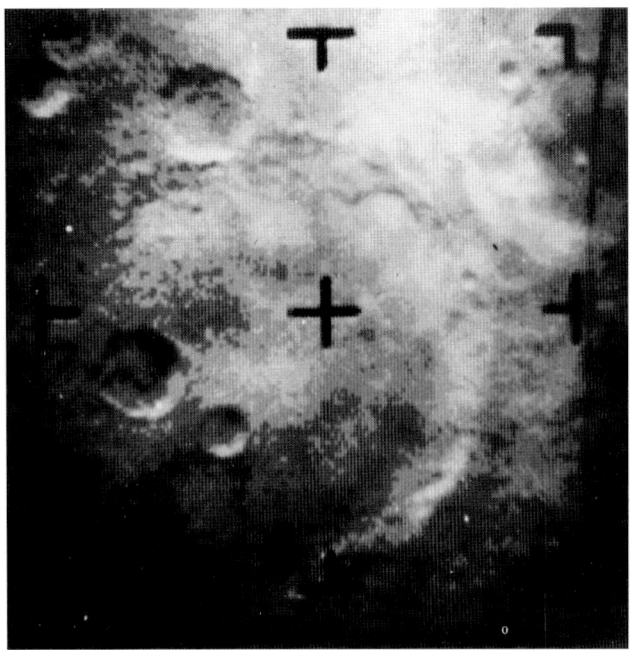

Elftes Bild des Mars von Mariner 4 (in „rohem" Zustand), aus einer Entfernung von 12 550 Kilometern durch ein grünes Filter aufgenommen; es zeigt einen Krater mit einem Durchmesser von 120 Kilometern in der Atlantis-Region. 14. 7. 1965 (SW)

Elftes Bild des Mars, nachdem das durch die Sonde verursachte Elektronenrauschen ausgefiltert war. 1965 (SW)

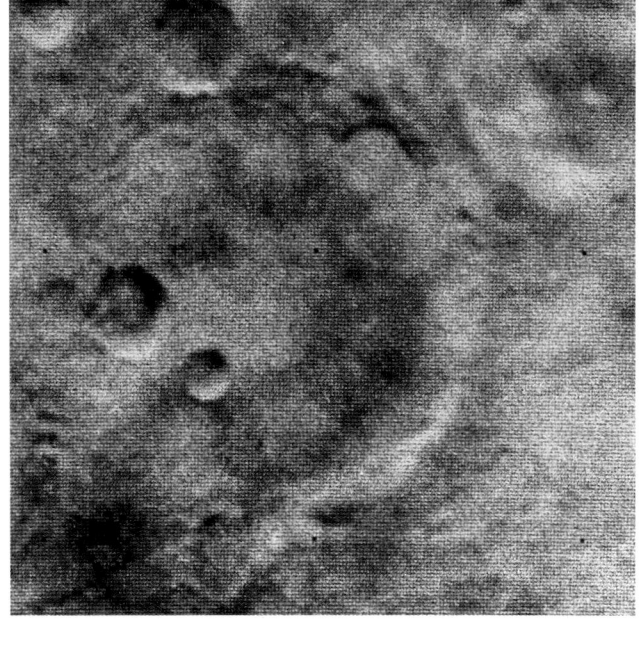

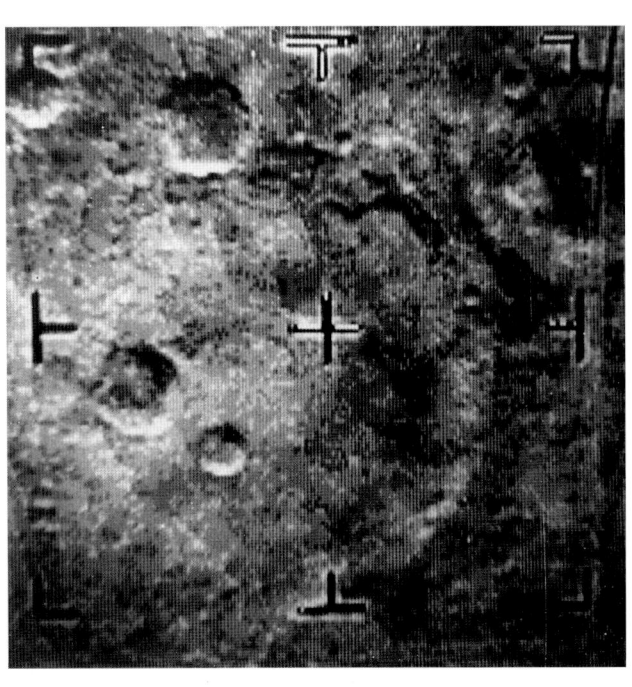

Elftes Bild des Mars nach digitaler Bildverarbeitung, die die höchstmögliche Auflösung von Oberflächenmerkmalen darstellt. 1965 (SW)

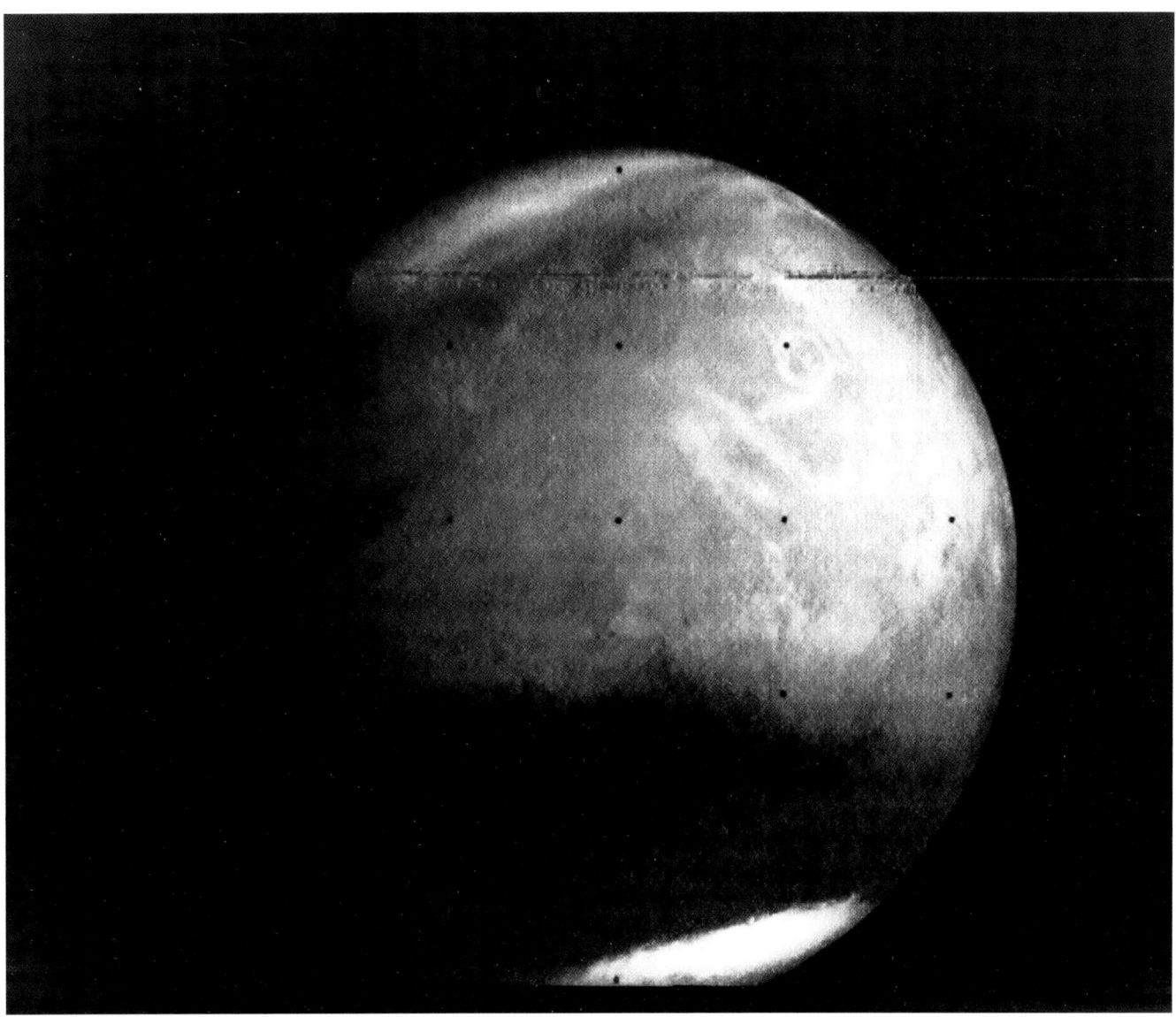

Ansicht des gesamten Planeten Mars von
Mariner 7; sie zeigt Nix Olympica (später
als der große Schildvulkan Olympus Mons
identifiziert) sowie die Polkappen, fotografiert aus einer Entfernung von
320 000 Kilometern. 4. 8. 1969 (SW)

Mars

Mariner-6-Aufnahme der Marsoberfläche, die von der niedrig stehenden Sonne beleuchtet wird; dadurch tritt die detailreiche Topographie des Planeten besonders deutlich hervor. 30. 7. 1969 (SW)

Grenzzone zwischen der dunklen Sabaeus-Sinus- und der hellen Deucalionis-Region auf dem Mars, fotografiert von Mariner 6. Es gibt keinen deutlichen Unterschied der Kraterverteilung in hellen und dunklen Gebieten. 30. 7. 1969 (SW)

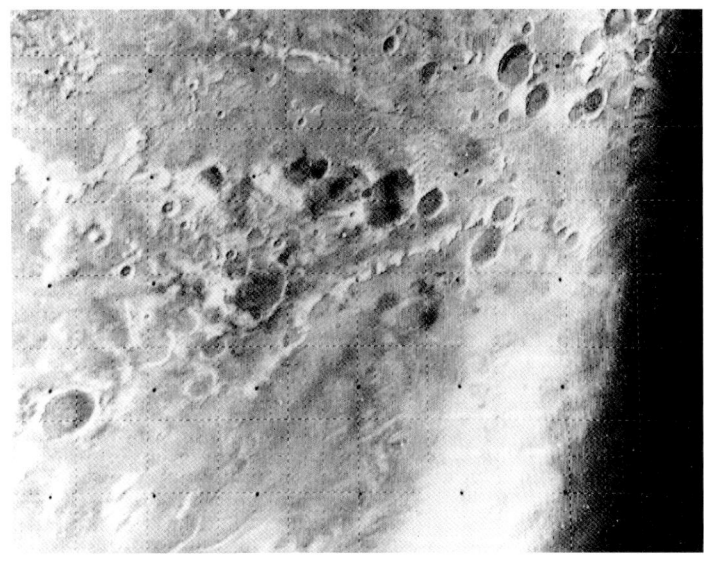

Sicht von Mariner 7 auf das direkt an die südliche Polarkappe des Planeten angrenzende Gebiet, das rechts unten Eis zeigt; ein 960 Kilometer langer Bogen markiert die Ausdehnung der winterlichen Eiskappe. 4. 8. 1969 (SW)

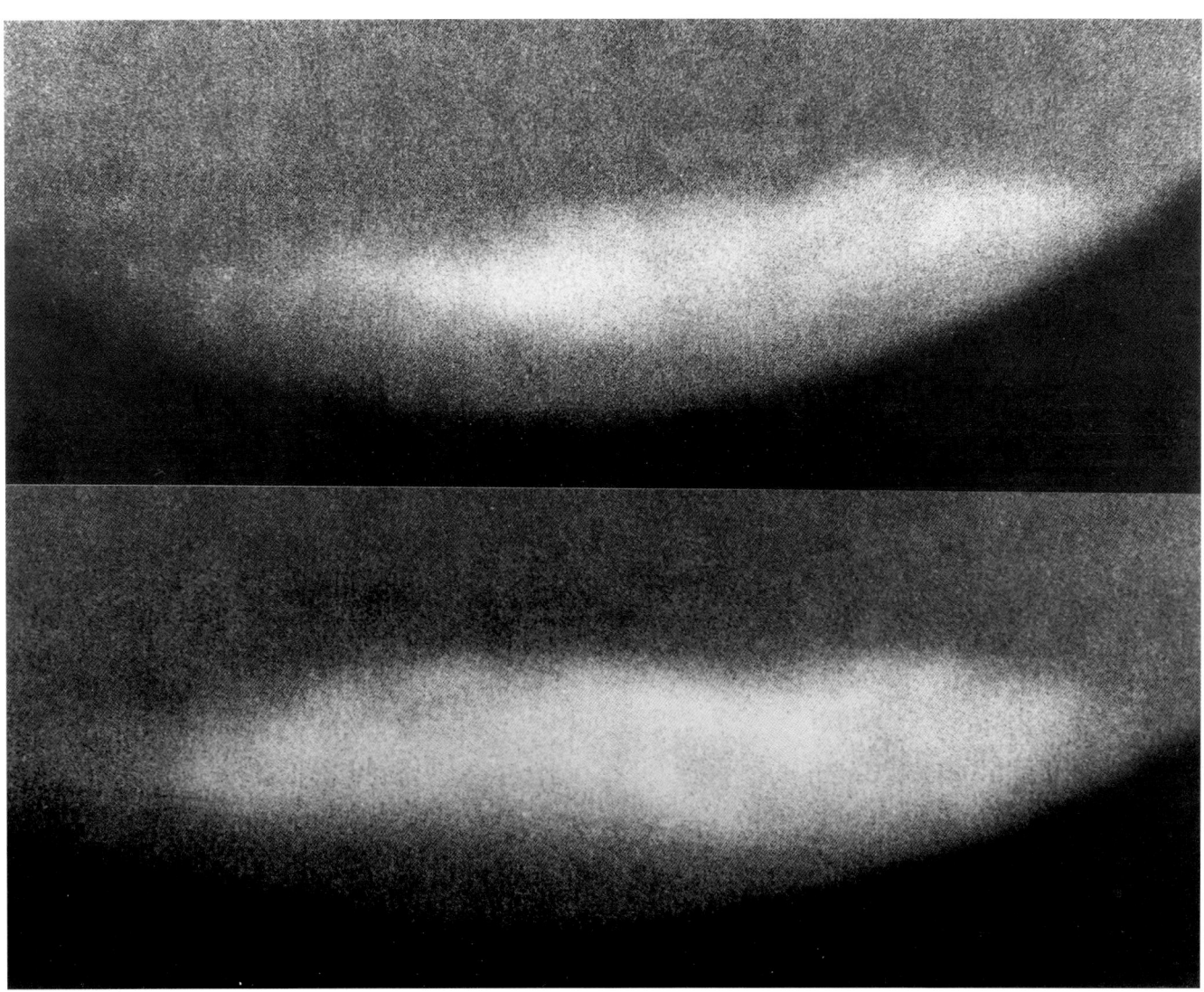

*Vergrößerte Ansichten der südlichen
Polarkappe des Mars, aufgenommen von
Mariner 6. Als diese beiden um 90 Grad
gedrehten Bilder empfangen wurden,
interpretierte man das Dunklerwerden
zur Grenze des Planeten als eine Licht-
absorption in der Marsatmosphäre.
30. 7. 1969 (SW)*

Mars

*Fotomosaik von Mariner-9-Aufnahmen.
Zu sehen ist die Nordhalbkugel des Mars
von der Polarkappe bis südlich des
Äquators. Unten sind von links nach
rechts zu erkennen: Olympus Mons, das
Tharsisgebirge und der Beginn von Valles
Marineris. 7. 8. 1972 (SW)*

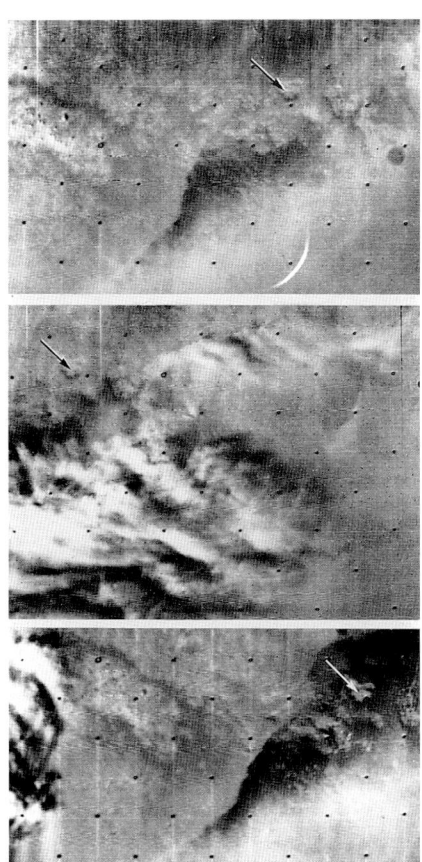

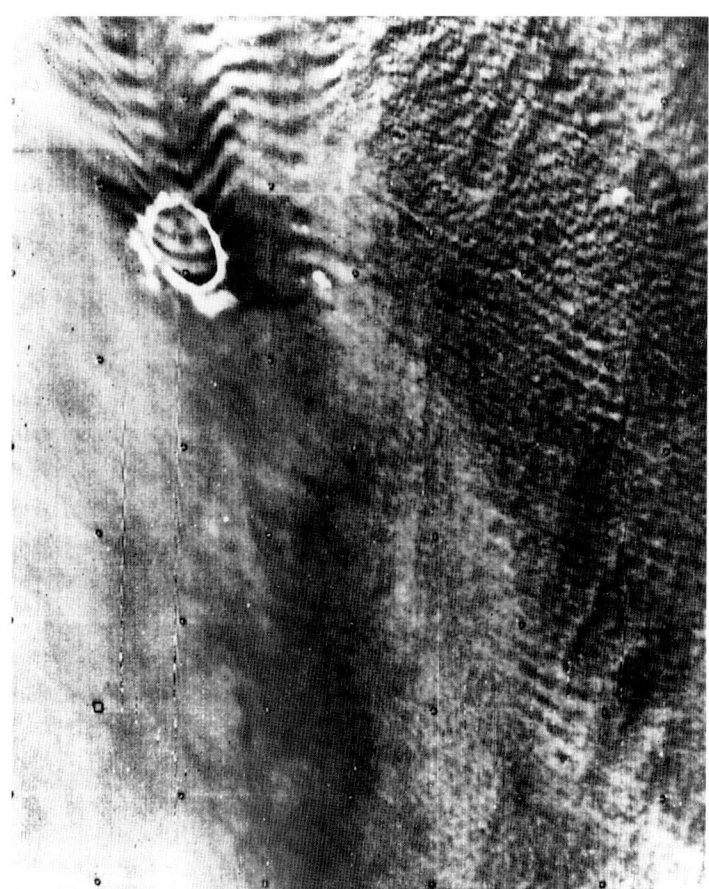

*Ansichten, die von Mariner 9 vor, wäh-
rend und nach einem Sandsturm in der
Euxinus-Lacus-Region des Mars aufgenommen wurden. Der Sturm hatte
eine Ausdehnung von fast 500 Kilometern. Das untere Bild zeigt den vom
Sturm zunehmend freigelegten dunklen
Untergrund. Februar 1972 (SW)*

*Winterliche Wolken aus Kohlendioxid in
der Region Mare Acidalium auf der Nordhalbkugel des Mars, fotografiert von
Mariner 9. In dieser Jahreszeit werden
Zonen über dem 45. nördlichen Breiten-
grad immer von Wolken verdeckt. März
1972 (SW)*

Mars

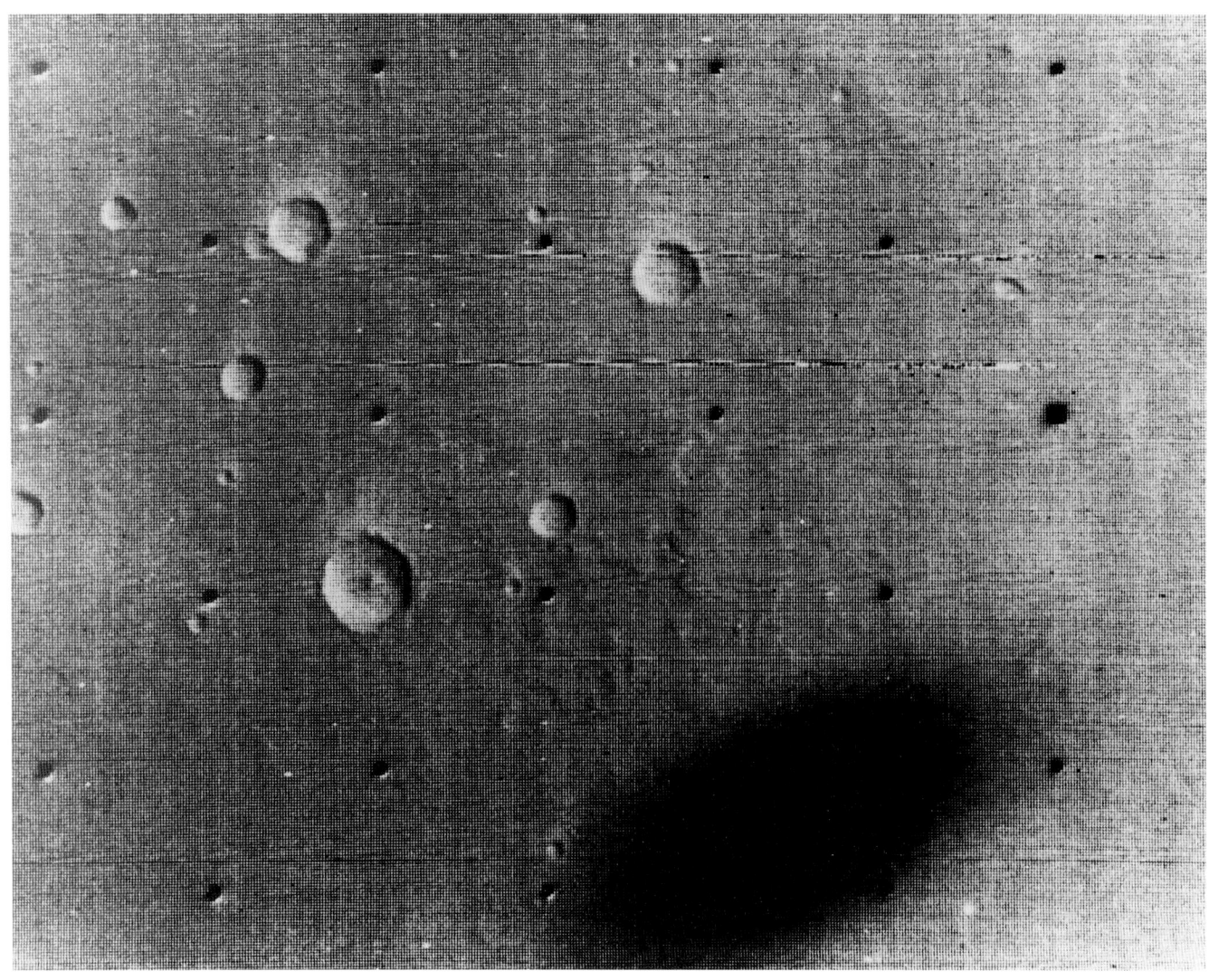

Der Schatten des winzigen Marsmondes
Phobos fällt auf die Region Aethiopis,
aufgenommen von Mariner 9. Phobos ist
der innere der beiden Marsmonde; er hat
eine unregelmäßig ovale Form, ist
26 Kilometer lang und 21 Kilometer breit.
4. 2. 1972 (SW)

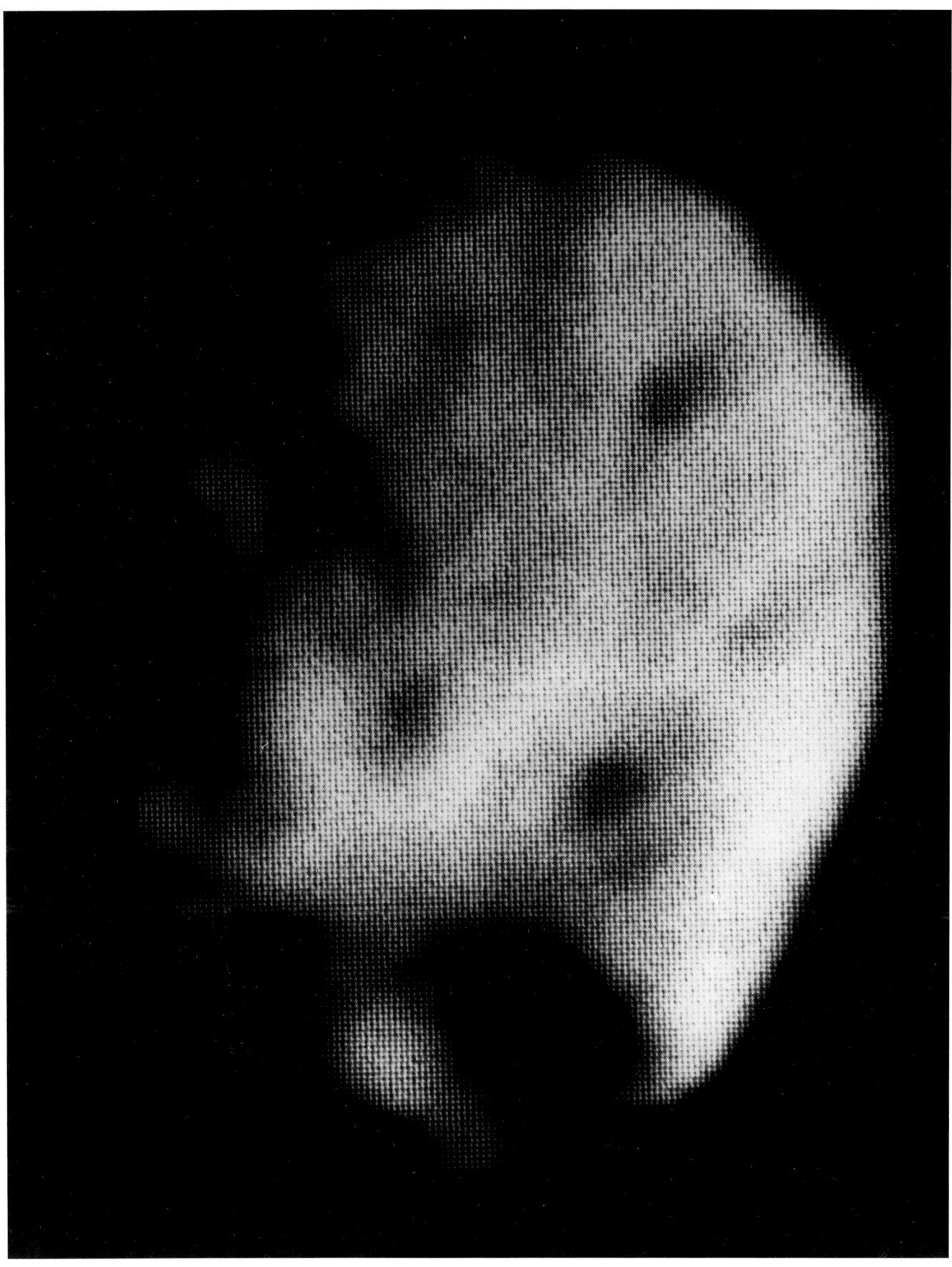

Ansicht des Marsmondes Phobos, aufgenommen von Mariner 9. Unten zu
sehen: der Stickney-Krater. 1972 (SW)

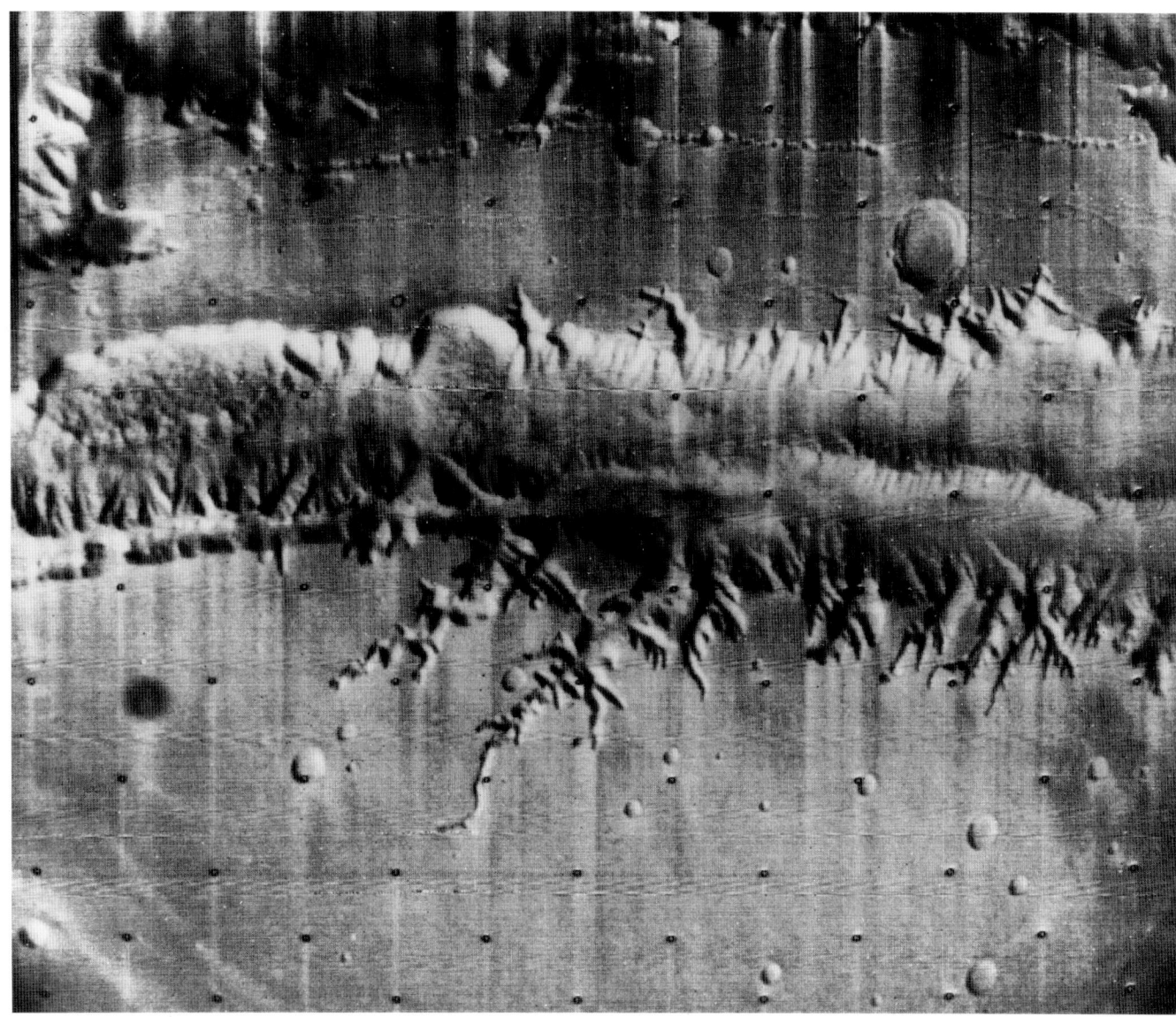

*Von Mariner 9 aufgenommen: die mäch-
tige Schlucht auf dem Mars, Valles Marineris genannt, davon ausgehend: Seiten-
canyons. Valles Marineris spannt sich
über die Entfernung von San Francisco
nach New York (ca. 4 200 km) und ist
durchschnittlich fast 5 Kilometer tief.
12. 1. 1972 (SW)*

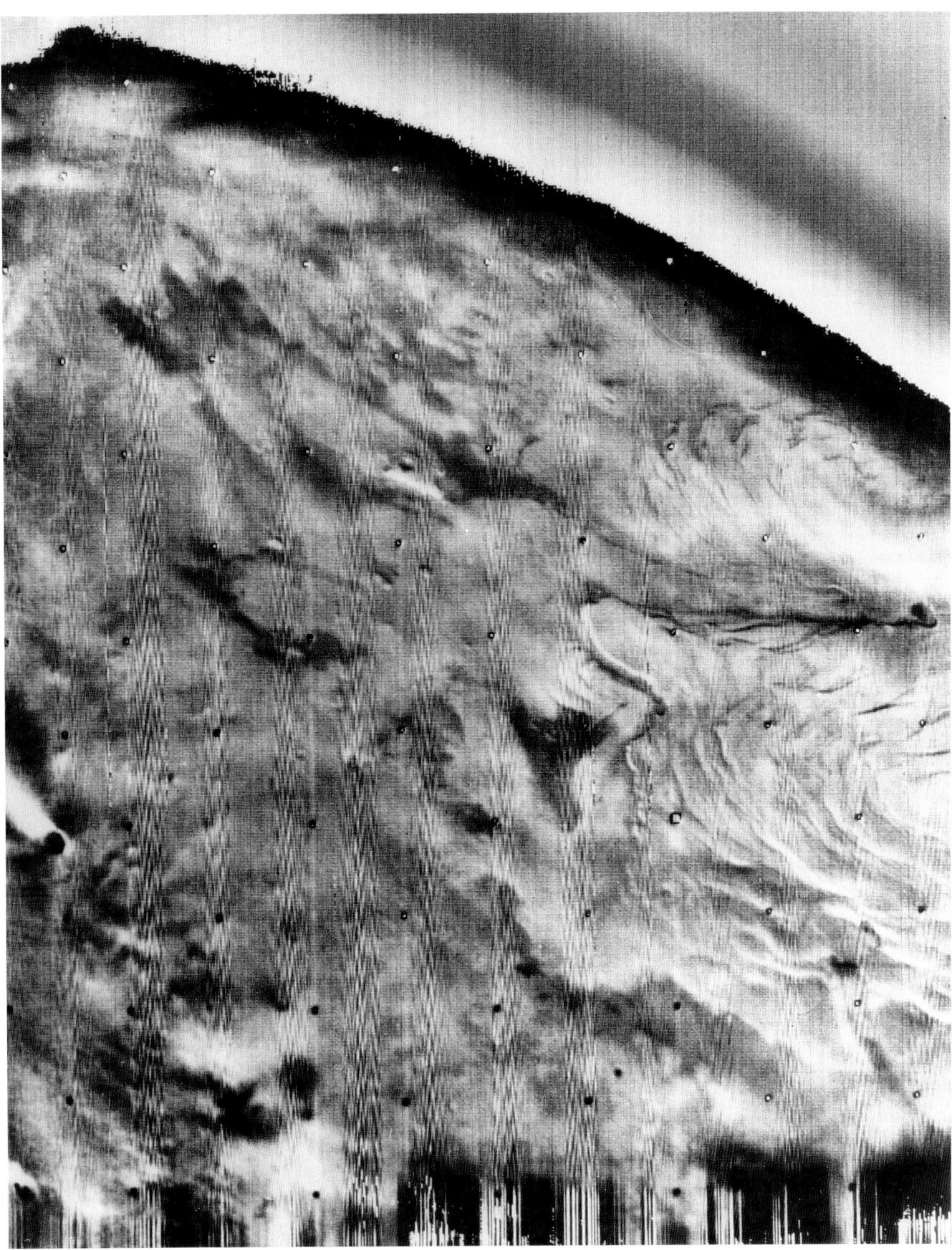

*Schrägaufnahme der nördlichen Polar-
kappe des Mars von Mariner 9; das Bild
zeigt ringförmige Formationen, ähnlich
denen am Südpol des Planeten. Der
Boden der Polarkappe ist geschichtet.
Juni 1972 (SW)*

Mars

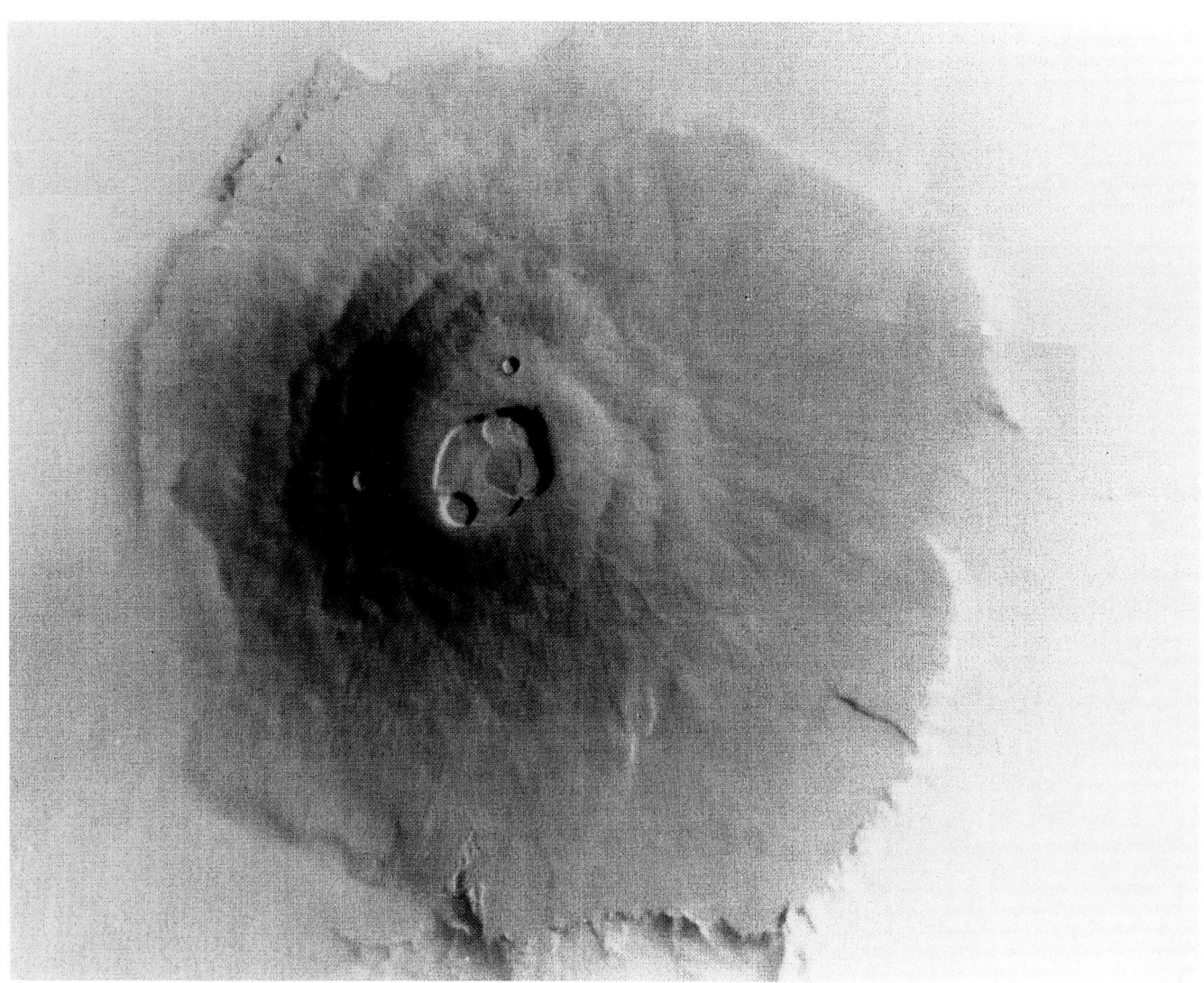

Olympus Mons, fotografiert von Mariner 9, mißt an der Basis über 15 000 Kilometer im Durchmesser und ist fast 2,5 Kilometer hoch. Olympus Mons ist damit der größte bekannte Krater des gesamten Sonnensystems, mehr als doppelt so breit wie der massivste Vulkan der Erde. Zu später Stunde: Januar 1972 (SW)

*Fotomosaik der Erde, von der Sonde
Mariner 10 während Kalibrierungstests
am Beginn ihrer Reise zu Venus und Merkur aufgenommen. 3. 11. 1973 (SW)*

Venus

Ansicht der wolkenumhüllten Venus, von
Mariner 10 durch ein Ultraviolettfilter
aufgenommen; die unsichtbare ultraviolette Strahlung wurde hier in blauer
Farbe wiedergegeben. Mit Bildfolgen wie
dieser erhielt man Aufschlüsse über die
Rotation der Venusatmosphäre. Februar
1974 (FF)

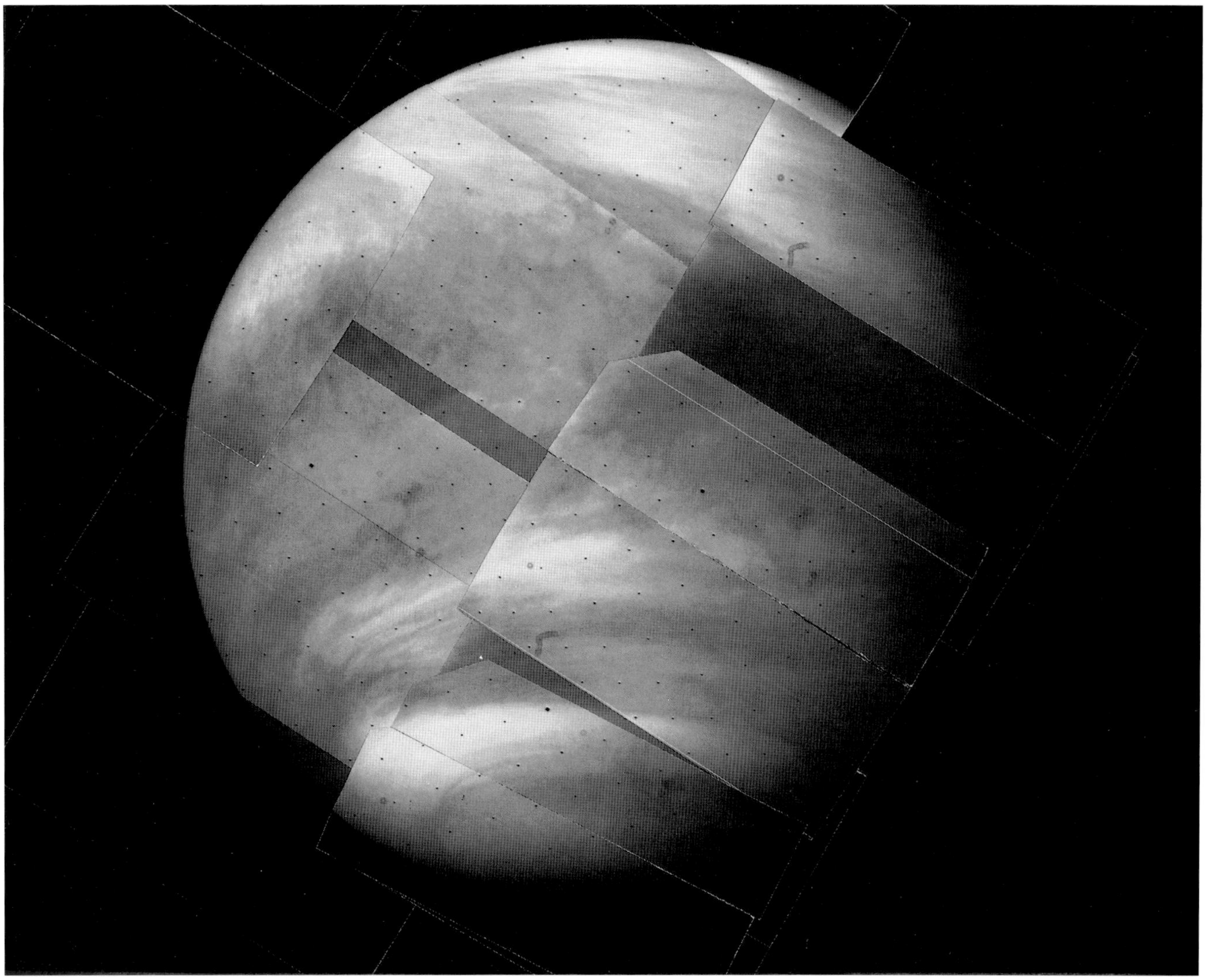

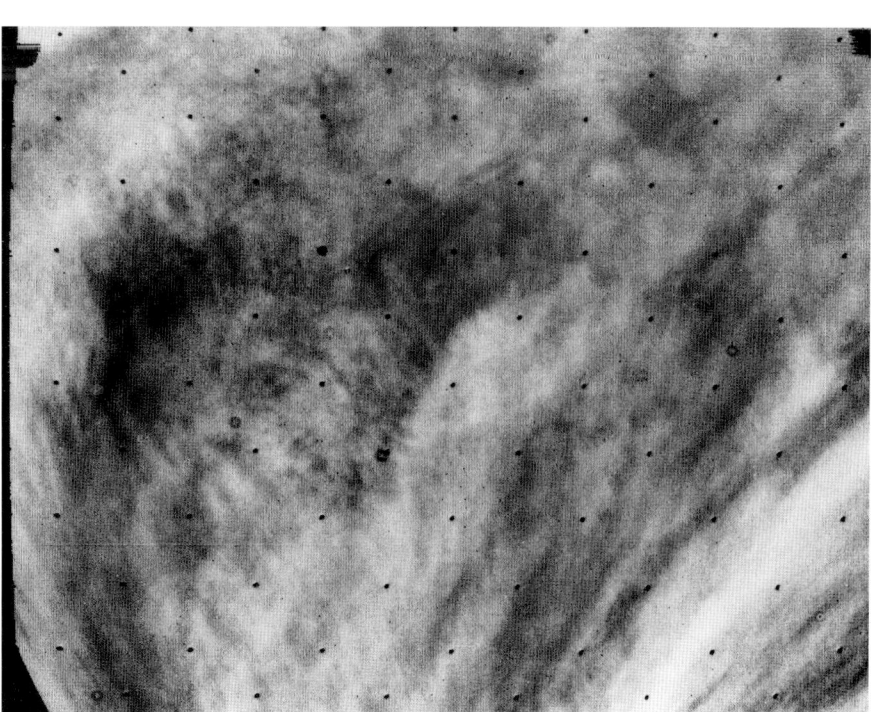

Fotomosaik der Venus von Mariner 10.
Eine Fülle von Detailinformationen über
die Atmosphäre, die mit dem bloßen
Auge nicht zu erkennen sind, enthüllt
diese ultraviolette Aufnahme. Februar
1974 (SW)

Die Wolkenhülle der Venus, aufgenommen von Mariner 10 aus einer Entfernung von 790 000 Kilometern. In diesem
ultravioletten Bild kann man in der von
der Sonne bestrahlten Hälfte Einschlüsse
aufsteigender heißer Luft sehen.
5. 2.1974 (SW)

Merkur

Mosaik von Aufnahmen des Merkurs, von Mariner in einer Entfernung von 200 000 Kilometern aufgenommen. Der

winzige Krater mit den hellen Strahlen war die erste erkennbare Formation auf dem Planeten und wurde zum

Andenken nach dem Astronomen Gerard Kuiper benannt, einem Mitglied des Mariner-10-Teams. 29. 3. 1974 (SW)

Um diese Gesamtansicht der südlichen Hemisphäre des Merkurs zu erhalten, mußten viele Mariner-10-Aufnahmen mit speziellen Computerprogrammen bildverarbeitet werden. Der Südpol liegt in dem großen Krater, auf dem Foto unten zu sehen. 1975 (SW)

Südliche Polargegend des Merkurs, wie sie die zweite Sonde vom Typ Mariner 10 bei ihrem Vorbeiflug sah. Die Aufnahme zeigt, daß zwischen den Polarregionen und den restlichen Gebieten des Planeten kein Unterschied besteht. Der große Krater, in der Mitte des Bildes unten, markiert genau den Südpol. September 1974 (SW)

Merkur

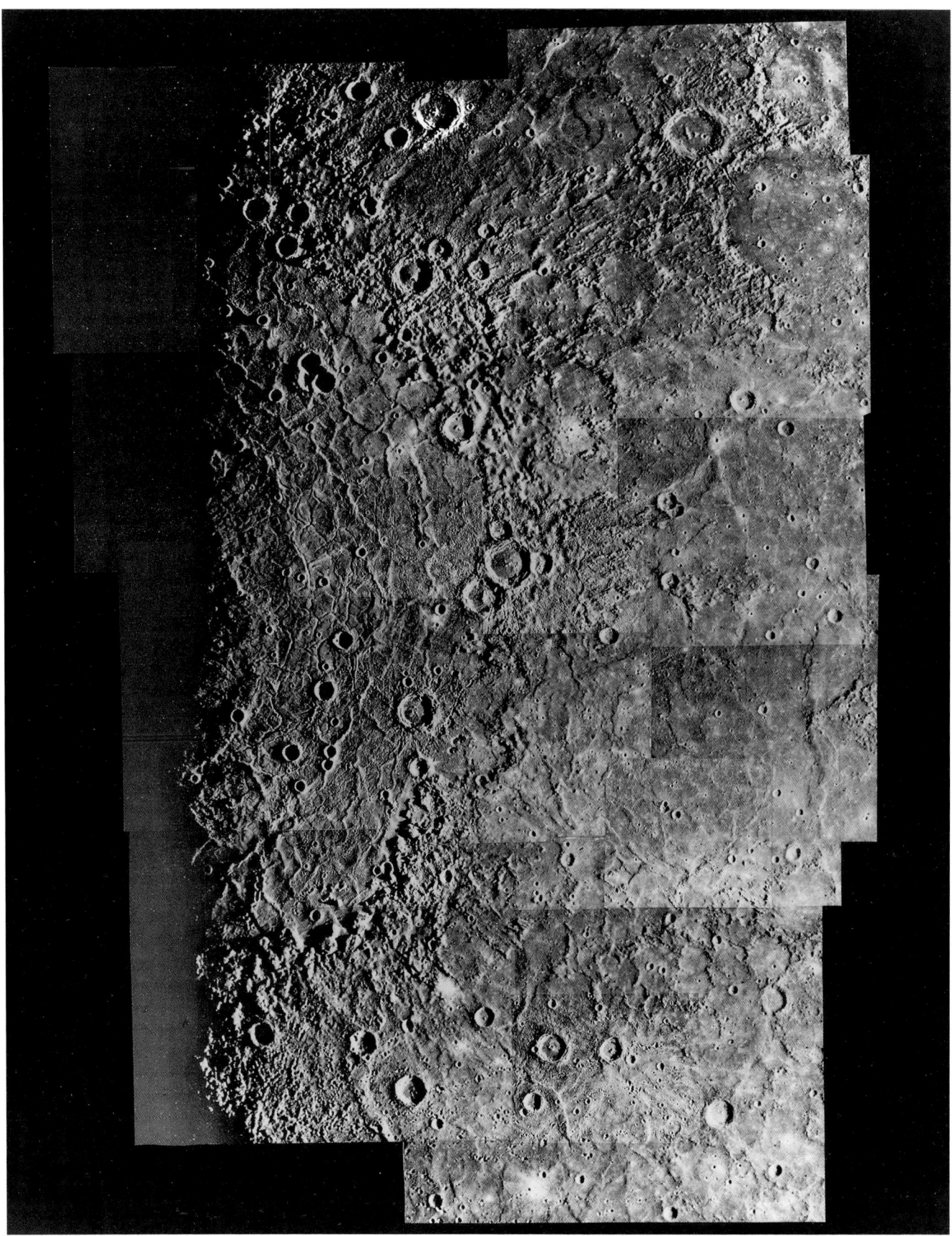

Dieses Fotomosaik von Mariner 10 zeigt
ein großes Einschlagbecken auf dem
Merkur, Caloris genannt; es liegt an einer
der beiden Stellen, die zur Sonne gerichtet sind, während der Planet den son-
nennächsten Punkt durchläuft. 1975 (SW)

Nachdem Mariner 10 die Nachtseite des ▶
Planeten umrundet hatte, fotografierte
die Sonde gleicherweise die heller leuchtende Halbkugel des Merkurs. Der Nordpol ist oben, zwei Drittel darunter liegt
der Äquator. 29. 3. 1974 (SW)

J. B.: Gab es in den Reisen vor Mariner 10 Situationen, in denen beide, das Weitwinkel- und das Teleobjektiv, zum Einsatz kamen?

A. H.: Das war üblich, und es wurde auch im Fall von Voyager so praktiziert.

J. B.: Üblich – von wann an, etwa vom Mariner-Programm an?

A. H.: Mariner 6, 7, 8, 9 – aber nicht 10.

*

J. B.: Hat es seit Ranger technologische Verbesserungen gegeben?

A. H.: Ja, die Technik der Bildauswertung ist wesentlich weiterentwickelt worden. Wenn wir ein Bild übertragen, teilen wir jede Linie in ungefähr tausend kleine Quadrate, Pixels genannt. Anstatt auf die Intensität eines Signals zu achten, um zu bestimmen, wie dunkel ein Punkt ist, senden wir eine Zahl zwischen 0 und 255.

J. B.: Wann wurde das eingeführt?

A. H.: Bei Mariner 4.

J. B.: Jetzt bekommt man also eine Zahl für jedes einzelne jener Pixels, und der Computer wertet aus: „Jene Zahl bedeutet Grau, ein bißchen grauer, ein bißchen dunkler, ein bißchen heller." Und das führt dazu, daß man die Information wesentlich schneller erhält.

A. H.: Man kann sogar wesentlich mehr Informationen über die Graustufen in einem Objekt erhalten, man nennt das den Dynamikbereich. Mit dem alten Verfahren konnten wir zwischen „völlig dunkel" und „völlig hell", nur in 10 bis 15 Stufen unterscheiden. Gerade dann, wenn die Szenerie ziemlich dunkel ist, bekommt man ein beinahe schwarzes Signal mit verstreuten grauen Flecken dazwischen. Wir wissen jetzt zwar, daß das menschliche Auge 255 Grautöne nicht unterscheiden kann, dennoch übertragen wir diese gesamte Information. Oft ist zum Beispiel das erste Bild, das übertragen wird, viel zu hell; man kann überhaupt nichts darauf erkennen. Saturn kam so hell herein, daß wir darauf nichts unterscheiden konnten. Aber mit einem Computer lassen sich diese Daten übersetzen. Das Auge kann die hellsten 10 oder 15 Abstufungen aus diesen 255 Möglichkeiten nicht mehr unterscheiden. Aber der Computer kann, sagen wir, die Zahl 240 wie 0 aussehen lassen, 241 wie 15 und 242 wie 30 und so weiter. So entsteht in einem Bild, das am Anfang ganz weiß aussieht, eine – für das Auge – vollständige Abstufung von Schwarz bis Weiß. Alle Details werden sichtbar.

Viking – Mars

J. B.: Mir scheint, daß fast jedes Bild, das am Ende als Fotografie gedruckt wird, vorher bearbeitet werden muß. Ich meine, es zeigt die Dinge nicht, wie sie wirklich sind.

D. L.: Manchmal ist das so. Merkur, zum Beispiel, gab ein schwarzweißes Bild mit sehr starken Kontrasten. Das erforderte bei vielen keine Verstärkung. Als dagegen Mariner 9 am Mars ankam, erhielten wir nur sehr schwache Kontraste, man hätte ohne Verstärkung nichts erkennen können.

J. B.: Aber wie ist es bei Jupiter oder Saturn mit seinen Streifen . . .

D. L.: . . . die sehr schwache Kontraste haben; sie erfordern eine Verstärkung. Auch Uranus . . . Wir würden annehmen, daß Uranus ohne sehr starke Bildverarbeitung wie eine Billardkugel aussähe.

J. B.: Hier kommen wir zu der Beziehung zwischen dem, was draußen ist, und dem, was Sie tun. Die Bildverarbeitung wird angewandt, um besser verstehen zu können, was draußen vor sich geht. Also ist das, was sich dort ereignet, nicht tatsächlich das, was Sie hier daraus machen.

D. L.: Richtig. Viking war der erste planetarische Flug, bei dem eine sorgfältige Farbübertragung geplant wurde. Wenn man sagt: „Ich will echte Farben haben", dann kommt man zu den Fragen: „Will man sehen, wie dieser Stein aussähe, wenn man auf dem Mars stünde? Will man sehen, wie dieser Stein aussähe, wenn man ihn in der Erdatmosphäre betrachten würde? Will man sehen, wie dieser Stein aussähe, wenn es überhaupt keine Atmosphäre gäbe?" Alle diese Fragen müssen zuerst beantwortet werden, bevor man Bilder erzeugt.

J. B.: Viele der Viking-Bilder scheinen tatsächlich zu zeigen, wie es auf dem Mars aussehen würde, wenn man da wäre, denn sie haben eine bestimmte Rötung in der Atmosphäre.

D. L.: Nicht alle, weil einige Wissenschaftler diese Steine betrachten und vergleichen wollten; sie wollten wissen, wie dieser Stein in der Erdatmosphäre aussähe. Einige der ersten Bilder wurden dafür gemacht, aber die späteren Aufnahmen zeigten die Szenerie meist so, wie sie auf dem Mars selbst erscheint.

J. B.: Ja, rötlich, einen Hauch von Röte, die man mit originalem Technicolor erhält, wo man drei sich überlagernde Filmschichten hat, und weil man auch mit Überlagerungen arbeitet, kann man auf diese Weise keine eindeutige Definition erhalten.

D. L.: Aber auch mit Farbfilmen – wie Kodachrome – erhält man keine echten Farben; die Leute wollen doch leuchtende Farben sehen. Fast alle Farbfotos, die es von Voyager gibt, sind farbverstärkt, aber es ist wichtig, zwischen Farbverbesserung und Falschfarben zu unterscheiden. Falschfarben haben zu den echten Farben keinerlei Bezug.

J. B.: Und man macht das, um bestimmte Details geologischer oder chemischer Natur – oder was auch immer – besser zu erkennen?

D. L.: Das ist richtig. Unterschiedliche Farben werden genutzt, um die Unterschiede in Helligkeit oder Farbe der tatsächlichen Situation deutlich zu akzentuieren.

Mars

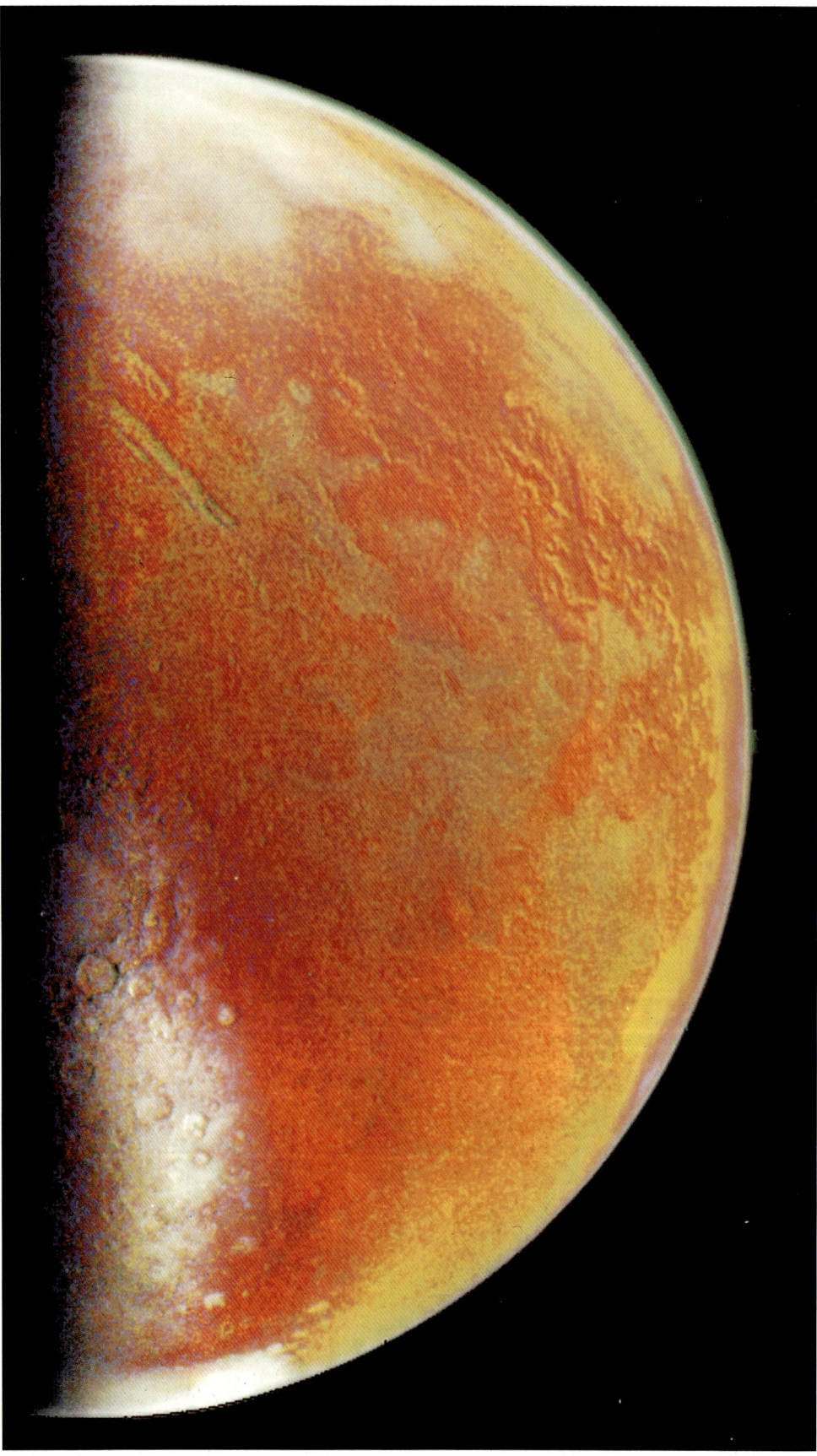

*Fotografie von Viking-Orbiter 1, die die
Marshalbkugel mit südlicher Polarkappe,
im Bild unten, zeigt. Darüber, an der Tag-
und-Nacht-Grenze, sieht man das große
Einschlagbecken Argyre Planitia.
31.10.1978 (FF)*

Wolken aus gefrorenem Wasser zeigt diese Aufnahme von Viking-Orbiter 1; sie bilden sich auf dem Mars am frühen Morgen in den kleinen Schluchten des Hochplateaus in der Region Noctis Labyrinthus. Juli 1976 (VF)

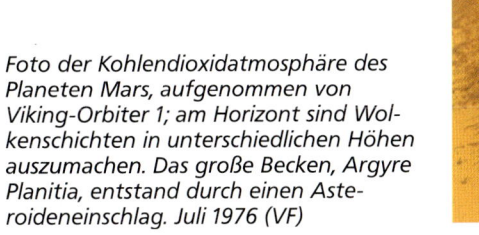

Foto der Kohlendioxidatmosphäre des Planeten Mars, aufgenommen von Viking-Orbiter 1; am Horizont sind Wolkenschichten in unterschiedlichen Höhen auszumachen. Das große Becken, Argyre Planitia, entstand durch einen Asteroideneinschlag. Juli 1976 (VF)

Mars

Die südliche Polarkappe des Mars im Hochsommer, gesehen von Viking-Orbiter 2, wenn das Kohlendioxideis geschmolzen ist und den Blick auf gefrorenes Wasser und Bodenschichten freigibt. Dieses Bild zeigt, wie man aus Schwarzweißaufnahmen, die durch bunte Filter aufgenommen wurden, ein Farbbild zusammensetzt. 27.10.1976 (VF)

Zu sehen ist in dieser Aufnahme des Viking-Orbiters der östliche Teil von Valles Marineris, umgeben von zerklüftetem Gelände, den Ridged Plains. Die Verwerfungen genau südlich des Tales entstanden aller Wahrscheinlichkeit nach durch Abrutschen der Canyonwände. Oktober 1977 (VF) ▶

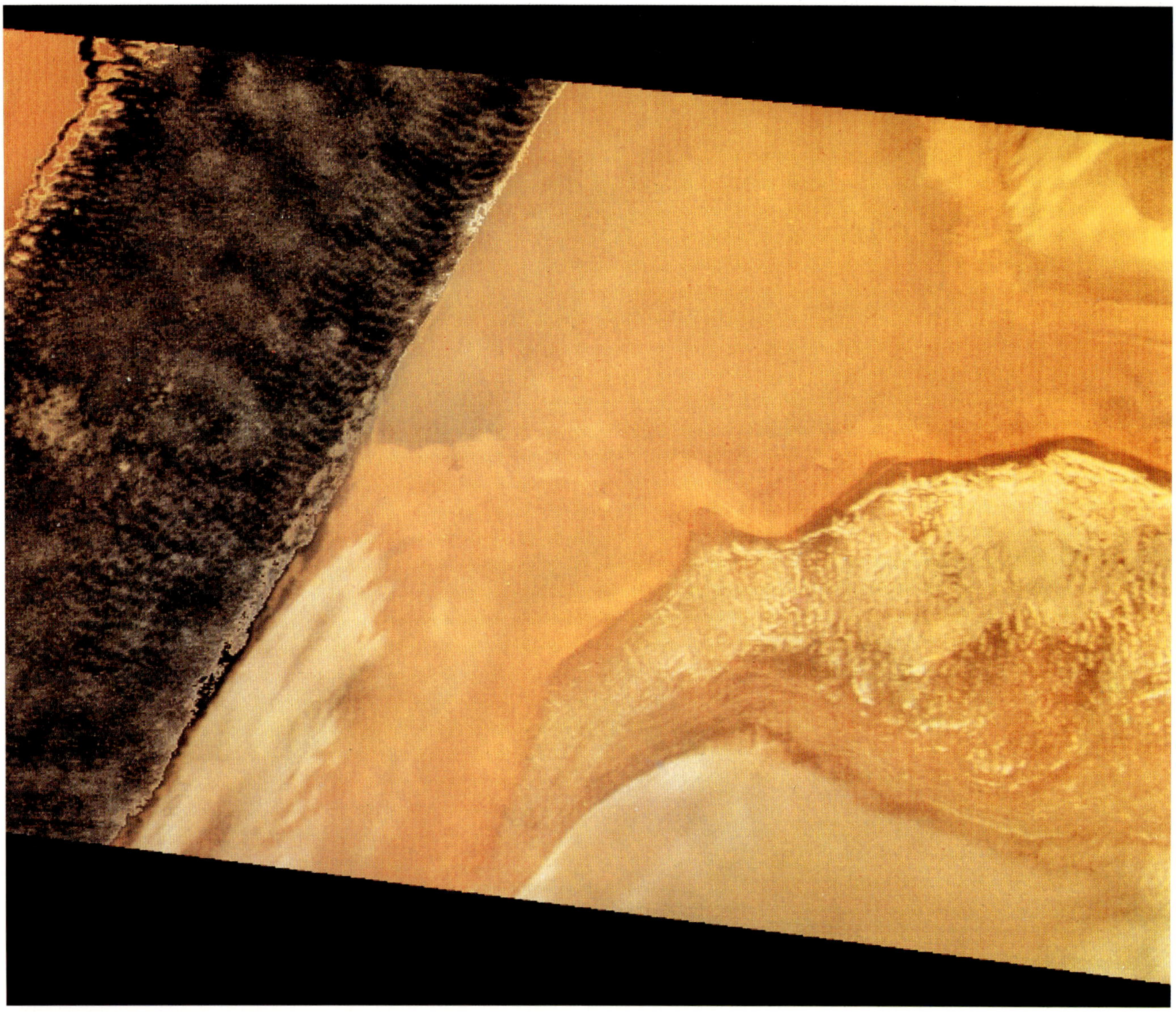

Mars

Die Fotografie, aufgenommen vom
Viking-Orbiter, zeigt die südliche Polarkappe des Mars mit Eis und Bodenschichten. (VF)

Dieses Fotomosaik, aufgenommen von
Viking-Orbiter 2, zeigt die weitgehend
geschmolzene nördliche Polarkappe aus
gefrorenem Kohlendioxid und Wasser,
zur Zeit ihrer geringsten Ausdehnung.
Die dunklen, spiralförmigen Streifen –
vom Eis befreite Bodenschichten – laufen
auf das Zentrum des Pols zu.
30. 8. 1976 (SW)

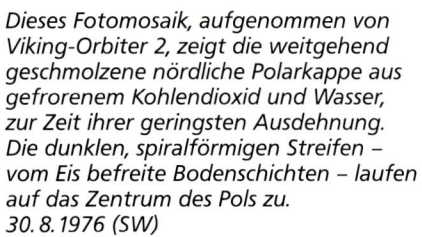

*Blick auf einen Marssturm nahe der
Nordpolargegend, aufgenommen von
Viking-Orbiter 1. Die Wolken in solchen
Sturmfronten bestehen aus Wasser oder
Eis – ähnlich jenen auf der Erde.
9. 8. 1978 (FF)*

Mars

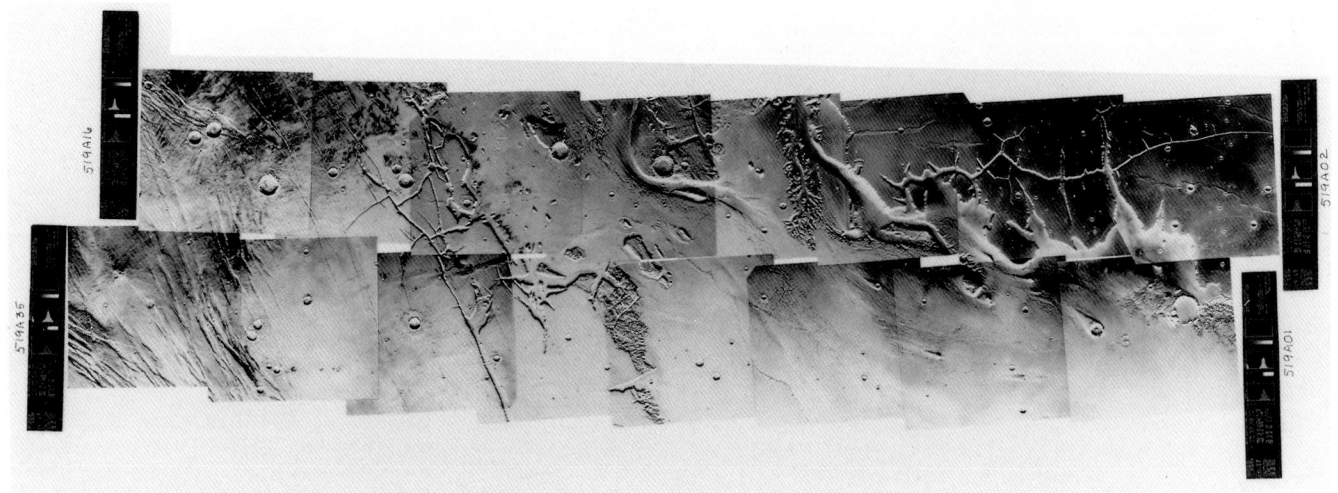

Das Fotomosaik mit Bildern aus hoher Umlaufbahn des Viking-Orbiters zeigt die Marsgegend von Lunae Palus mit ihren sehr verschiedenartigen topographischen Merkmalen. 18.11.1977 (SW)

Das Fotomosaik mit Bildern aus niedriger Umlaufbahn des Viking-Orbiters zeigt die Marsgegend um Kasei Vallis einschließlich eines Teils der vorigen Aufnahme mit der Gegend von Lunae Palus. 1977 (SW)

*Zu sehen ist ein Fotomosaik mit Aufnah-
men des Viking-Orbiters 1, das den Kalde-
ra-Gipfel von Olympus Mons zeigt. Die
Kaldera besteht aus einer Anzahl von
Kratern, die nach der Eruption wieder
eingestürzt sind. 13. 6. 1977 (VF)*

Mars

Fotomosaik der Marslandschaft, aufgenommen von der Landefähre Viking 2. Ihr Blick ist nordöstlich auf den über 3 Kilometer entfernten Horizont gerichtet. Die Abbildung ist um 8 Grad geneigt, weil die Fähre mit einem Bein auf einem Stein landete. September 1976 (SW)

Der Greifarm zur Entnahme von Bodenproben an Bord der Landefähre Viking 2 schiebt gerade einen Stein zur Seite, um eine Probe entnehmen zu können. Sie sollte unterhalb eines Steins entnommen werden, weil man glaubte, daß sich Lebensformen, sofern es sie auf dem Mars überhaupt geben sollte, zum Schutz vor der starken ultravioletten Sonneneinstrahlung dorthin zurückzögen. 8.10.1976 (SW)

*Eine Aufnahme, die die Landefähre
Viking 2 von sich selbst schoß: Sie zeigt
die Kalibrierungseinrichtung für das Farb-
filterrad und die amerikanische Flagge.
Über dem Horizont im Nordwesten
wölbt sich der rosafarbene Himmel des
Mars. 1976 (VF)*

*Dieses Bild gehört zu den schärfsten
Aufnahmen der Marslandschaft, die von
der Landefähre Viking 1 aufgenommen
wurden: Die Ansicht zeigt viel Geröll und
Dünen, wie sie ähnlich auch in Wüsten-
zonen der Erde zu sehen sind. Der Mast,
der zur kleinen Wetterstation an Bord
von Viking gehört und meteorologische
Messungen erlaubte, teilt das Bild.
3. 8. 1976 (SW)*

Mars

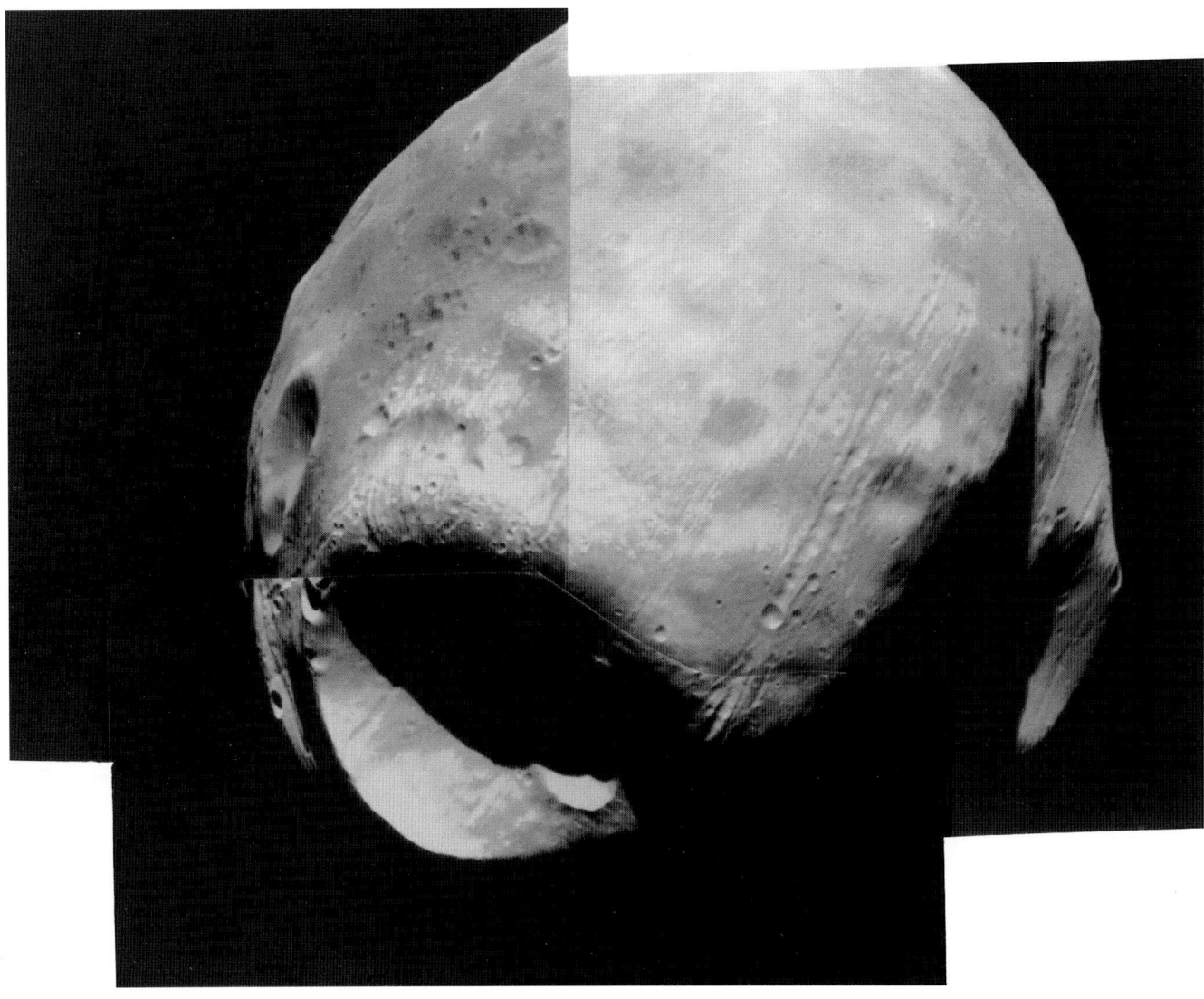

Das Fotomosaik des Viking-Orbiters 1
zeigt Phobos aus einer Entfernung von
rund 600 Kilometern. Bei den Furchen,
die gerade auf den Stickney-Krater (im
Bild unten) zu und durch ihn hindurch-
laufen, handelt es sich wahrscheinlich um
Brüche, die durch den Einschlagkrater
entstanden sind. 19.10.1978 (SW)

*Aufnahme der Dämmerungszone vom
Mars: Zu sehen sind der riesige
Vulkan Ascreaus Mons mit Wolken aus
Wassereis und die mächtige Schlucht von
Valles Marineris. August 1976 (VF)*

Mars

Sonnenuntergang auf dem Mars über Chryse Planitia, in zehn Minuten von der Landefähre Viking 1 aufgezeichnet. Die Farbabstufungen von Rot bis Blau erklärt man mit unterschiedlichen Streuungen und Absorptionen des Sonnenlichts durch Teilchen der Marsatmosphäre. 20. 8. 1976 (VF)

Voyager – Jupiter

A. H.: Die wichtigste Veränderung der Technik bei der Sonde Voyager war die wesentlich größere Kapazität ihrer Computer – ihrer Bordcomputer. Anstatt einzelner Kommandos senden wir dem Computer komplette Programme. So können wir beispielsweise ein Programm mit einer Voyager-Attrappe testen, um sicherzugehen, daß es damit keinen Ärger gibt.

J. B.: Also man kann in bezug auf das Ziel der Sonde alles . . .

A. H.: Man kann befehlen, verschiedene Arten von Daten zurückzusenden, diese Daten anstatt jener, oder die Datenübertragung zu stoppen, wenn wir sie nicht benötigen, man kann auch befehlen, mehr technische Daten zu senden; all das ist möglich. Die Sonde mißt und erfaßt wesentlich mehr, als sie uns zurückschickt, und gibt vor allem Auskunft über den Zustand ihrer verschiedenen eigenen technischen Messungen. Normaler-weise reduzieren wir die Informationen auf wenige Daten und richten unsere Aufmerk-samkeit nur auf Dinge, die ungewöhnlich aussehen. Es gibt für jedes Instrument Richt-werte, die ständig überprüft werden. Bei ungewöhnlichen Werten wird das Programm unterbrochen, und wir bekommen eine Mitteilung.

J. B.: Man hat, was man erwartete zu sehen, in das System integriert, und sobald irgend etwas anderes kommt, schaltet die Sonde um.

*

J. B.: Ich glaube, daß die Leute gewöhnlich bezüglich der Bilder annehmen, daß vieles so verarbeitet wird, daß es exakt so aussieht wie auf dem Planeten. Das ist in Wirklichkeit nicht der Fall. Man macht es, um Einzelheiten über den Planeten herauszufinden, nicht wegen des optischen Eindrucks.

A. H.: Manchmal auch beides. Oft sind die Mitglieder des Bilderteams so fasziniert von dem, was sie beim Herumspielen erhalten haben, daß sie nicht nur daran denken, ob es sinnvoll ist, sondern auch, ob es schön ist; und vielleicht kann man noch etwas weiter gehen – es beispielsweise etwas weiter dehnen, wie das Hummelbild vom Saturn; Sie haben es gesehen.

J. B.: Ja, blau und orange.

A. H.: Das war Kunst; wissenschaftlich lernten wir nichts daraus. Es war schön – und nichts weiter. Aber mit der Bildverarbeitung der Wolkenstruktur vom Jupiter konnten mehr Details der Wirbel sichtbar gemacht werden; die originalen Farben sahen irgendwie unsauber aus.

*

J. B.: Was wurde eigentlich von Voyager entdeckt, neben den Vulkanen auf Io und der Erkenntnis über die Ringe des Jupiters, die man nicht erwartet hatte? Welche sonstigen Entdeckungen gab es auf jenen beiden Missionen?

A. H.: Ich glaube, etliches wurde entdeckt – neue Monde um den Saturn etwa und die wirklich sonderbare Dynamik der Saturn-monde sowie ihre Interaktion mit den Ringen; eine bessere Sicht auf die Mondoberflächen, besonders die ungewöhnliche Beschaffenheit von Europa.

Erste Aufnahme, auf der Erde und Mond ▶ zusammen zu sehen sind, in 1200 Kilome-ter Entfernung von der Sonde Voyager 1 auf ihrem Weg zum Jupiter fotografiert. Da der Mond wesentlich dunkler als die wolkenumhüllte Erde ist, mußte er im Bild etwas aufgehellt werden. 1977 (VF)

J. B.: In welcher Beziehung ungewöhnlich?

A. H.: Er ist eben. Absolut glatt. Ich sollte nicht „eben" sagen, er ist natürlich rund, aber wesentlich glatter als das denkbar glatteste Kugellager. Alle anderen sind mit Kratern übersät, nicht so Europa. Der Mond ist ein glatter Eisball, was heißt, daß unterhalb der Eisschicht flüssiges Wasser ist. Die Art der visuellen Informationen von Kallisto und Ganymed sind ebenfalls reichlich sonderbar. Wir entdeckten natürlich eine Vielzahl neuer Geheimnisse, die Eismonde des Saturns sind wirklich sehenswert; einer von ihnen hat einen Krater, der beinahe so groß wie der ganze Mond selbst ist.

*

J. B.: Was erwarten Sie sich vom Uranus? Wo ist Voyager 2 jetzt eigentlich? Auch jetzt werden Bilder empfangen. Kann man aus dieser Entfernung schon einschätzen, wo er vorbeikommt?

A. H.: Ja.

J. B.: Ich glaube, Sie haben die Sonde an diesem Punkt einmal als geriatrisch bezeichnet.

A. H.: Sie hat Arthrose, sie hört schlecht, und sie ist ein bißchen senil, aber das verändert nicht ihre Bahn durch den Weltraum. Isaac Newton hat das für uns herausgefunden.

J. B.: Für wie lange ist die Projektplanung für Neptun ausgelegt?

A. H.: Bis 1989. Aber die wissenschaftlichen Ziele für Neptun sind wahrscheinlich die gleichen: die Atmosphäre erkunden, die Monde anschauen; ob es etwas Neues gibt. Es sind doch die Überraschungen, die wirklich wichtig sind.

Dieses Voyager-1-Bild zeigt Jupiter und die Jupitermonde Io (über dem Planeten zu erkennen) und Europa. Auf dem Jupiter lassen sich zahlreiche Sturmsysteme unterscheiden, darunter auch der Große Rote Fleck. 13. 2. 1979 (VF)

Jupiter

Die beiden inneren der „klassischen" vier Jupitermonde, aus einer Entfernung von 19 Mio. Kilometern gesehen. Sie wurden im 17. Jahrhundert von Galilei entdeckt: Io (links) und Europa, gerade vor Jupiter stehend. 13. 2. 1979 (VF)

Jupiter

Hoch aufgelöste Fotografie, aufgenommen von Voyager 1; sie zeigt sehr detailreiche Wolkenstrukturen in der nördlichen Halbkugel von Jupiter. Die blaß orangerote, gerade Linie markiert einen Jetstream mit Geschwindigkeiten bis zu 430 km/h. 2.3.1979 (VF)

Obwohl Voyager nicht über die Jupiter-
pole flog, gelang es, aus vorhandenem
Fotomaterial dieses Bild des Südpols
zusammenzusetzen. Im Gegensatz zu den
anderen Zonen des Planeten sind in den
Polgegenden keine bandartigen Strukturen zu erkennen. 1979 (VF)

Ein Foto, von Voyager 2 aus der Schat-
tenzone des Planeten heraus aufgenommen, zeigt Jupiter und seinen Ring. Der
Planet wird durch eine das Sonnenlicht
streuende Dunstschicht in der oberen
Atmosphäre umrissen. 10. 7. 1979 (VF)

Jupiter

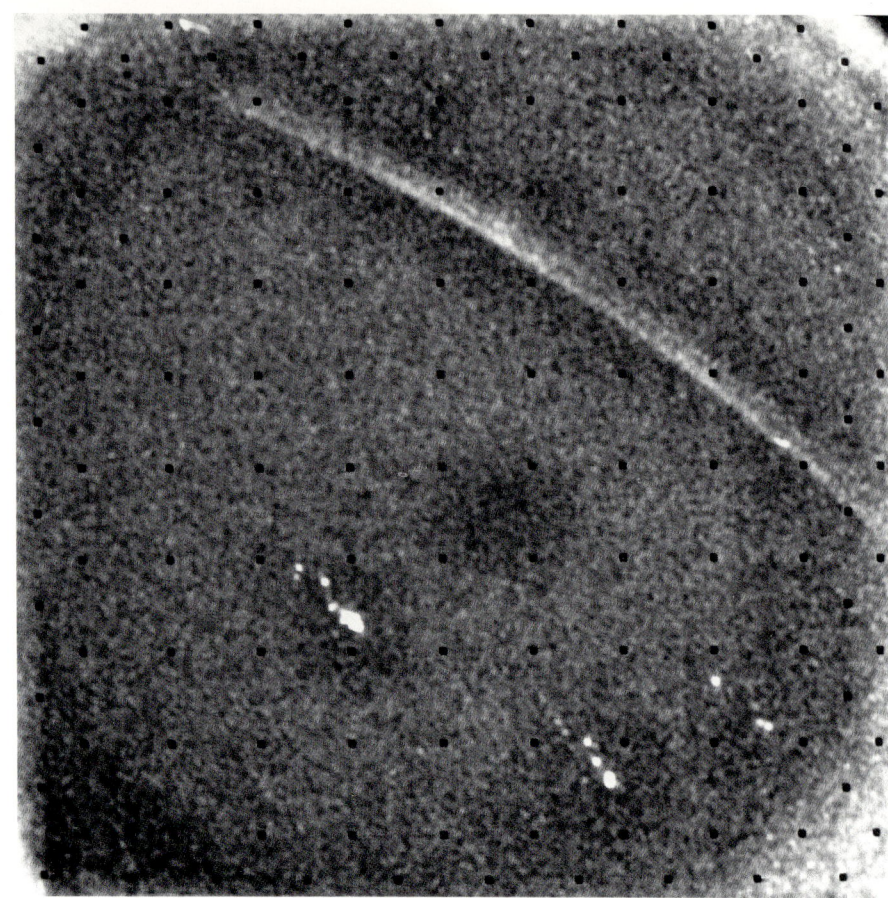

Sicht von Voyager 2 auf eine Ringkante des Jupiters – in Falschfarbe. 8. 7. 1979 (FF)

Ein doppelter Aurorabogen in der Nordpolgegend des Jupiters, fotografiert von Voyager 1. Darunter erleuchten zahlreiche Blitze die Wolken. 5. 3. 1979 (SW)

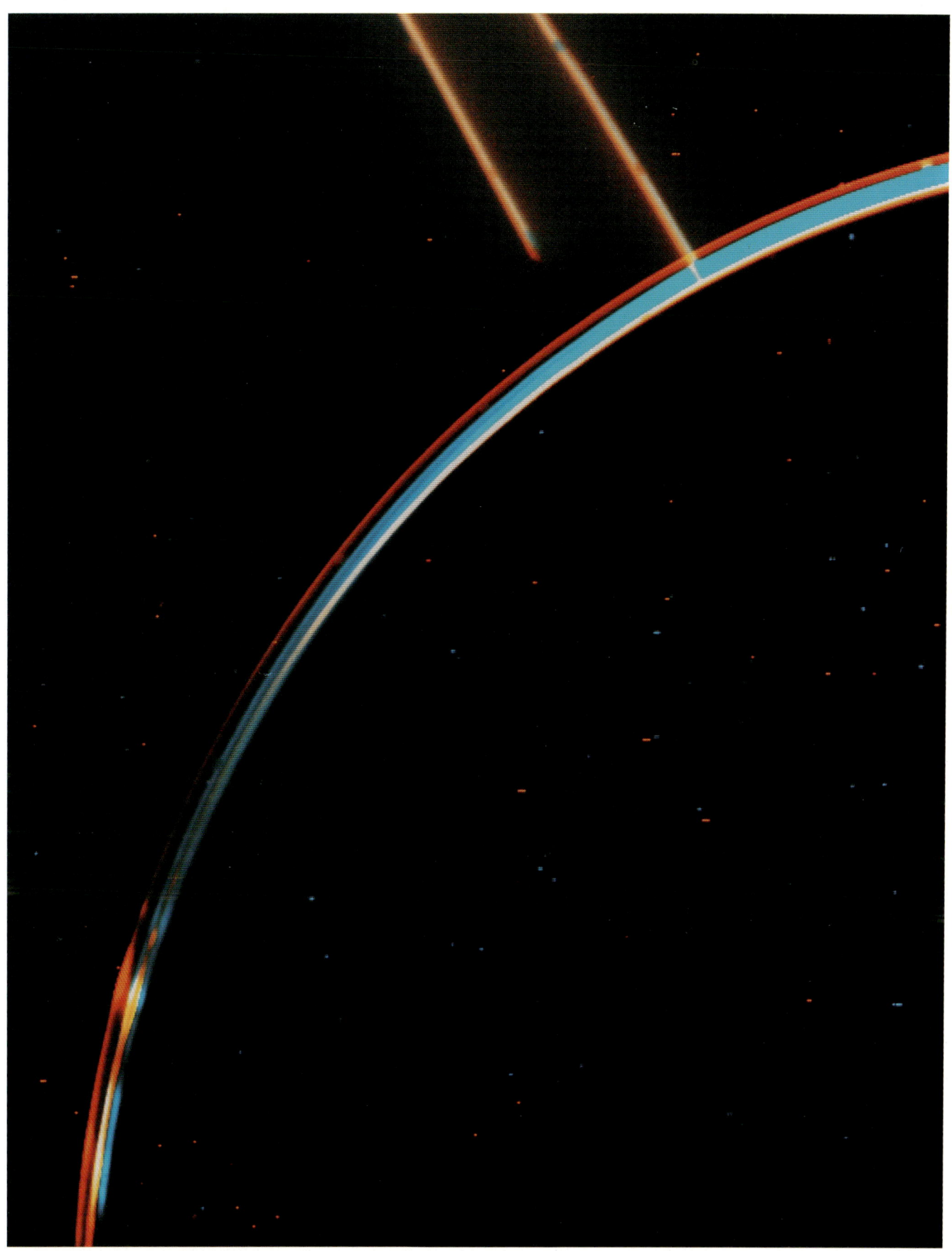

*Der Jupiterring glänzt im Sonnenlicht,
während Voyager 2 auf die Nachtseite
des Planeten zurückschaut. Der Ring wird
im Schatten des Jupiters unsichtbar.
11. 8. 1979 (FF)*

Jupiter

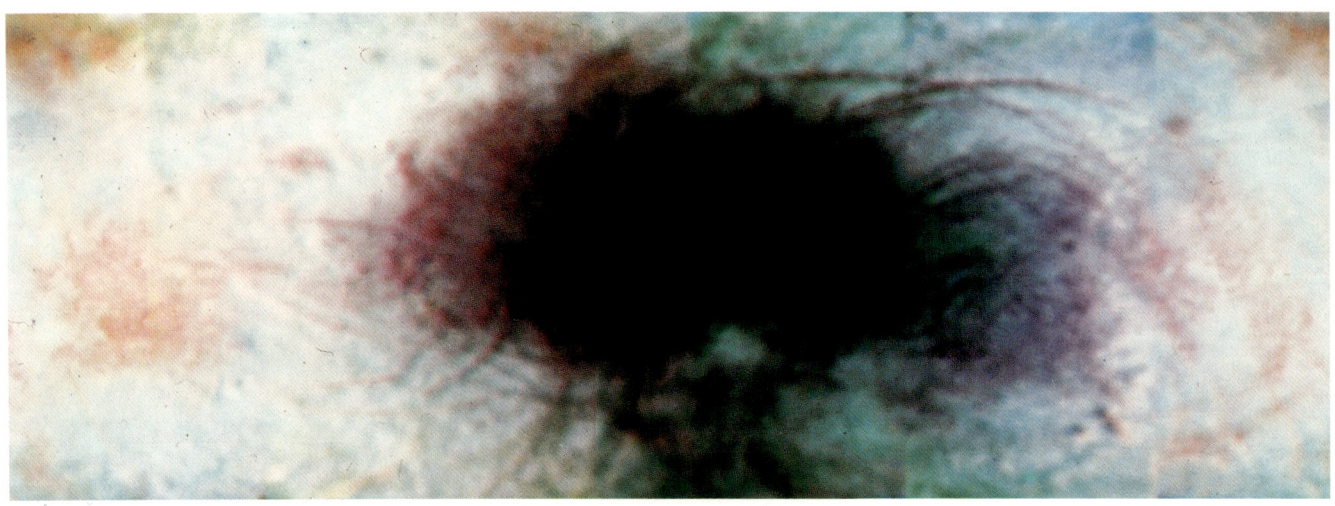

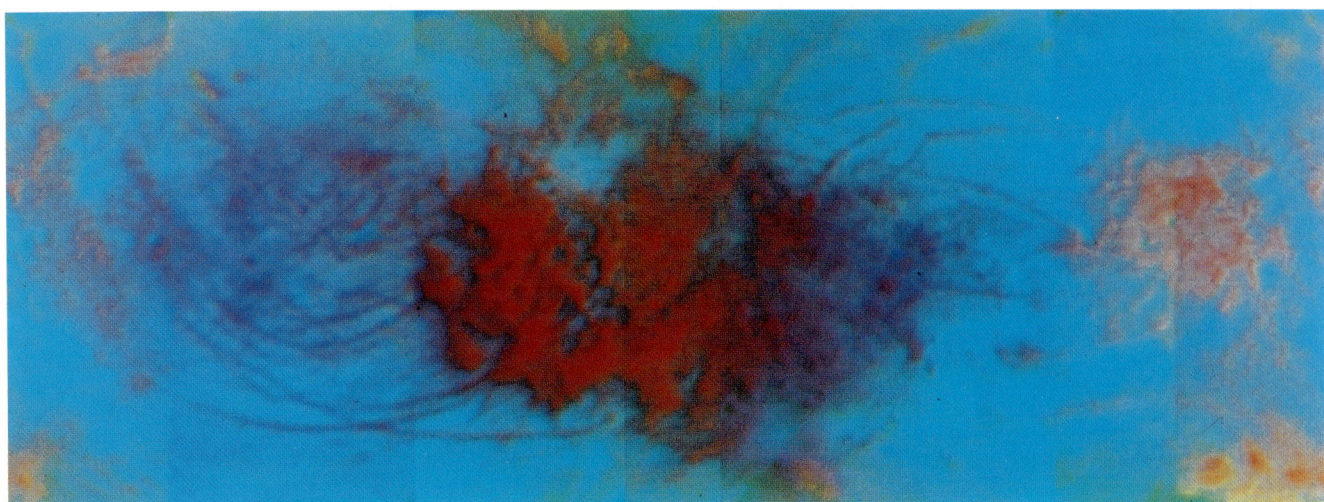

*Die Oberfläche des Jupitermondes
Europa, aufgenommen von Voyager 2.
1979 (FF)*

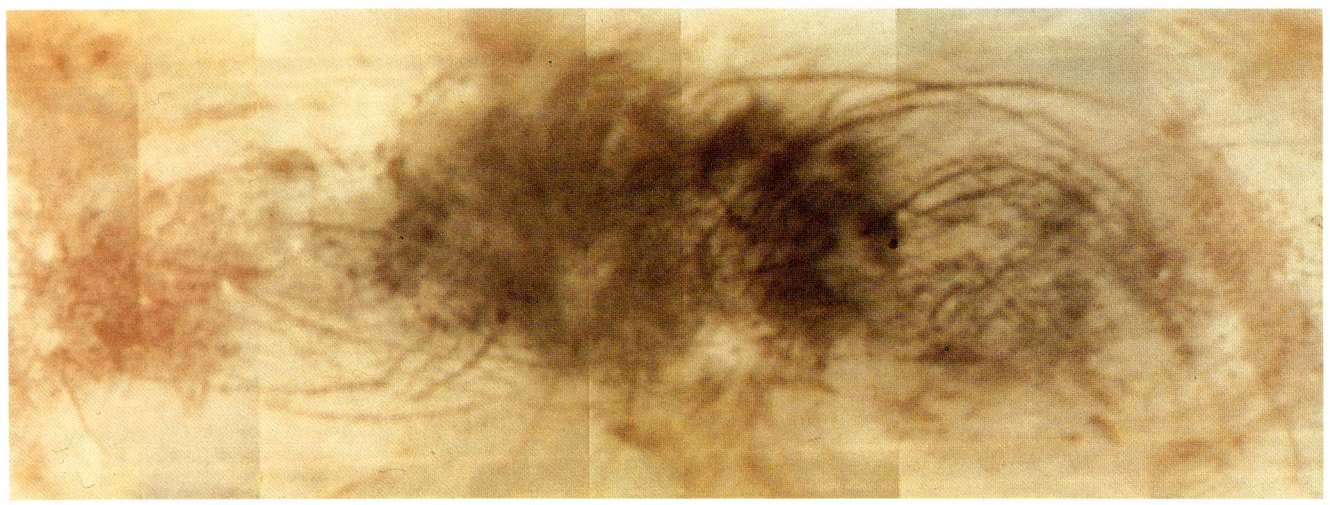

*Bild des Jupitermondes Europa, von
Voyager 2 für Kartierungszwecke aufgenommen. 1979 (VF)*

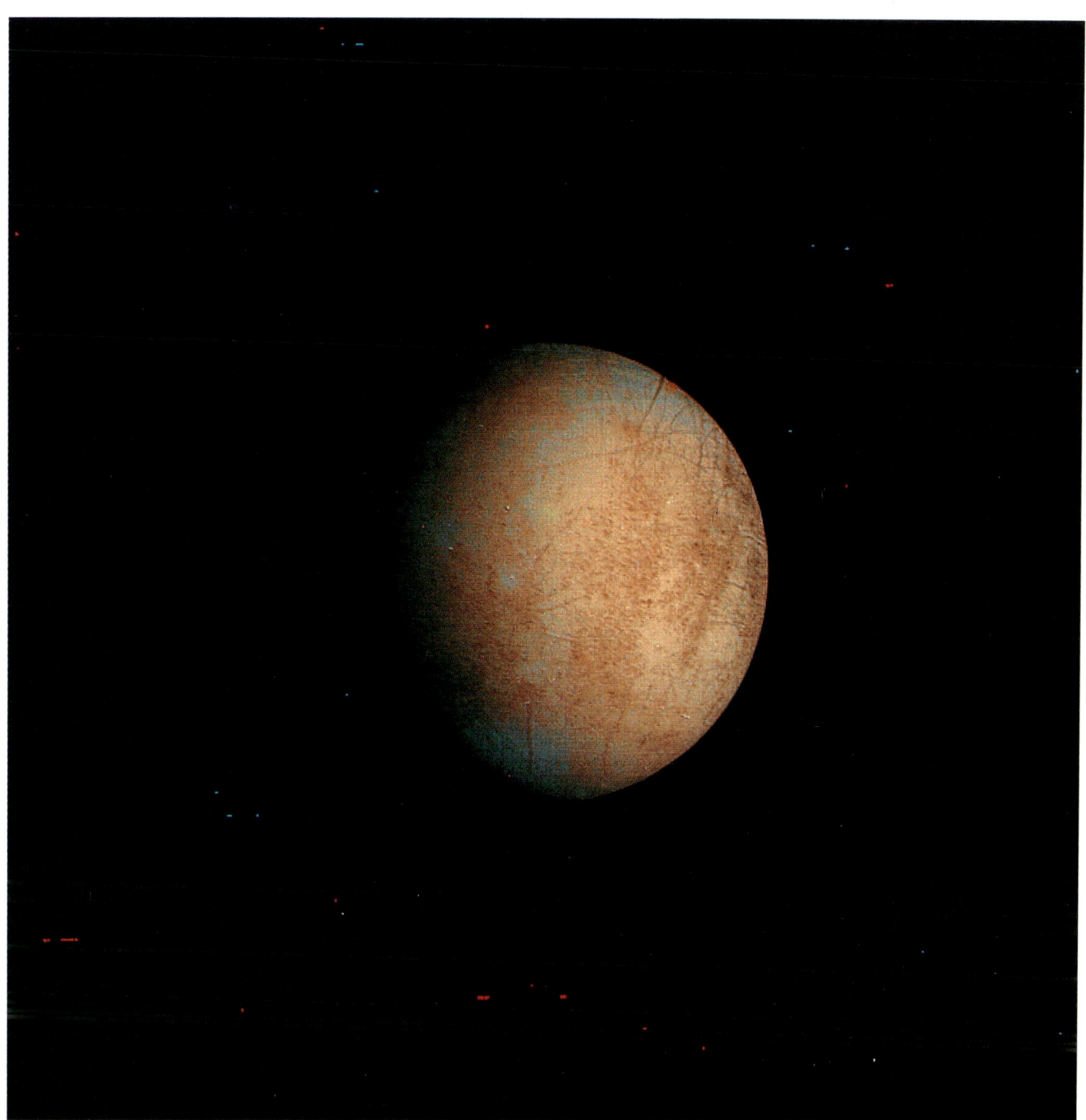

*Ansicht des Jupitermondes Europa, des
kleinsten der vier Galileischen Planeten-
satelliten, gesehen von Voyager 2. Die
Oberfläche zeigt kaum Helligkeitsunter-
schiede und besteht vorwiegend aus Eis.
8. 8. 1979 (VF)*

Jupiter

Fotomosaik vom Jupitermond Europa aus Voyager-2-Aufnahmen; sie zeigen Brüche im Eismantel des Mondes, aus denen dunkle Materie quillt. Die dunklen Streifen sind ungefähr 10 Kilometer breit. 9. 7. 1979 (VF)

Fotomosaik vom größten Jupitermond, Ganymed, aufgenommen von Voyager 2. Viele dunkle Zonen sind stark gekratert. Andere typische Oberflächenmerkmale sind durch mächtige geologische Prozesse in seinem Inneren entstanden. 1979 (VF)

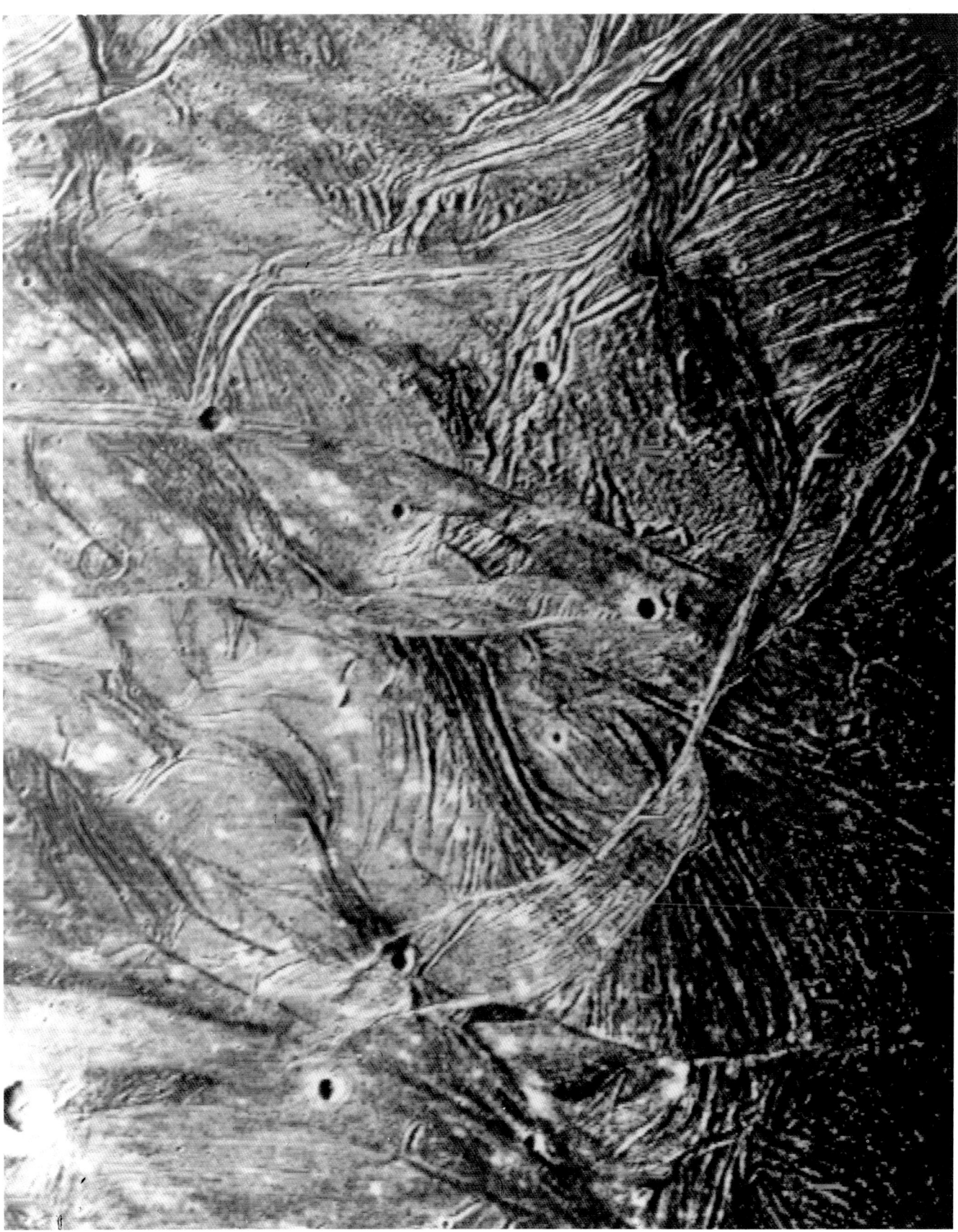

*Teilansicht von Ganymed, gesehen von
Voyager 1; sie zeigt ein Gebiet geologischer Aktivität. Es besteht aus vielen
parallel verlaufenden Gebirgen und
Tälern, die von dazu quer verlaufenden
Verwerfungen unterbrochen zu sein
scheinen. 5. 3. 1979 (SW)*

Jupiter

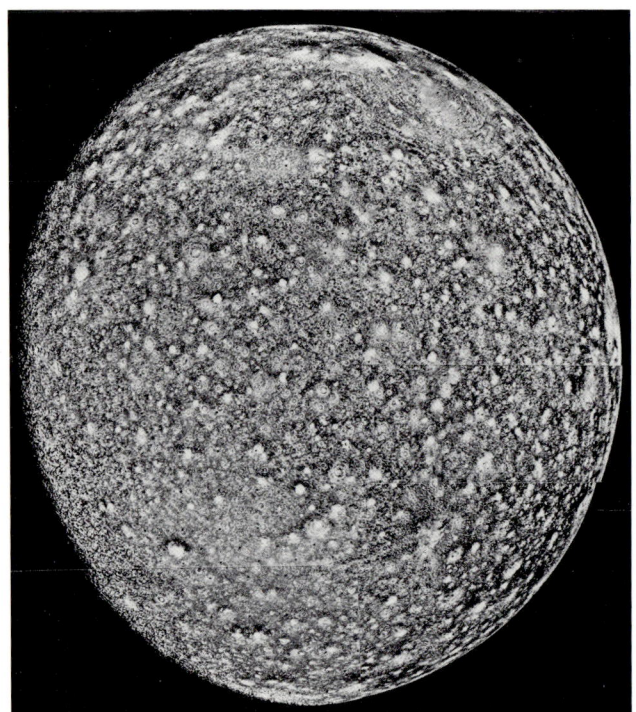

Diese Fotografie von Voyager 2 zeigt Kallisto, den zweitgrößten Jupitermond; zahlreiche Einschlagkrater sind über die gesamte Oberfläche gleichmäßig verteilt. Jene Krater, die von hellen Strahlen umgeben sind, zeigen die jüngsten Bombardements. Es handelt sich dabei um frisch nachgebildetes Eis, das das ältere und dunklere Material überlagert. 8.7.1979 (SW)

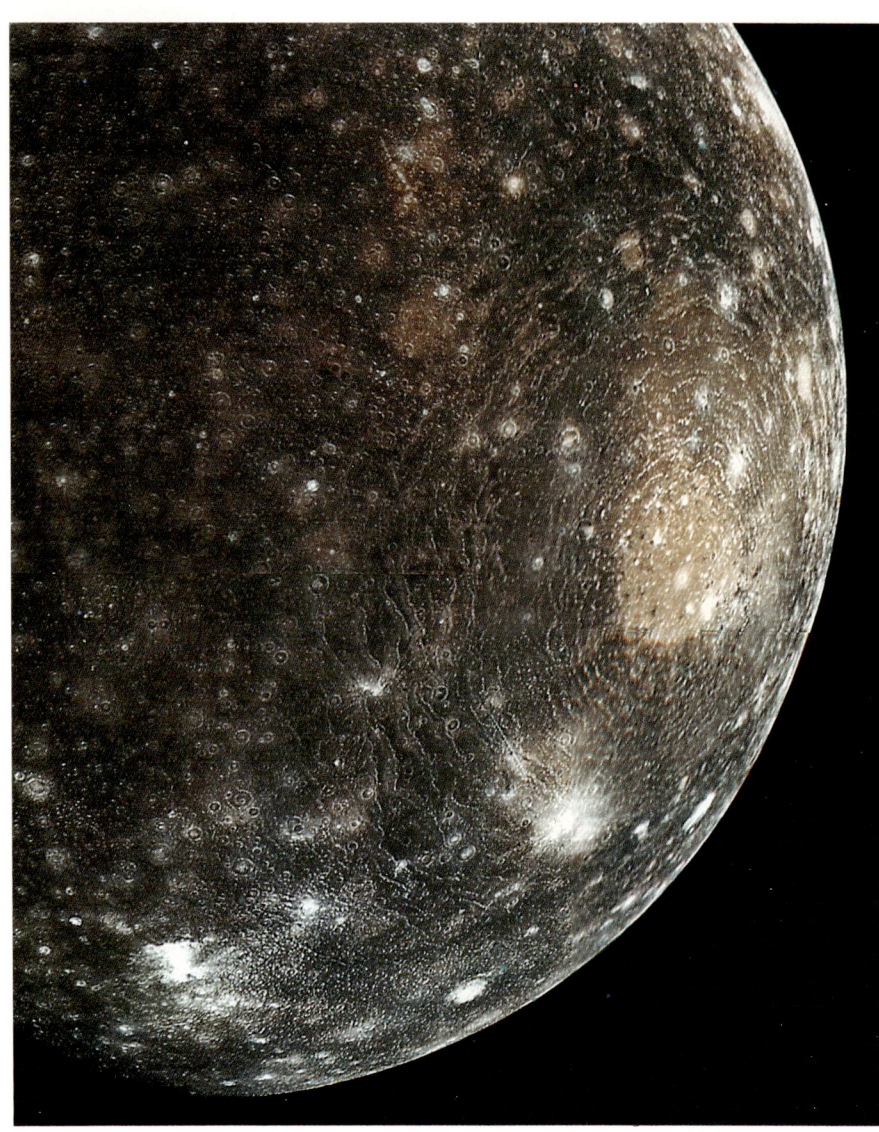

Fotomosaik von Kallisto. Da sich die Einschlagkrater mit Eis auffüllten, sind viele praktisch wieder eingeebnet worden. 6.3.1979 (VF)

*Ansicht des Jupitermondes Io, auf-
genommen von Voyager 1. Vulkane und
Lavaseen bedecken den Mond und verändern sein Aussehen ständig. Viele Einschlagkrater sind aus diesem Grund wieder verschwunden. 17.11.1979 (VF)*

Die Südpolgegend des Jupitermondes Io,
gesehen von Voyager 1. Unterschiedliche
Oberflächenmerkmale sind zu erkennen,
einschließlich eines fast 10 Kilometer langen Gebirgszuges. 5. 3. 1979 (FF)

*Dieses Fotomosaik des Jupitermondes Io,
aufgenommen von Voyager 1, zeigt die
Auswirkungen vulkanischer Aktivitäten.
März 1979 (FF)*

*Fotomosaik des Jupitermondes Io, auf-
genommen von Voyager 2; es zeigt den
ersten Vulkanausbruch, der jemals außerhalb der Erde beobachtet werden konnte. Der Pele benannte Vulkan schleudert
die aus seinem Inneren austretende
Materie 280 Kilometer in die Höhe. Io gilt
als der vulkanisch aktivste Himmelskörper
in unserem Sonnensystem. März 1979
(FF)*

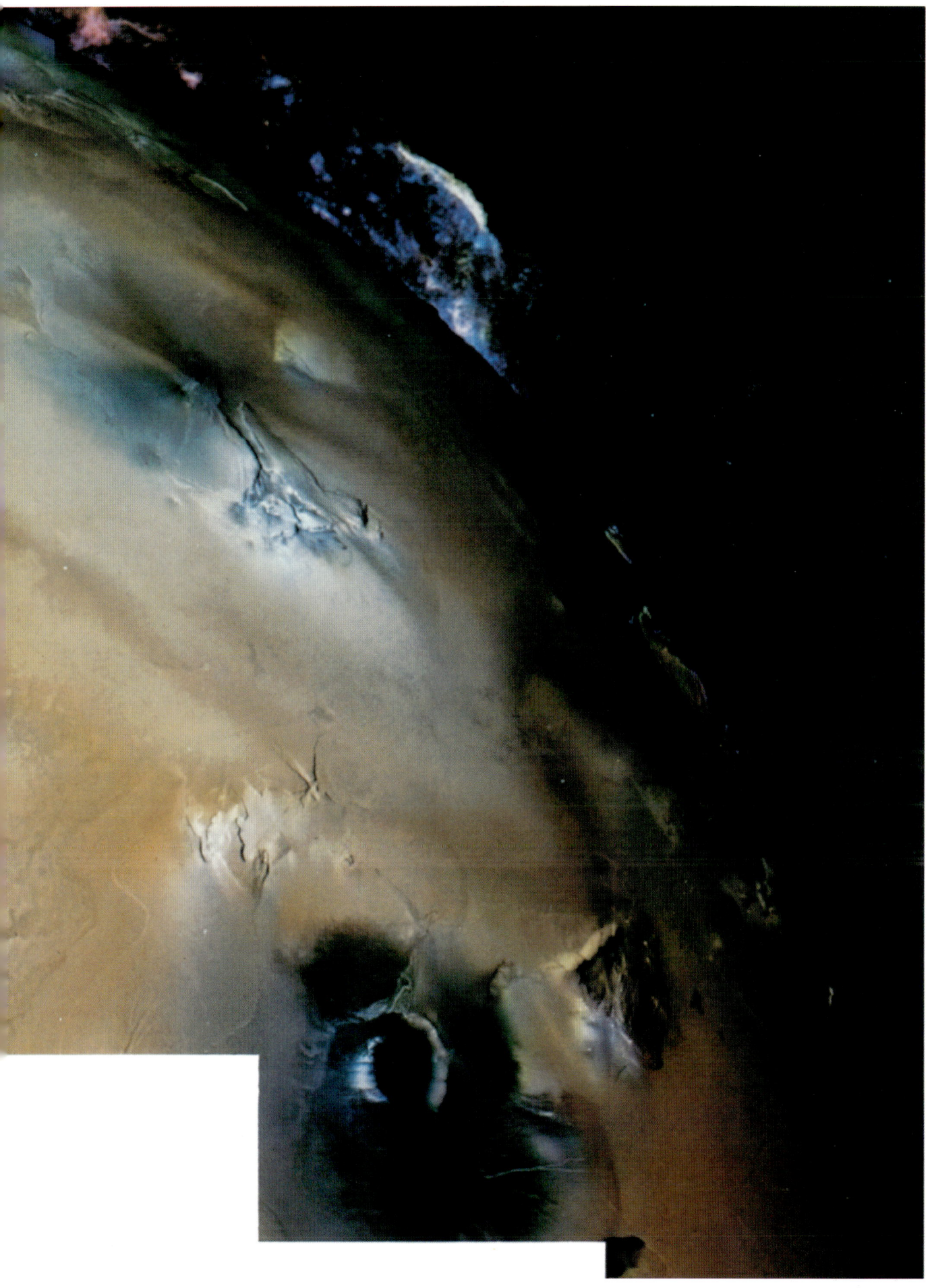

Voyager – Saturn

D. L.: An Bord der Voyager-Sonde gibt es zwei Kameras: eine mit einem 300-mm-Weitwinkel-objektiv und eine mit einem 1 500-mm-Tele-objektiv. In diesen Kameras ist der Bildsensor eine Vidikonröhre – ähnlich einer normalen TV-Kamera, wenn man davon absieht, daß sie eine langsam abtastende Röhre hat. Das bedeutet, daß sie die Bilder wesentlich langsamer aufzeichnet als eine herkömmliche Kamera. Die Voyager-Kamera braucht 48 Sekunden, um ein einziges Bild aufzuzeichnen, im Gegensatz zu einer Dreißigstel-sekunde, die eine normale TV-Kamera braucht. Außerdem hat Voyager ein Bildformat von 800 x 800 Zeilen, und das Bild wird von der Elektronik der Kamera digitalisiert.

J. B.: Im Raumflugkörper selbst?

D. L.: Ja, die Kamera produziert einen Fluß von digitalen Daten, der das Bild enthält. Diese Daten werden in den Bordcomputer der Sonde eingespeist, der sie entweder in die Datenübertragung der Downlink-Telemetrie zurück zur Erde integriert oder an Bord auf Band speichert. Vom Uranus können wir die Daten von der Sonde zur Erde nicht mit genügend Energie bei 115,2 Kilobit pro Sekunde übertragen – das ist die Übertragungsrate, die man benötigt, um ein ganzes Bild in Echtzeit – so schnell, wie es aufgezeichnet wird – zu übertragen. Die höchste Übertragungsrate, die das System neben all den in Arbeit befindlichen angeschlossenen Stationen bewältigen kann, liegt bei 29,9 Kilobit pro Sekunde. Das bedeutet, daß die Übertragungsrate – der Datenfluß – der Kamera etwa um den Faktor 4 verlangsamt werden muß. Es gibt dafür unterschiedliche Verfahren;

eines davon ist, die Daten auf Band aufzuzeichnen.

J. B.: Hier? Wenn sie zurückkommen?

D. L.: Dort, an Bord der Sonde, sind zwei Bandaufzeichnungsgeräte, welche die Daten mit einer Geschwindigkeit von 115,2 Kilobit direkt aufzeichnen und sie langsam abspielen können. Die Übertragung zur Erde kann bis auf 7,2 Kilobit reduziert werden, aber dann braucht man 16mal länger, um ein vollständiges Bild zu erhalten.

J. B.: Das wären etwa 12 Minuten.

D. L.: Richtig. Das begrenzt die Anzahl der Bilder, die man während des Vorbeiflugs zur Erde übertragen kann. Man kann aber auch etwas anderes machen, indem man die Bilder nicht ganz, sondern nur zum Teil überspielt. Es gibt beispielsweise mehrere Bearbeitungs-methoden, mit denen nur Ausschnitte aus einem Bild zur Erde gesendet werden, oder man sendet es „slow scan", wobei in einer Zeitspanne von 48 Sekunden nur ein Fünftel des gesamten Bildes übertragen wird.

J. B.: Heißt das, daß man nur einen Ausschnitt aus einem Bild erhält oder daß immer nur bestimmte Zeilen für die Übertragung ausgewählt werden oder etwas dergleichen?

D. L.: Das Bordprogramm hat mehrere Auswahlmöglichkeiten. Man kann jeweils ein Pixel und eine ganze Zeile überspringen; das reduziert die Datenmenge um den Faktor 4. Sie können 7-Bit-Daten anstatt der 8 Bit-Daten senden; das erspart ein Achtel. Man kann das auf 50 Prozent reduzierte Bild über-

Fortsetzung auf Seite 138

*Saturn, aufgenommen von Voyager 1,
während die Sonde vom Planeten weg-
fliegt. Der auf die Ringe fallende Schatten ist aus dieser Perspektive zuvor noch
nie gesehen worden. 16.11.1980 (VF)*

*Ein großer Sturm in den nördlichen Brei-
ten der Saturnatmosphäre ist von Voyager 2 aus einer Entfernung von 997 000
Kilometern aufgezeichnet worden. Die
dunklere, bläuliche Zone oben rechts in
westöstlicher Ausrichtung läßt auf einen
Jetstream schließen. 25. 8. 1981 (FF)*

Die südliche Saturnhalbkugel, von Voyager 1 aus einer Entfernung von 8,5 Mio. Kilometern gesehen, zeigt eine einzigartige rote Wolke in ovaler Form. Sie kann mit dem Großen Roten Fleck des Jupiters verglichen werden, mißt aber nur 3 000 Kilometer im Durchmesser. 6.11.1980 (FF)

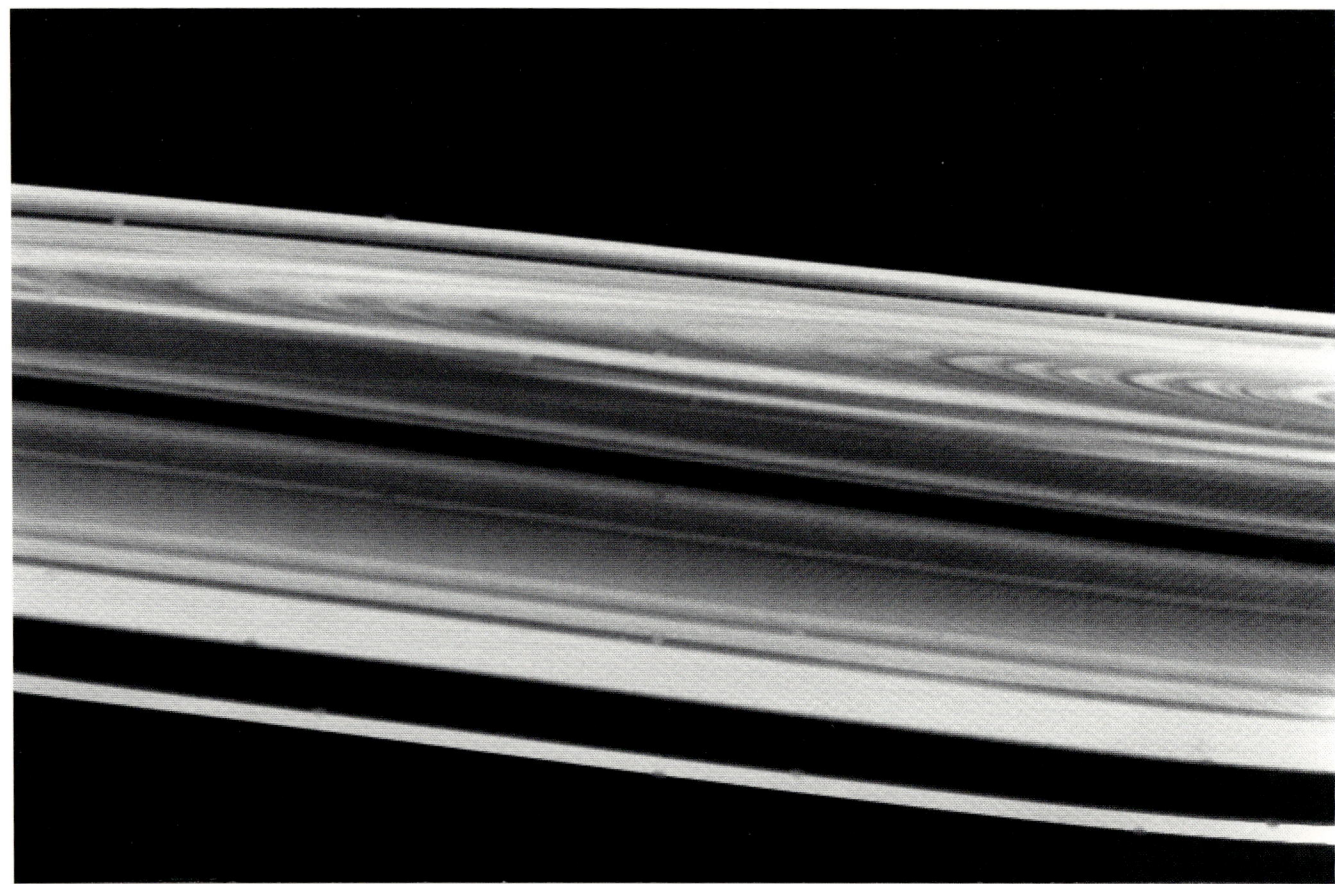

Diese Weitwinkelansicht war die letzte Aufnahme von Voyager 2, bevor die Sonde die Ringe kreuzte. Der F-Ring ist im Vordergrund zu erkennen; mehrere Speichen erscheinen über dem dunklen Ring B als breite Streifen in horizontaler Ausrichtung. 26. 8. 1981 (SW)

Die Encke-Teilung im äußeren Ring A des Saturns, gesehen von Voyager 2. Diese Aufnahme wurde im Computer hauptsächlich mit Daten des Fotopolarimeters und weniger mit denen der Vidikonkamera erzeugt. 25. 8. 1981 (FF)

Saturn und zwei seiner Monde, Tethys (oben) und Dione, von Voyager 1 aus 12,8 Mio. Kilometern Entfernung aufgenommen. Zwischen dem Schatten, den die Ringe auf die gleichmäßige, beinahe makellose Oberfläche werfen, kann man das durch die Cassini-Teilung und eine weitere Lücke fallende Sonnenlicht sehen. Auch der Schatten von Tethys ist unten rechts zu erkennen. 3.11.1980 (VF)

Das Voyager-1-Bild vom Saturn in Falschfarben (das sogenannte „Hummelfoto"); auf diese Weise ließen sich die Besonderheiten der gemäßigten nördlichen Zone hervorheben. Aufgezeichnet wurde es durch ultraviolette, grüne und violette Filter. 18.10.1980 (FF) ▶

Saturn

Saturn

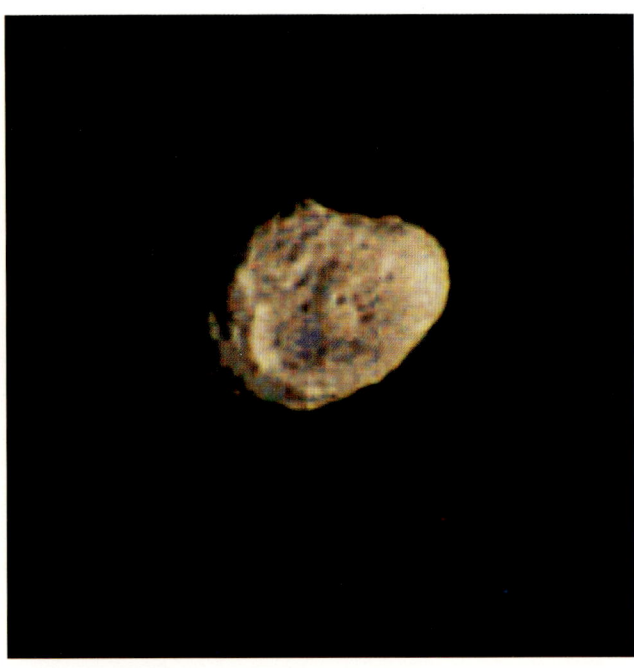

Das Voyager-2-Foto zeigt den Saturn-mond Iapetus, jenen Himmelskörper, der den Saturn in zweitweitester Entfernung umläuft. Iapetus, der dabei nicht um seine Achse rotiert, ist einzigartig: Die der Umlaufbahn zugewandte Seite ist weniger als ein Zehntel so hell wie die ihr abgewandte. 22. 8. 1981 (FF)

Der Saturnmond Hyperion (Durchmesser 360 Kilometer) wurde von Voyager durch farbloses, violettes und grünes Filter auf-genommen. Seine unregelmäßige Gestalt rührt wahrscheinlich von den zahlreichen Einschlägen her, bei denen große Bruch-stücke weggesprengt wurden. 24. 8. 1981 (FF)

Der Saturnmond Tethys, von Voyager 2 aufgenommen, zeigt eine riesige, den ganzen Umfang umspannende Schlucht und zahlreiche Einschlagkrater. Dieser Canyon, Ithacaschlucht genannt, ist ungefähr 880 Kilometer lang und zwi-schen drei und fünf Kilometer tief. 25. 8. 1981 (VF)

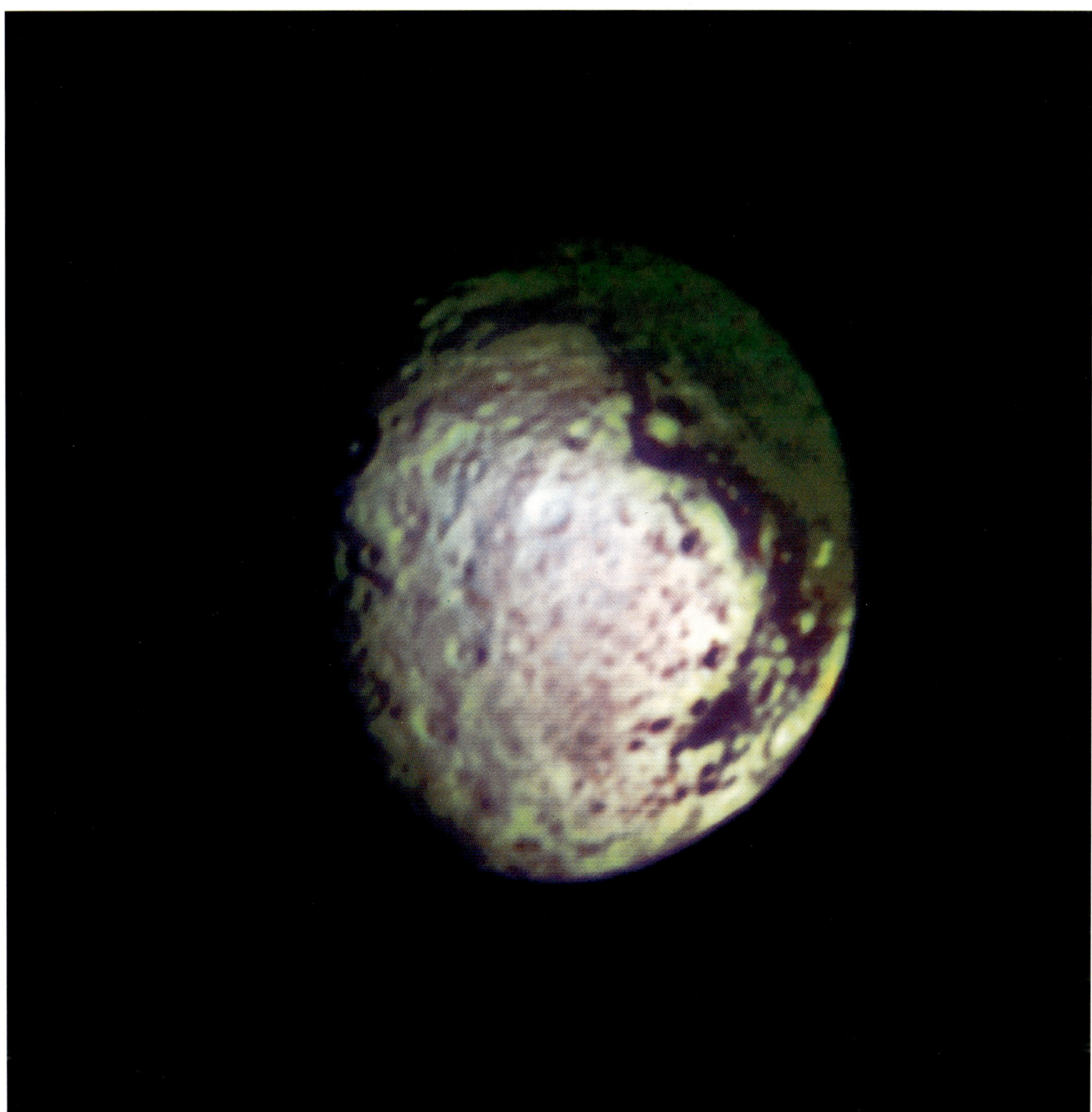

*Der Saturnmond Mimas (mit einem
Durchmesser von ca. 390 Kilometern),
gesehen von Voyager 1, zeigt den großen
Krater Arthur, der einen Durchmesser
von etwa 130 Kilometern hat. Der vereiste Gipfel im Zentrum des Kraters ist
beinahe 5 Kilometer hoch. 1980 (SW)*

Der Saturnmond Enceladus, von Voyager 2 aus einer Entfernung von 118 000 Kilometern durch farbloses, violettes und grünes Filter aufgenommen. In vieler Hinsicht erinnert das Aussehen dieses Trabanten an den Jupitermond Ganymed; allerdings hat Enceladus nur ein Zehntel der Größe von Ganymed. 25. 8. 1981 (FF)

Zu sehen ist die gleiche von Voyager 2 aufgenommene Fotografie des Saturnmondes Enceladus; doch wurde das Bild erheblich kontrastverstärkt, um mehr Details hervorzuheben. Eine ausladende Erosionsschlucht sowie geradlinige Verwerfungen sind zu erkennen. 25. 8. 1981 (VF)

Das Bild von Voyager 1 zeigt große Einschlagkrater auf dem Saturnmond Dione. Sichtbar sind auch helle Strahlen, bei denen es sich vermutlich um geologische Ablagerungen handelt. 12. 11. 1980 (SW)

*Das Bild von Voyager 1 zeigt große, helle
Streifen auf Dione, aus einer Entfernung
von 670 000 Kilometern fotografiert. Bei
einigen dieser Erscheinungen handelt es
sich um Furchen, die möglicherweise
durch Brüche in der Kruste des Mondes
entstanden sind. 12. 11. 1980 (VF)*

Saturn

*Details der den Saturnmond Titan umge-
benden Atmosphäre, von Voyager 1 aus
einer Entfernung von 22 000 Kilometern
aufgenommen. Mehrere Dunstschichten
(in Blau) sind in verschiedenen Höhen
über den durchsichtig roten Wolken auszumachen; sie umgeben den Mond vollständig. 12. 11. 1980 (FF)*

Fotomosaik vom größten Saturnmond, Titan, aufgezeichnet von Voyager 1. Titan ist der einzige bekannte Planetenbegleiter im Sonnensystem, der eine ausgeprägte Atmosphäre besitzt. Die spezielle Computerverarbeitung zeigt einen deutlichen Helligkeitsunterschied zwischen nördlicher und südlicher Halbkugel. 1980 (VF)

tragen oder die ersten 480 Zeilen, was nur 60 Prozent des gesamten Bildes entspricht. Solche Verfahren nennt man Herausgabemethoden, weil man mit ihm die aktuellen Bilddaten übertragen kann, aber eben nicht alle. Es gibt an Bord auch eine Methode der Datenreduktion. In diesem Fall werden die Daten zuerst durch einen Prozessor geschickt, der zum Beispiel nur die Unterschiede zwischen Bildpunkten festhält, oder er betrachtet einen Ausschnitt und sagt: „Wie viele Bits muß ich zurückschicken, um den Hauptteil der Information in dieser Region übertragen zu können?"

J. B.: Sie betrachten beispielsweise einen Streifen vom Saturn; um zu erfahren, wie der Streifen aussieht, genügt ein Ausschnitt der Gesamtinformation, der schneller übertragen werden kann.

D. L.: Das ist richtig. Wenn die Zone relativ gleichmäßig ist, wenn sich darin wenig ändert, braucht man weniger Bits zur Übertragung, um sie zu charakterisieren. Damit hat man schon seit über zehn Jahren herumexperimentiert, aber, ich glaube, es war das erste Mal, daß man es in eine der Sonden eingebaut hat.

J. B.: Es ist wirklich faszinierend, daß man gerade auf diese Weise die beste Information bekommt. Man gibt einige Details auf.

D. L.: Man hat die Wahl.

*

D. L.: Die einzelnen Mitglieder des Teams – Geophysiker, Kraterexperten und Geologen –, jeder dieser Wissenschaftler hat seine fachbezogenen Interessen. Sie betrachten die Aufnahmen, die wir empfangen haben; sie können sie abrufen und wie eine Bildersammlung elektronisch schnell durchblättern – und die Bilder auswählen, mit denen sie etwas Besonderes machen wollen. In intensiven Gesprächen wird geklärt, was bei dem Einzelbild oder der Bildserie herausgearbeitet werden soll. Wunschgemäß läßt sich die entsprechende Information nun so extrahieren und darstellen, wie sie der Wissen-

schaftler zur weiteren Auswertung benötigt.

J. B.: Kommt die Farbe eigentlich gleichzeitig mit dem Bild, oder erhalten Sie drei Farbauszüge?

D. L.: Letzteres. Die Voyager-Kameras arbeiten monocolor, aber jede hat ein Filterrad mit acht Positionen, einige davon sind leer, und, soweit ich weiß, ist eine doppelt besetzt.

J. B.: Für alle Fälle . . .

D. L.: Wahrscheinlich haben sie einige der Filterpositionen verdoppelt, weil man das Rad nur in eine Richtung drehen kann, es aber bevorzugte Positionen wie „leer" gibt. Sie haben kein Rot. Die Kameras sind nicht rotempfindlich; die Filter berücksichtigen Beinahe-Rot, Grün, Blau, Violett, Ultraviolett, Natrium und Methan.

J. B.: Was heißt Natrium und Methan?

D. L.: Es gibt schmale Streifen, die Natrium- und Methan-Strahlung abgeben; die schmalbandigen Filter halten alles andere außerhalb dieses Spektralbandes zurück.

J. B.: Sie wurden also speziell für Voyager entwickelt, nehme ich an?

D. L.: Ganz speziell, weil man wußte, daß es dort Methan- und Natriumemissionen gibt.

J. B.: Die Sache mit der Farbe ist also verzwickt. Während der Umrundungen muß man dreimal vorbeifliegen, um drei Bilder zu bekommen, oder man muß im Computer den Einstellungswinkel der Kamera ändern.

D. L.: Tatsächlich wird gewöhnlich letzteres durchgeführt. Drei Bilder werden in Reihenfolge aufgenommen und verrechnet. Das wird alles von dem Spezialisten gemacht, der die Verarbeitung vornimmt. Man kann die Zahlen nicht einfach so nehmen, wie sie aus der Kamera herauskommen, weil die Empfindlichkeit der Kamera bei jedem Filter anders ist. Die empfangenen (Einzel-)Bilder müssen also, um diese Unterschiede zu beheben, erst angeglichen werden. Man nutzt dafür die Daten, die man erhielt, als die Kamera am Boden kalibriert wurde. Früher – 1975 und 1976 – haben wir sie am Boden mit allen ihren Filtern getestet. Bei dieser Kalibrierung wurden die Kameras nach einem gleichmäßig ausgeleuchteten Testfeld eingestellt. Der Output der Kamera bei den verschiedenen Einstellungen wurde mit der genauen Belichtungszeit und dem Grad der Helligkeit aufgezeichnet. Damit läßt sich berechnen, welche Empfindlichkeit für jedes einzelne Bildelement in der Röhre vorliegt.

J. B.: Und dann?

D. L.: Man baut eine Reihe von Kalibrierungsdateien auf, die sagen: „Dieser Output in dieser Filterposition und mit dieser Belichtungszeit entspricht dieser Strahlung an der Öffnung der Kamera." Man muß, wenn man die Bilder empfängt, auch noch eine geometrische Korrektur vornehmen, um die wirkliche räumliche Wiedergabe der Szene zu erhalten; man muß die Pixels dorthin setzen, wo sie sein sollten. Diese Kameraröhren sind magnetisch fokussiert und abgelenkt; sie verändern sich mit dem Magnetfeld. Das Magnetfeld um den Jupiter unterscheidet sich maßgeblich von dem der Erde oder anderer Planeten.

Diese Röhren haben deshalb über hundert kleine Markierungen, kleine Quadrate, die in die Stirnseite der Röhre geätzt sind. Die Positionen dieser Markierungen sind mit einem Theodolit exakt durch das Kameraobjektiv vermessen worden, so daß wir ihre Lage zueinander genau kennen.

J. B.: Und man kann das für ein anderes Magnetfeld berichtigen, so daß man die gleiche Beziehung zwischen den Bildpunkten herstellt.

D. L.: Zu jeder Geometrie des Bildes zurück, die vorlag, als es an der Oberfläche der Röhre auftrat.

J. B.: Erstaunlich kompliziert.

D. L.: Dann muß man jeden einzelnen Bildpunkt in einer vorgegebenen Aufnahme durchsehen und, von dem vorgegebenen Datenwert des Outputs jenes Pixels ausgehend, den Wert korrigieren, um die entsprechende Strahlung dieses Bildpunkts in der Szene zu korrigieren. Erst dann kann man, wenn man will, die echte Farbe rekonstruieren.

J. B.: Oder sogar echtes Schwarzweiß.

Voyager – Uranus

Die größte Annäherung an den Uranus und seine Trabanten dauerte fünfeinhalb Stunden. Im Vergleich dazu: Beim Jupiter waren es 35 Stunden und beim Saturn 13 Tage. Dies ist in der Tatsache begründet, daß Uranus auf seiner Drehachse liegt, was ihm eine einmalige Rotation verleiht. Uranus ist viermal dunkler als Saturn, dadurch sind für Fotoaufnahmen längere Belichtungszeiten nötig, außerdem beträgt die Signallaufzeit fünfeinhalb Stunden. Durch diese Mission haben die Wissenschaftler mehr Informationen über Uranus erhalten, als sie seit seiner Entdeckung durch Sir William Herschel vor über zweihundert Jahren insgesamt erfahren haben. Die Ringe von Uranus wurden erst 1977 entdeckt. Sie gehören zu den dunkelsten Objekten im ganzen Sonnensystem und reflektieren nur rund 2 % des einfallenden Sonnenlichts. Das erste klare Bild wurde von Voyager 2 am 28. November 1985 zur Erde geschickt (die Annäherungszeit begann eigentlich erst am 4. November 1985 und endete am 25. Februar 1986), als Wissenschaftler sechs Bilder zusammensetzten, die die Sonde mit ihrer Kamera aufgenommen hatte. Sie wurden aus einer Entfernung von ungefähr 72,3 Millionen Kilometern aufgenommen und zeigen den äußeren Ring, der rund 51 000 km vom Zentrum des Planeten entfernt liegt. In einer Entfernung von rund 107 000 km kreuzte Voyager 2 am 24. Januar 1986 den Planeten genau in der Minute, die fünf Jahre zuvor festgelegt worden war. Am späten Nachmittag (JPL-Zeit) trat die Sonde aus dem Schatten, zwei Stunden später wurde die Telemetrie eingeschaltet; sie zeigte, daß alle Systeme einwandfrei arbeiteten. Einen Tag später wurden die Bilder von der Bandaufzeichnung abgespielt. Am nächsten Tag, also am 26. Januar 1986, wurde die schwierigste aller Aufgaben – der Vorbeiflug an dem Mond Miranda – erfolgreich abgeschlossen. Zusätzlich zu den neun bekannten Ringen entdeckte man einen weiteren sowie einen Teilring. Die Ringe scheinen aus relativ großen Objekten von bis zu einem Meter Durchmesser zu bestehen. Bestimmte Bilder zeigen Staubstrukturen, die an die des Saturns erinnern. Auf den Monden und Ringen sah man auch dunkle Materie, deren Ursprung immer noch Gegenstand von Spekulationen ist (vielleicht handelt es sich um durch Strahlung geschwärztes Methaneis). Entdeckt wurden zudem zehn neue Monde. Die meisten haben einen Durchmesser von ungefähr 50 km; ein gekraterter Mond mißt sogar 170 km. Uranus selbst besitzt ein auffälliges Magnetfeld, dessen Magnetpole zur Rotationsachse um 60 Grad geneigt sind. (Es gibt Spekulationen darüber, daß die Intensität des Magnetfeldes möglicherweise durch einen Ozean entstehen könnte.) Die Rotationsperiode von Uranus beträgt zwischen $16\frac{1}{2}$ und 17 Stunden. Verglichen mit der Atmosphäre von Jupiter und Saturn scheint die von Uranus relativ strukturlos, obwohl man darin einige Wolken und andere Erscheinungen beobachtete. Sie enthält ungefähr 12–15 % Helium, der Rest besteht hauptsächlich aus Wasserstoff. Spuren von Methan geben dem Planeten ein blaugrünes Aussehen. Die Temperatur ist vom Pol bis zum Äquator beinahe gleichbleibend und beträgt in der Atmosphäre durchschnittlich –213 °C. Erstaunlicherweise ist der dunkle Pol wärmer als der der Sonne zugewandte. Die Windgeschwindigkeiten liegen zwischen 15 und 220 m/s (bei der Erde 100 m/s in 9 km Höhe).

M. M.

*Diese Weitwinkelsicht vom Uranus wurde
von Voyager 2 aus einer Entfernung von
1 Mio. Kilometern gemacht, nachdem die
Sonde an diesem Planeten auf ihrem
Weg zum Neptun vorbeigekommen war.
Die blaugrüne Farbe wird durch den
Methangehalt in der Atmosphäre des
Uranus verursacht. 25. 2. 1986 (F)*

Uranus

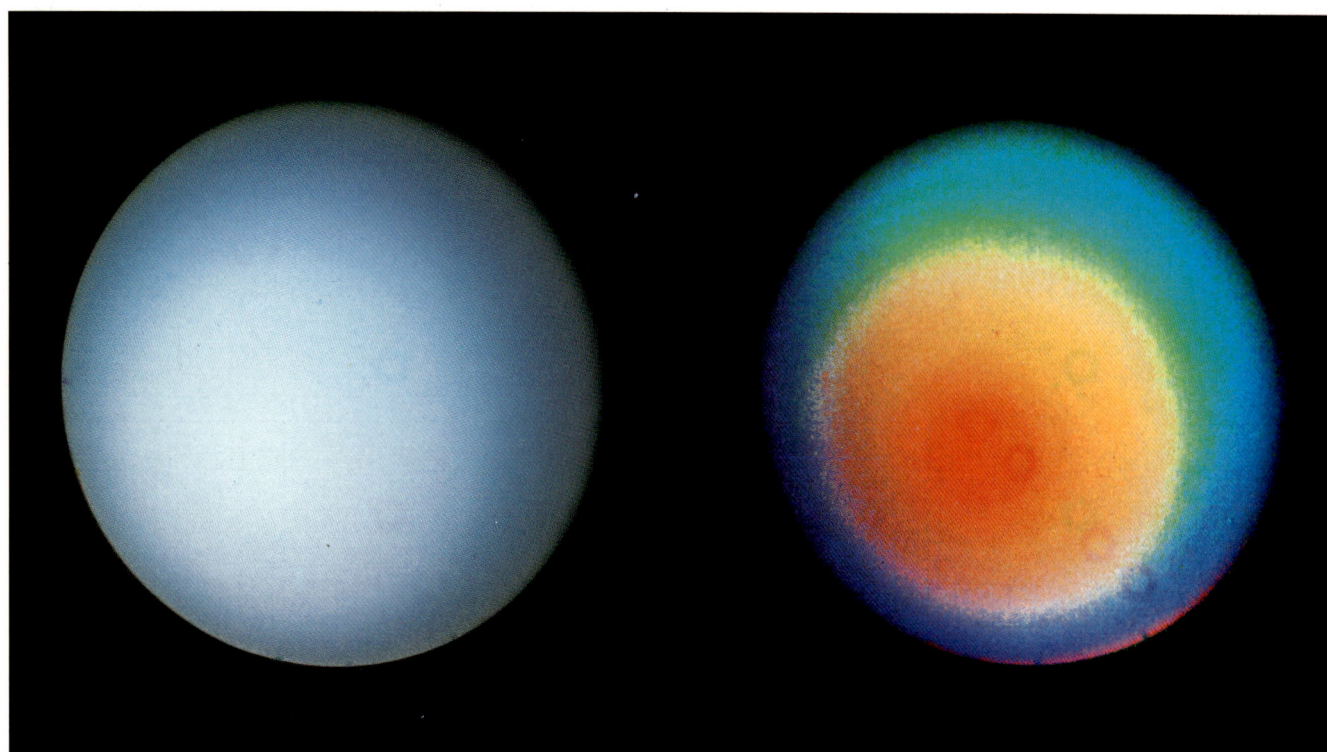

Diese Aufnahme vom Uranus zeigt unterschiedliche Ausführungen des gleichen Bildes. Links ist es in den wirklichen Farben zu sehen; das Bild rechts setzt Falschfarben und extreme Kontrastverstärkung ein, um feine Detailunterschiede in der südlichen Polarregion des Planeten hervorzuheben. 17.2.1986 (F; FF)

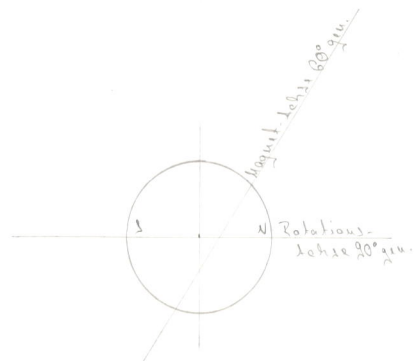

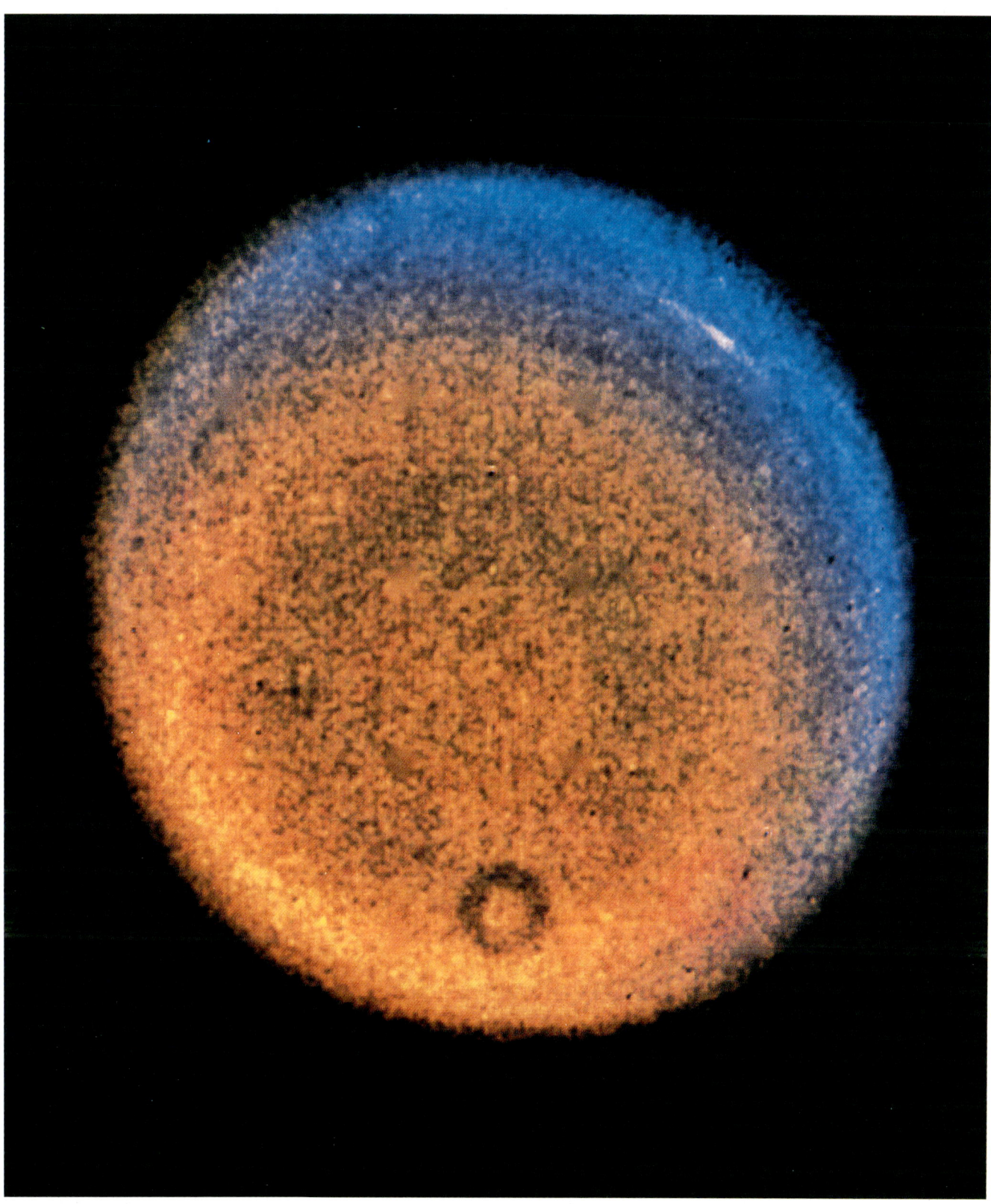

*Dieses Falschfarbenbild vom Uranus
wurde verarbeitet, um die wenigen
Besonderheiten in der Atmosphäre her-
vorzuheben: eine abgesonderte Wolke,
die man als hellen Streifen am Rande des
Planeten sehen kann. Mit ihr gelang die
Bestimmung der Rotationsperiode der
Atmosphäre. Bei den kleinen runden
Flecken in diesem Bild handelt es sich um
Schatten von Staubteilchen in der Optik
der Kamera. 14. 2. 1986 (FF)*

Uranus

*Dieses Bild der Ringe des Uranus, aus
einer Entfernung von 4,17 Mio. Kilometern aufgenommen, wurde in Falschfarben verarbeitet, um bei der Bestimmung von Natur und Ursprung des Ring-
materials zu helfen. Die Pastellfarben
zwischen den Ringen sind ein Ergebnis
der Computerverarbeitung.
21. 1. 1986 (FF)*

*In dieser Aufnahme aller bekannten ▶
Ringe des Uranus ist ein zehnter, kaum
wahrnehmbarer Ring zwischen dem hellen äußersten Epsilon-Ring und dem als
Delta bezeichneten anschließenden Ring
entdeckt worden. Die anderen Ringe sind
in richtiger Reihenfolge: Gamma, Eta,
Beta, Alpha, 4, 5 und 6. Der neue Ring
liegt nahe der Umlaufbahn des erst kürz-
lich entdeckten „Schäfer"-Satelliten
1986 U7. 25. 1. 1986 (SW)*

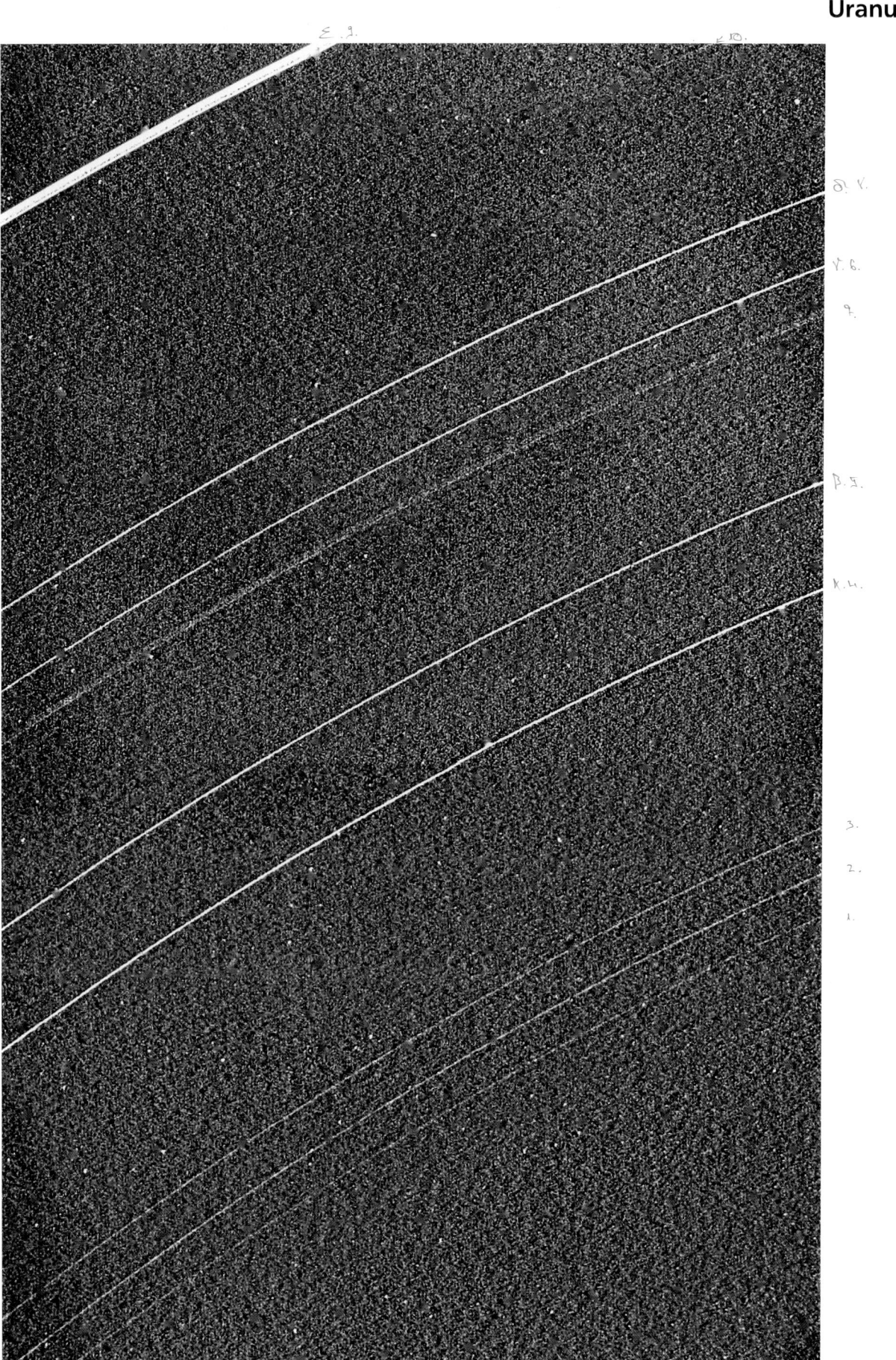

Uranus

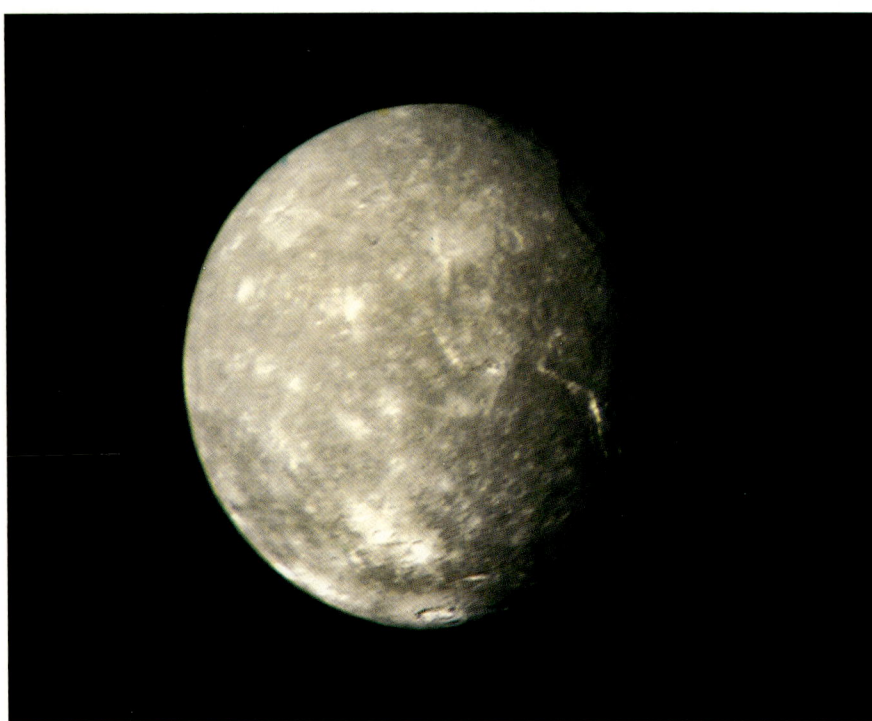

Die neutrale graue Farbe des großen Mondes Titania, 1600 Kilometer im Durchmesser, ist typisch für die Satelliten des Uranus. Zusätzlich zu den zahlreichen Einschlagnarben deutet die grabenähnliche Erscheinung in der Mitte rechts zumindest eine vorübergehende tektonische Aktivität an. Ein altes, beckenartiges Gebilde ist unten rechts zu sehen. 24.1.1986 (F)

Dieses Bild von Voyager 2 zeigt Oberon, den äußersten Mond von Uranus, aus einer Entfernung von 660 000 Kilometern. Auf der Oberfläche aus Eis sind deutlich verschiedene große Einschlagkrater zu erkennen, die von hellen Strahlen umgeben sind, ähnlich jenen auf dem Jupitermond Kallisto. Eine andere auffallende Besonderheit ist ein großer Berg am Rand unten links, der ungefähr 6 Kilometer hoch ist. 24.1.1986 (VF) ▼

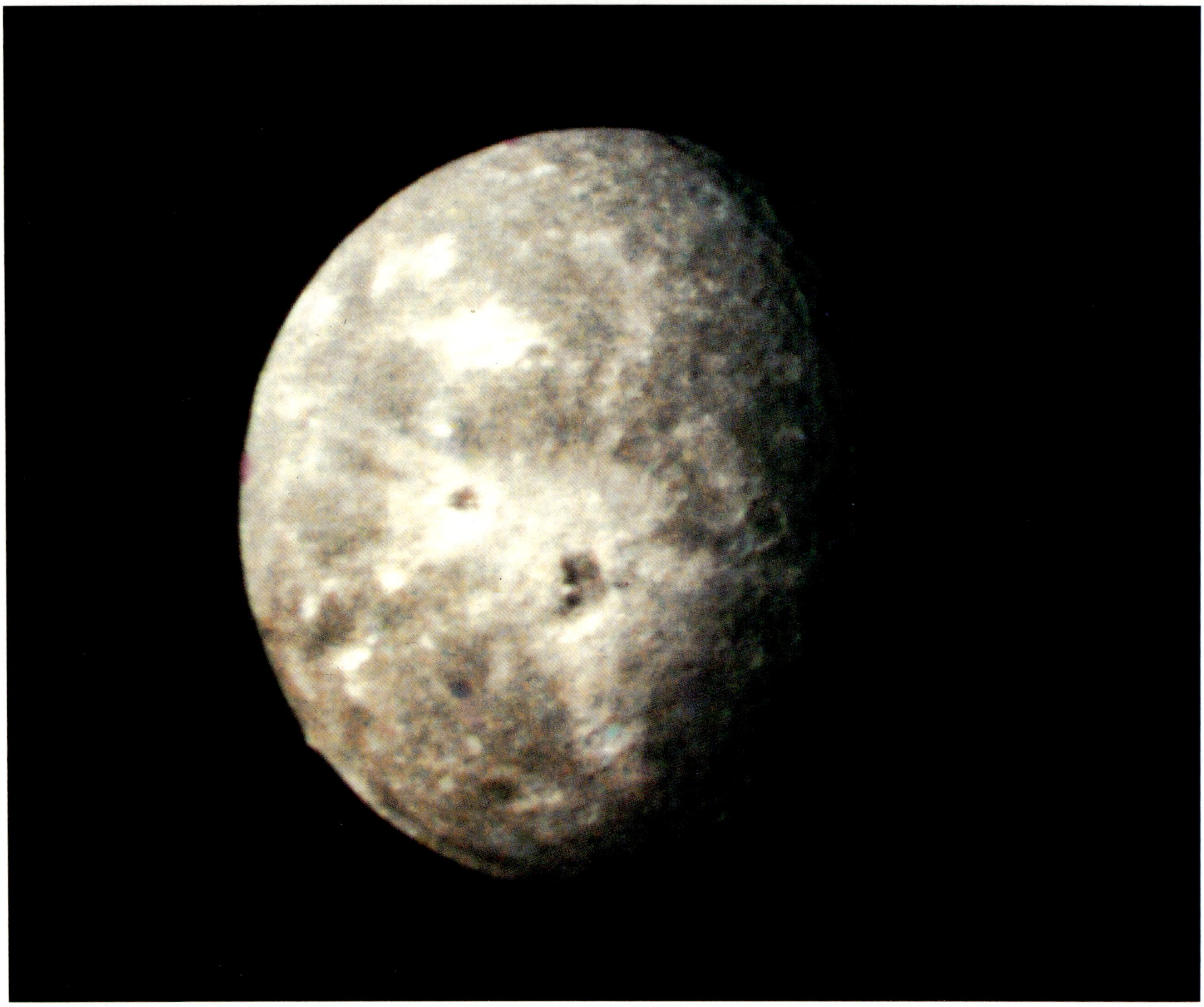

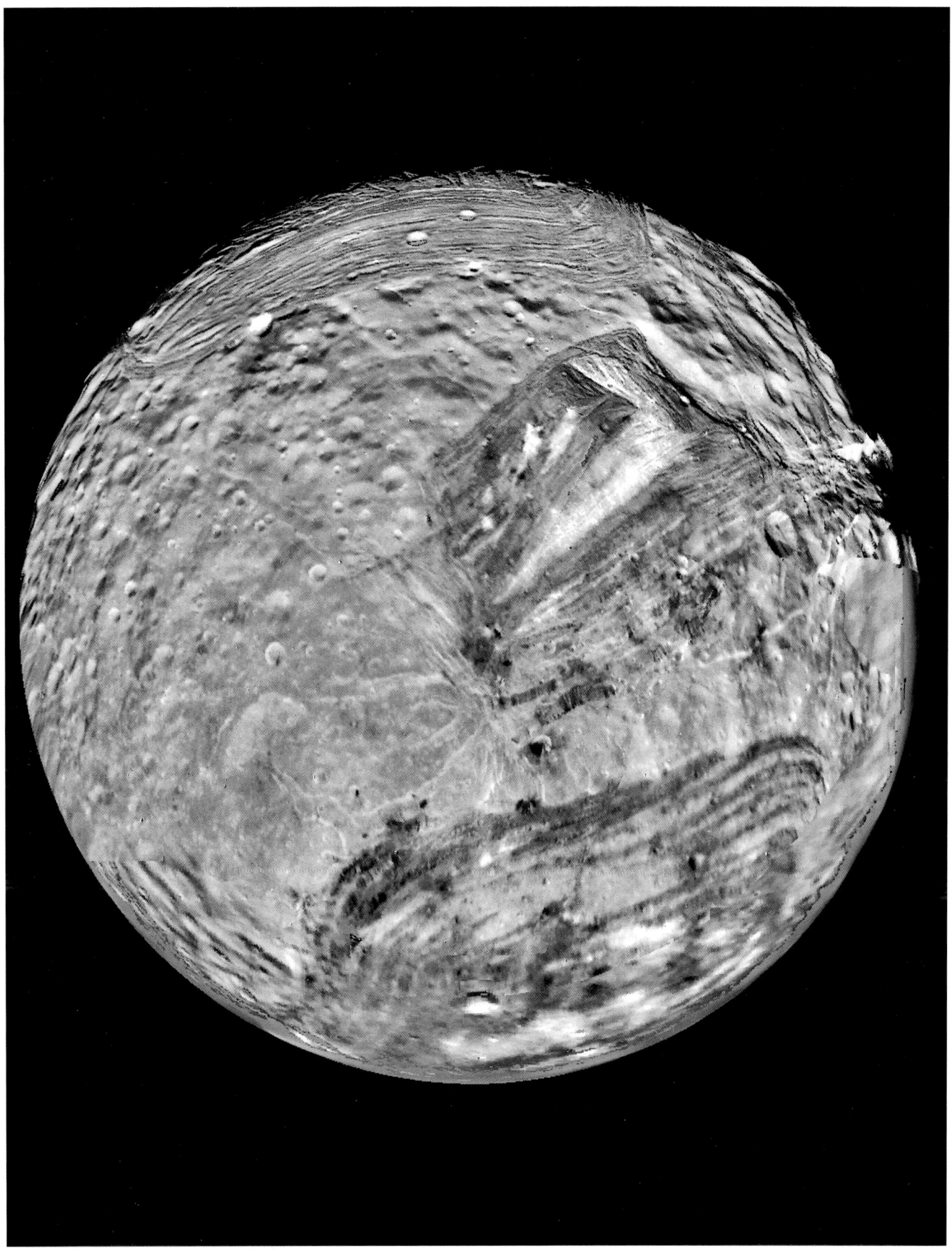

Dieses Mosaik aus vier Bildern zeigt zahlreiche Täler und Verwerfungen auf dem
Uranusmond Ariel, die das mit vielen Nar-
ben übersäte Gelände kreuz und quer
durchlaufen. Die größten Verwerfungs-
täler nahe dem rechten Rand füllten sich
teilweise mit Ablagerungen, die jünger
als die restliche Oberfläche sind.
27.1.1986 (SW)

Uranus

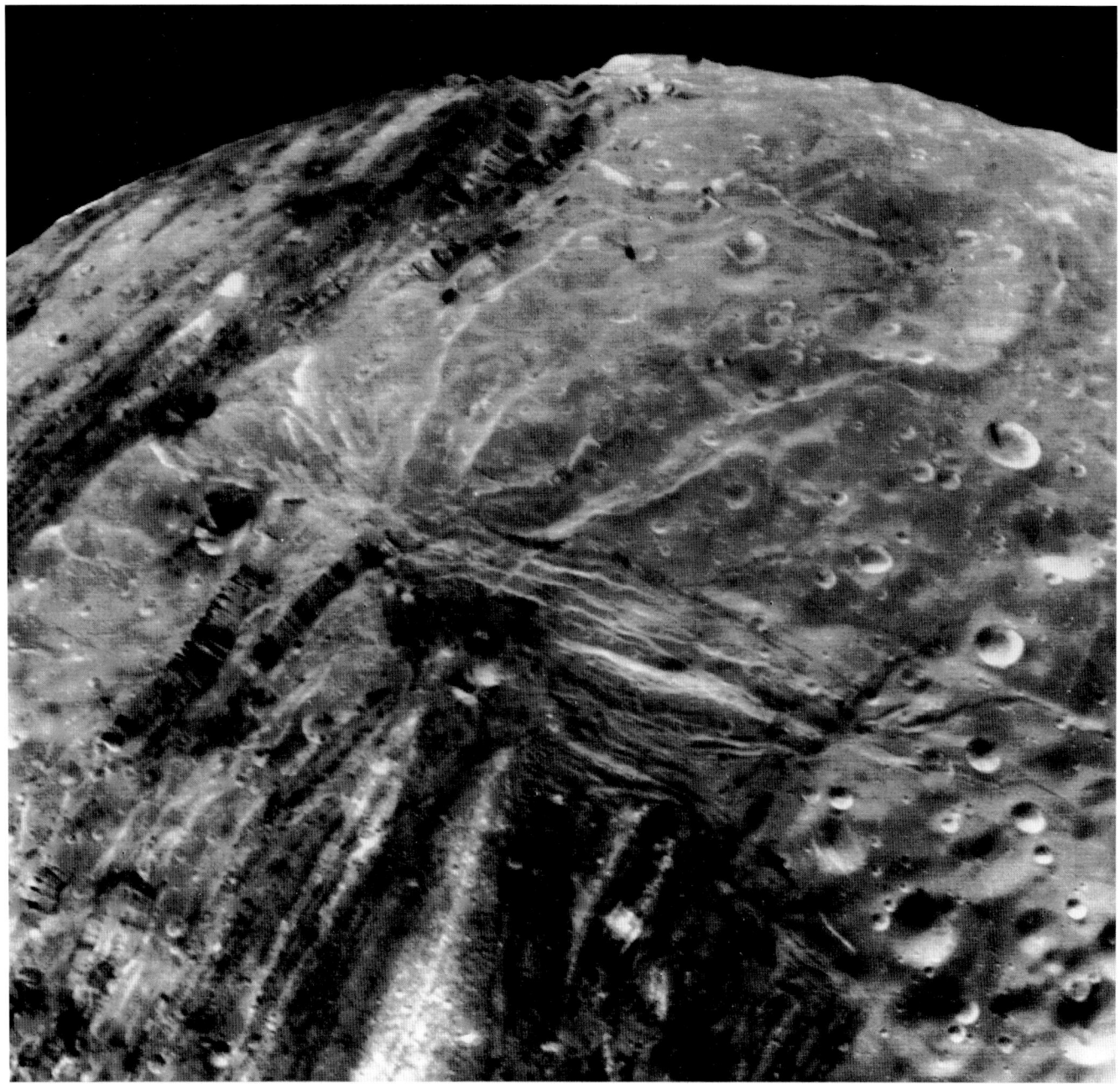

Diese Voyager-2-Aufnahme von Miranda
zeigt einige verwirrende und wechselnde
geologische Besonderheiten: Brüche, Krater und Furchen – darunter auch Erscheinungen mit unterschiedlichen Reflexions-
vermögen – sind über das ganze Bild verteilt zu sehen. Die großen Unterschiede
in ihrer Ausrichtung kennzeichnen eine
lang andauernde, komplexe geologische
Entwicklung des Mondes. 24.1.1986 (SW)

Diese Aufnahme des Mondes Miranda, ▶
der ungefähr 500 Kilometer im Durchmesser mißt, ist eine der am höchsten
aufgelösten Bilder, die Voyager von all
jenen neuen Welten aufgenommen hat,
an denen die Sonde während ihres neun-
jährigen Fluges vorbeikam. Durch Druck
gefaltete Gebirgskämme sind abrupt von
ausgedehnten Verwerfungen unterschie-
den. Unten rechts sind Klippen oder
Böschungen zu erkennen, die bis zu fünf
Kilometer in die Höhe ragen.
24.1.1986 (SW)

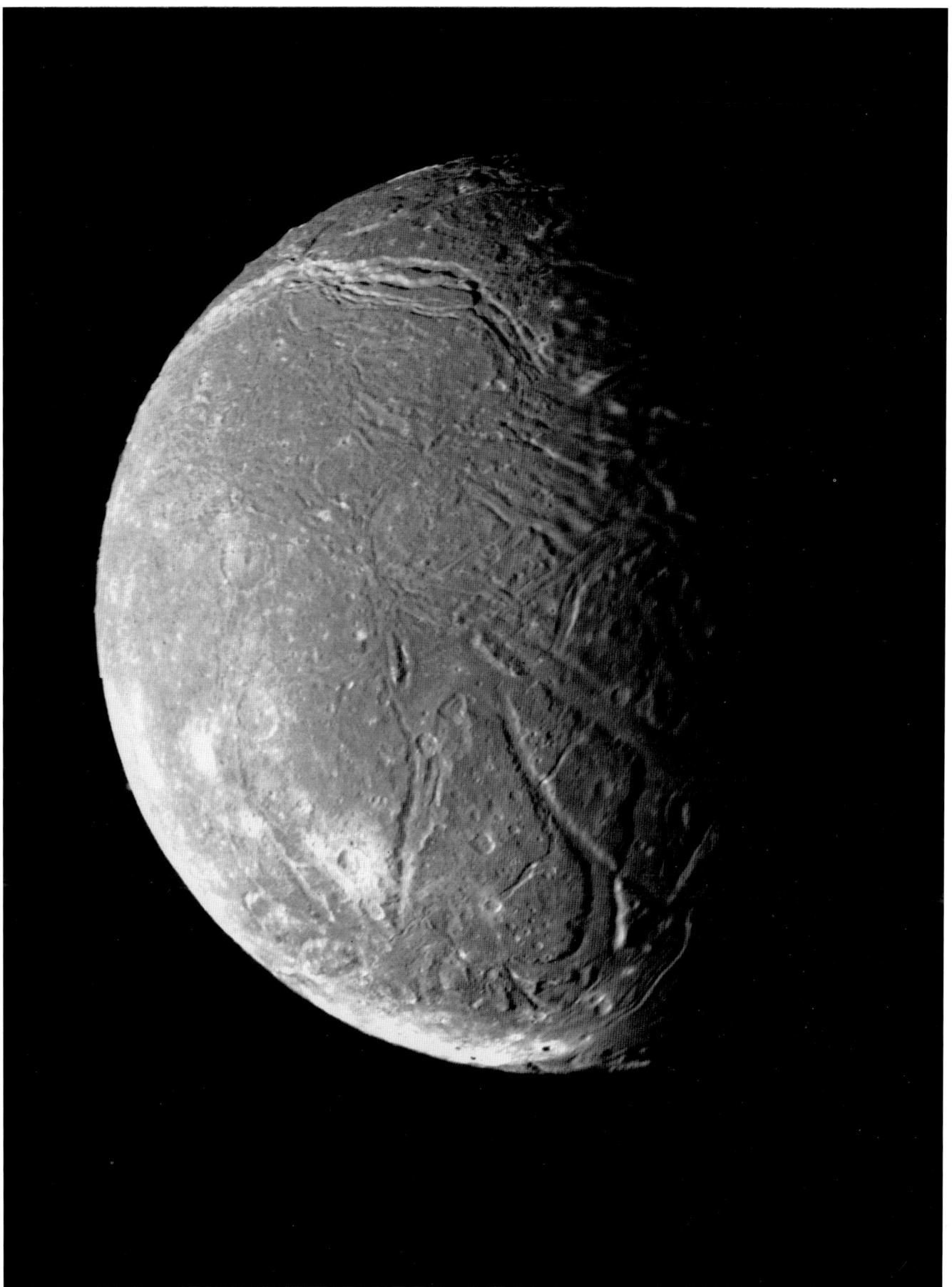

Voyager – Neptun

Mehr als 30 AE (Astronomische Einheiten)* von der Sonne entfernt, braucht Neptun 165 Jahre, um einmal um unser Zentralgestirn zu kreisen, fast doppelt so lange wie Uranus. Neptun ist der viertgrößte Planet des Sonnensystems und wurde 1846 aufgrund mathematischer Berechnungen entdeckt.

Eine lange, 70 Minuten dauernde Zündung brachte Voyager 2, nachdem sie Uranus hinter sich gelassen hatte, auf ihren endgültigen Kurs zum Neptun für den Vorbeiflug im August 1989, zwölf Jahre nach ihrem Start. Zwei weitere Kurskorrekturen sind während der Annäherung vorgesehen – die erste 24 Tage vor der nächsten Annäherung, die letzte fünf bis acht Tage vor dem eigentlichen Vorbeiflug. Wenn alles planmäßig verläuft, wird Voyager 2 am 24. August 1989 Neptuns Nordpol 29 000 km über dem Mittelpunkt des Planeten passieren (die Entfernung wurde gewählt, um den Einfluß der Restatmosphäre zu reduzieren und das durch die Ringe entstehende Risiko zu minimieren). Die Schwerkraft des Planeten wird die Bahn von Voyager dann scharf nach unten ablenken – zur Bahn des Mondes Triton. Fünf Stunden und zehn Minuten später soll die Sonde in 39 000 km Höhe an der Oberfläche von Triton vorbeifliegen. Obwohl Triton möglicherweise eine dünne Atmosphäre aus Methan und Stickstoff besitzt, müßte seine Oberfläche für die Voyager-Kameras sichtbar sein.

Neptuns Ringe scheinen sehr schmal (8–20 km breit) und fast rund zu sein; sie liegen beinahe in der äquatorialen Ebene. Das Licht ist hier 900mal schwächer als auf der Erde. Aufgrund der extrem langen Belichtungszeit besteht die Gefahr, daß die Aufnahmen „verschmieren". Die Signallaufzeit beträgt 8,2 Stunden von der Erde zum Neptun und zurück.

* Eine Astronomische Einheit (AE) ist die mittlere Entfernung zwischen Sonne und Erde (ca. 149 Millionen Kilometer)

Nach Neptun

Die beiden Voyager-Sonden werden danach eine unvergleichliche Serie von Vorbeiflügen an den vier großen äußeren Planeten abgeschlossen haben. Beide Sonden werden noch lange lebensfähig bleiben, allerdings wird im Jahr 2015 die nötige Energiezufuhr nicht mehr ausreichen, um ihre Signale zur Erde zu senden. Sie werden am Ende dieses Jahrzehnts die Bahn von Pluto kreuzen. (Spekuliert wird darüber, daß es einen zehnten – und vielleicht sogar einen elften – Planeten außerhalb des bekannten Sonnensystems geben könnte, der vielleicht im rechten Winkel zur planetaren Ebene umläuft.) Eine ausgedehnte Mission könnte zur Erforschung des Sonnenwindes und interstellarer Felder durchgeführt werden. An jeder Sonde ist eine mit Gold überzogene kupferne Schallplatte angebracht, die 118 Bilder der Erde und unserer Zivilisation, 90 Minuten Musik, spezielle Geräusche und Grußworte in mehr als 60 Sprachen enthält. Diese Aufzeichnung kann 100 Millionen Jahre überdauern.

Fast 20 000 Jahre später könnten die Sonden die Kometenschar erreichen (ein Lichtjahr von der Erde entfernt) und dann die Reise zu anderen Sternsystemen antreten. In rund 40 000 Jahren könnte Voyager 1 in weniger als 1,6 Lichtjahren an einem alten Stern (wahrscheinlich mit Planeten) nahe Ursa minor vorbeifliegen, und Voyager 2 könnte in weniger als 1,5 Lichtjahren Ross passieren, einen kleinen Stern (wahrscheinlich ohne Planeten) im Sternbild Andromeda. Weitere 245 000 Jahre später könnte Voyager 2 in weniger als 3,5 Lichtjahren Entfernung an Sirius, dem hellsten Stern des irdischen Himmels – abgesehen von unserer eigenen Sonne –, vorbeifliegen.

M. M.

Seasat

J. B.: Ursprünglich waren unbemannte Sonden zu den Planeten das Betätigungsfeld von JPL. Wie kam es zu Seasat? Wie wurde JPL in jenes besondere Projekt verwickelt?

A. H.: Es gab hier einige Leute, die mit Radar arbeiteten, vor allem ein Systemingenieur trieb dieses gesamte Projekt stark voran. Er tat dies hier und in der NASA-Zentrale. Schließlich wechselte er selbst dorthin, um die Sache auf den Weg zu bringen. Jetzt arbeitet er als Berater. Aber ich glaube, daß wir dieses Projekt beim JPL anfingen, ist auf seine Äußerung zurückzuführen, daß bestimmte Dinge in den Ozeanen nur mit einer ganz anderen Ausrüstung erkannt werden könnten. Radartechnik wäre wichtig; dafür machte er sich stark. Ein Grund, warum JPL das Projekt übertragen bekam, war, daß bei JPL die Leute arbeiteten, die die notwendigen Radarinstrumente entwickeln konnten.

*

J. B.: Radar war das Wesentliche bei Seasat. War sonst noch etwas an Bord?

A. H.: Nein, außer passiven Mikrowellensensoren, Sensoren, die lediglich die Strahlung maßen, die von der Erde reflektiert wird. Es war ein Gerät für Temperaturmessung.

J. B.: Aber soweit es das Bildermachen betraf . . .?

A. H.: Das war alles Radar. Der Bildgeber war eine künstliche Radarblende, die die Oberfläche der Ozeane untersuchen sollte.

J. B.: Die Information wurde gesammelt; aber Seasat starb früher als erwartet. Der Satellit funktionierte etwas mehr als 100 Tage aktiv,

und dann wurde die Information für eine Zeit lang nicht verarbeitet, es war wie eine Art In-Ruhe-gelassen-Werden. Das schien mir interessant. Man bekommt ein großes Weihnachtsgeschenk, und wenn man es geöffnet hat, legt man es auf die Seite und vergißt es.

A. H.: Nein, man vernachlässigte ihn nicht. Die Verarbeitung der Bilder ist nicht einfach. Man hat einige Zeit darauf verwandt, noch bessere Techniken zu entwickeln; es war beschwerlich, als wir zuerst damit anfingen.

J. B.: Wir sollten vielleicht ein bißchen tiefer in die Radarmethode einsteigen.

A. H.: Vom Radarsignal kommen ungeheure Datenmengen zurück, die Daten müssen durch einen Computer gehen, ehe sie ein Bild ergeben. Das Radar selbst überträgt kein Bild.

J. B.: Radar sendet Informationen über die Energie, die jede dieser Strukturen erzeugt.

A. H.: Oder in der gesamten Struktur.

J. B.: Und das wird dann in ein Bild zurückübersetzt, das seine Menge an Energie abgegeben hätte.

A. H.: Jene Energieverteilung.

J. B.: Haben Sie den Eindruck, auf diese Weise ein ebenso präzises Bild des Aufgenommenen zu erhalten, wie Sie es mit der Vidikonkamera erzielt hätten?

A. H.: Es ist so, daß die Vidikonröhre auf Sonnenlicht angewiesen ist und Bilder erzeugt, wie wir sie zu sehen gewohnt sind, also auch mit Schatteneffekten. Beim Radar hingegen stammt das Licht vom Instrument

Seasat

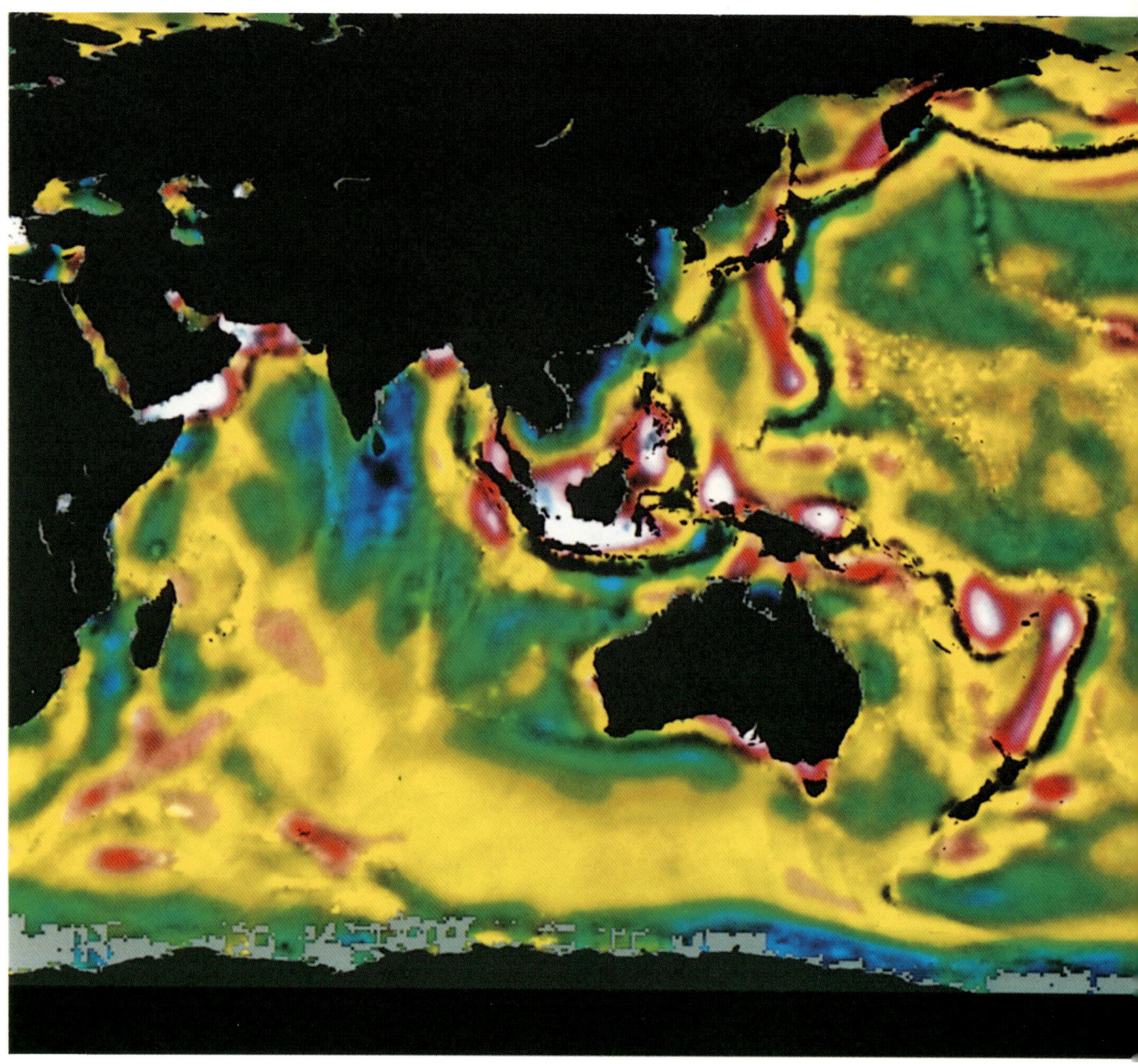

Das mit dem Seasat-Altimeter auf-
gezeichnete Radarbild zeigt in einem
topographischen Relief Erhebungen in
der Oberfläche der Ozeane. Sie spiegeln
die Charakteristiken des Meeresgrundes
wider. 7. 7.–10. 10. 1978 (FF)

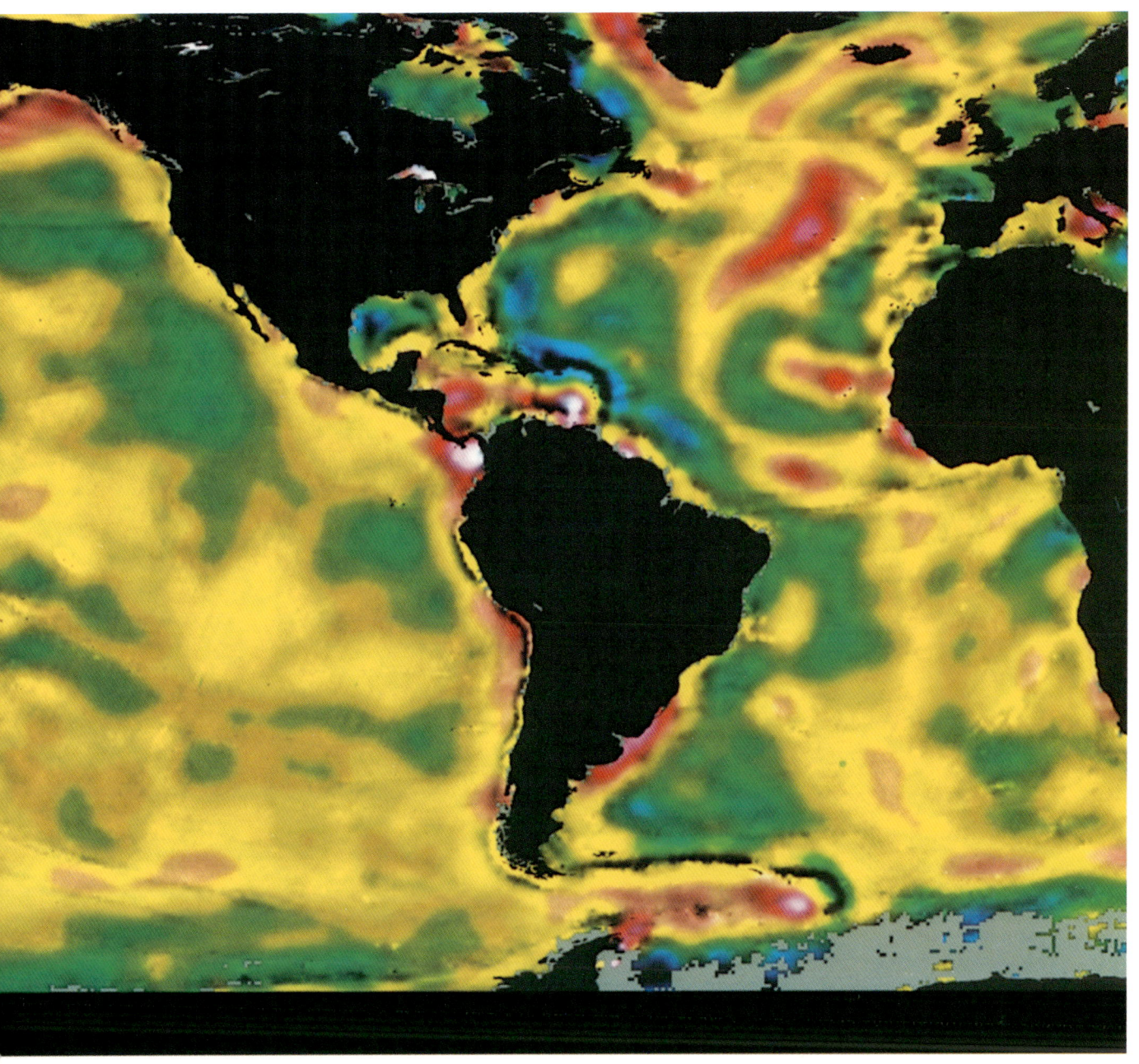

selbst und nicht von der Sonne. Außerdem achtet das Radar darauf, wie lange der Strahl braucht, um dorthin und wieder zurück zu kommen; das ist die Grundlage von Radar. Daraus läßt sich berechnen, welchen Teil des Bildes man anschaut. Es gibt nämlich sonderbare Illusionen bei unebenem Gelände. Täler zwischen Bergen erscheinen ebenso weit entfernt wie die Bergspitzen. Es sieht aus, als ob die Berge zum Betrachter hingeneigt sind. Aber Seasat wurde selbstverständlich entworfen, um die Ozeane zu untersuchen, nicht die Berge.

*

J. B.: Mit Seasat gelangen zwei wichtige Entdeckungen. Erstens stellte man fest, daß die Höhe des Ozeans mit der Höhe des Ozeanbodens parallel läuft, und zweitens entdeckte er so etwas wie Megawellenmuster.

A. H.: Wellen unter der Meeresoberfläche.

J. B.: Es gibt da eine wundervolle Aufnahme vom Kap der Guten Hoffnung, aus dem diese unglaublichen Wellen herauskommen, und ich glaube, auch um Jamaika gibt es derartige Wirbel.

A. H.: Sogar vor Nantucket, vor der Baja California. Es gibt Wellen, die aus dem Fluß Columbia herauskommen. Warum das Radar sie sah, ist bis heute eine strittige Angelegenheit.

J. B.: Aber es gibt keinen Zweifel an ihrer Existenz?

A. H.: Oh, sie erfüllen alle theoretischen Konzepte über Wellen dieser Art.

*

J. B.: Die Radardaten, die für Seasat, auch von SIR-A und SIR-B, zurückkommen, werden lediglich in Schwarzweißbilder umgesetzt. Warum entscheidet man sich gelegentlich dennoch dazu, Farbbilder zu erzeugen?

C. L.: Manchmal kann man zwischen verschiedenen Materiearten besser unterscheiden, wenn sie in unterschiedlichen Farben dargestellt sind.

J. B.: Besser jedenfalls, als wenn man ein schwarzweißes Bild betrachtet, so detailreich eine derartige Aufnahme auch sein mag, und sie sind oft sehr detailreich.

C. L.: Ja, das sind sie, und tatsächlich ist mit dieser Art Farbe – Falschfarben oder Pseudofarben – nicht wirklich mehr Information im Farbbild enthalten als in dem schwarzweißen Bild, aber manchen fällt es damit leichter, bestimmte Dinge zu erkennen.

*

J. B.: Wie wird die Entscheidung für bestimmte Farben getroffen?

C. L.: Das ist weitgehend eine künstlerische Angelegenheit. Jedes einzelne Bild wird extra behandelt. Es kommt auf die Bildinhalte an, und man versucht, verschiedene Erscheinungsformen zu unterscheiden. Eine Farbgebung, die für ein Bild tauglich ist, kann sich für ein anderes wiederum nicht eignen, auch wenn eine vergleichbare Gegend oder sogar eine angrenzende Fläche abgebildet wird.

*

J. B.: Für jemanden, der über diesen Prozeß nichts weiß, ist das alles recht sonderbar: eine Gegend zu sehen, die eine tropische Zone in diesen intensiven Schattierungen zeigt, die fast an Hawaii-Hemden erinnern, oder eine Gegend aus nördlichen Breiten, wo die Dinge, sagen wir, immerzu grün in grün und gedämpfter sind. Versuchen Sie, Grün für Vegetation, Blau für Wasser oder etwas dergleichen einzusetzen?

C. L.: Generell haben wir Blau für den Ozean gewählt, darüber hinaus gab es keine bewußte Bemühung, bei der Farbwahl vorgefaßten Vorstellungen zu entsprechen. Unser Hauptanliegen war, Dinge, die uns verschiedenartig vorkamen, möglichst verschiedenartig darzustellen.

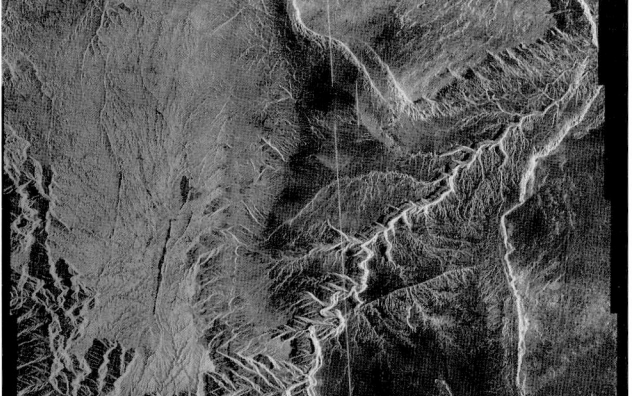

Seasat-Radarbild des Grand Canyon.
19. 8. 1978 (SW)

Seasat-Radarbild des Mississippi-Fluß-
deltas. 24. 7. 1978 (SW)

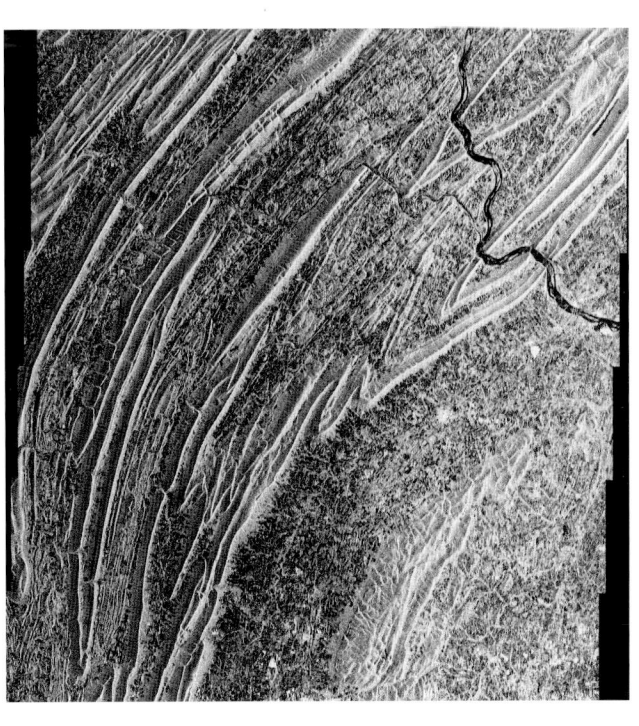

Seasat-Radarbild des Alleghenygebirges
nahe Harrisburg in Pennsylvania mit dem
Fluß Susquehanna. August 1978 (SW)

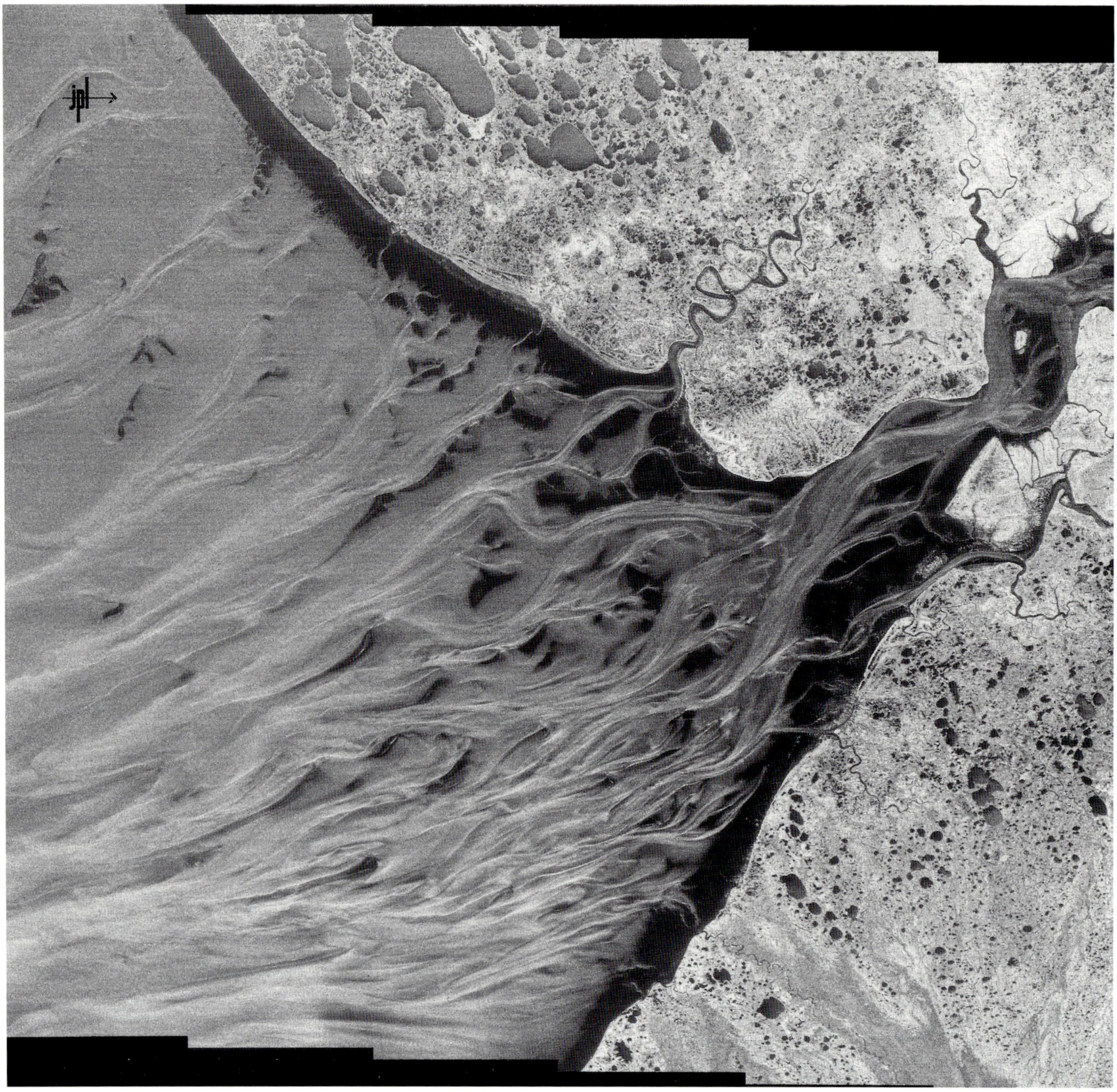

Seasat

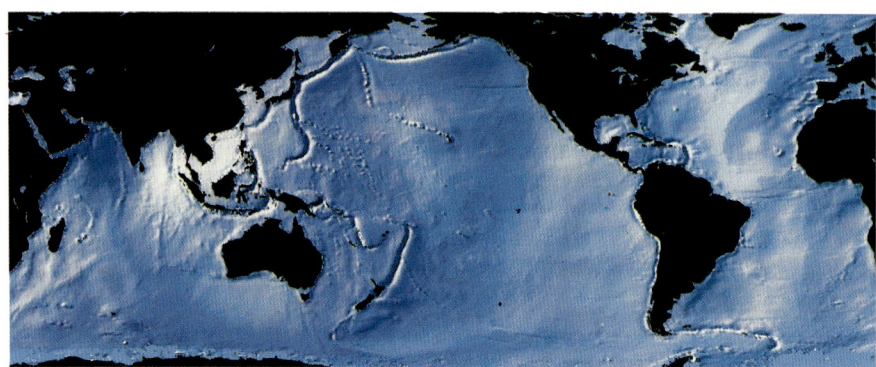

Seasat-Radarbild der Mündung des Flusses Kuskokwim in Alaska, der in die Beringsee abfließt. Die deutliche Strukturierung rührt von vermessenen Untiefen her. 13. 7. 1978 (SW)

Dieses topographische Radarbild des Seasat-Altimeters zeigt Erhebungen in der Oberfläche der Ozeane. Wie auf dieser Aufnahme zu erkennen ist, hat man mit Seasat entdeckt, daß der Ozean über den unterseeischen Meeresbergen und Gebirgen höher und über Tiefseegräben niedriger ist. 7. 7.–10. 10. 1978 (FF)

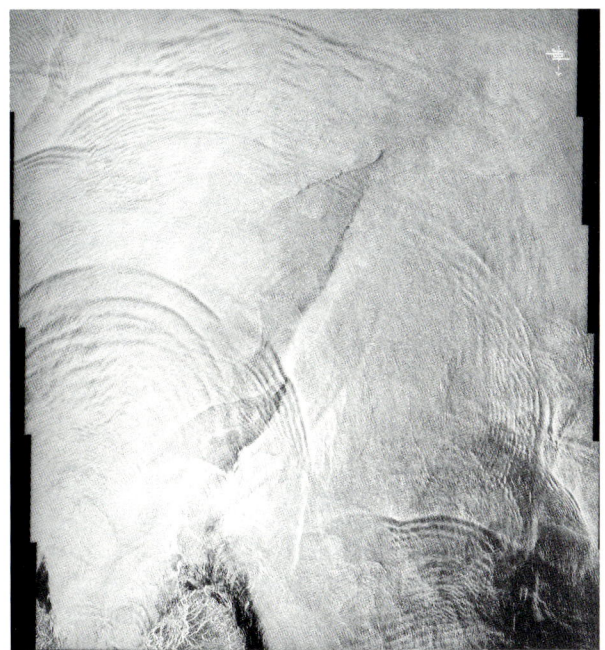

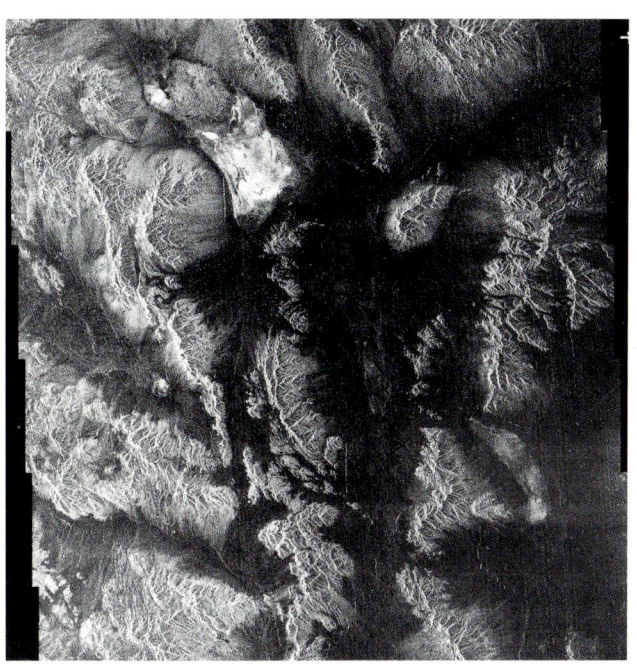

*Seasat blickt auf die „Megawellen" inner-
halb des Golfs von Kalifornien. Unten im
Bild ist die Spitze einer Insel zu erkennen.
Die Existenz dieser Wellen wird mit den
Springfluten in Verbindung gebracht, die
sich zweimal im Monat ereignen.
17. 9.1978 (SW)*

*Die Gegend um den See Cadiz in Kalifor-
nien, von Seasat mit Radar in ein Bild
umgesetzt. 13. 8.1978 (SW)*

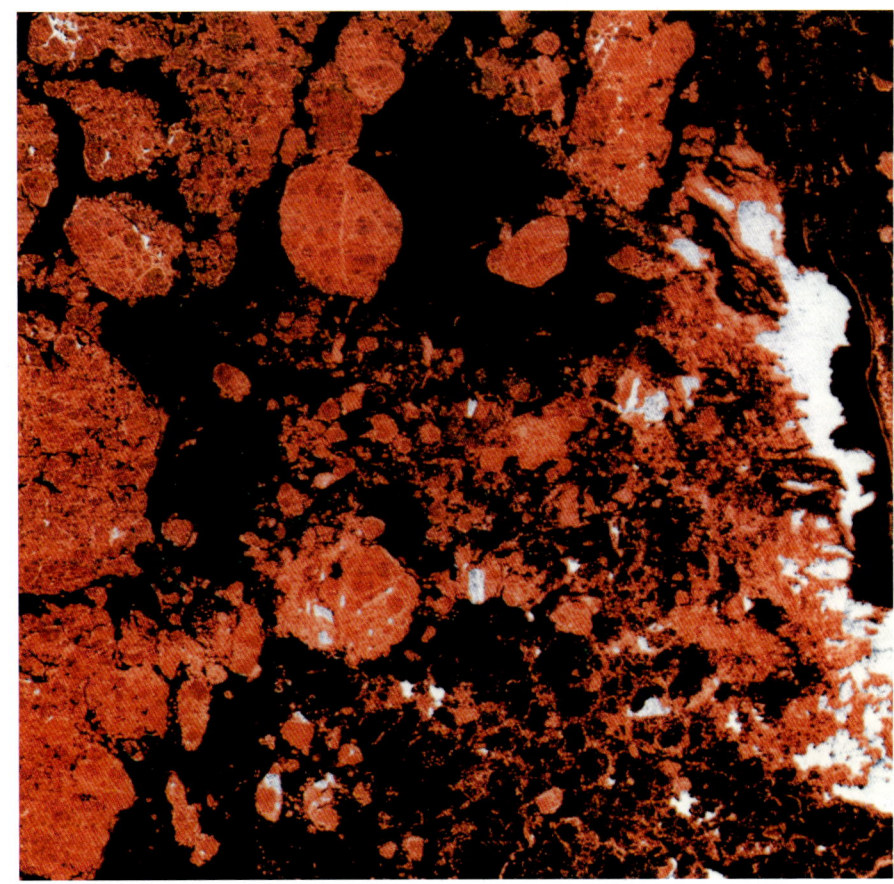

*Farbkodiertes Seasat-Bild einer Eiszone
am Rand des Arktischen Ozeans vor der
Insel Banks. Die Farben klassifizieren verschiedene Eisarten; der Ozean ist blau
umgesetzt. 4.10.1978 (FF)*

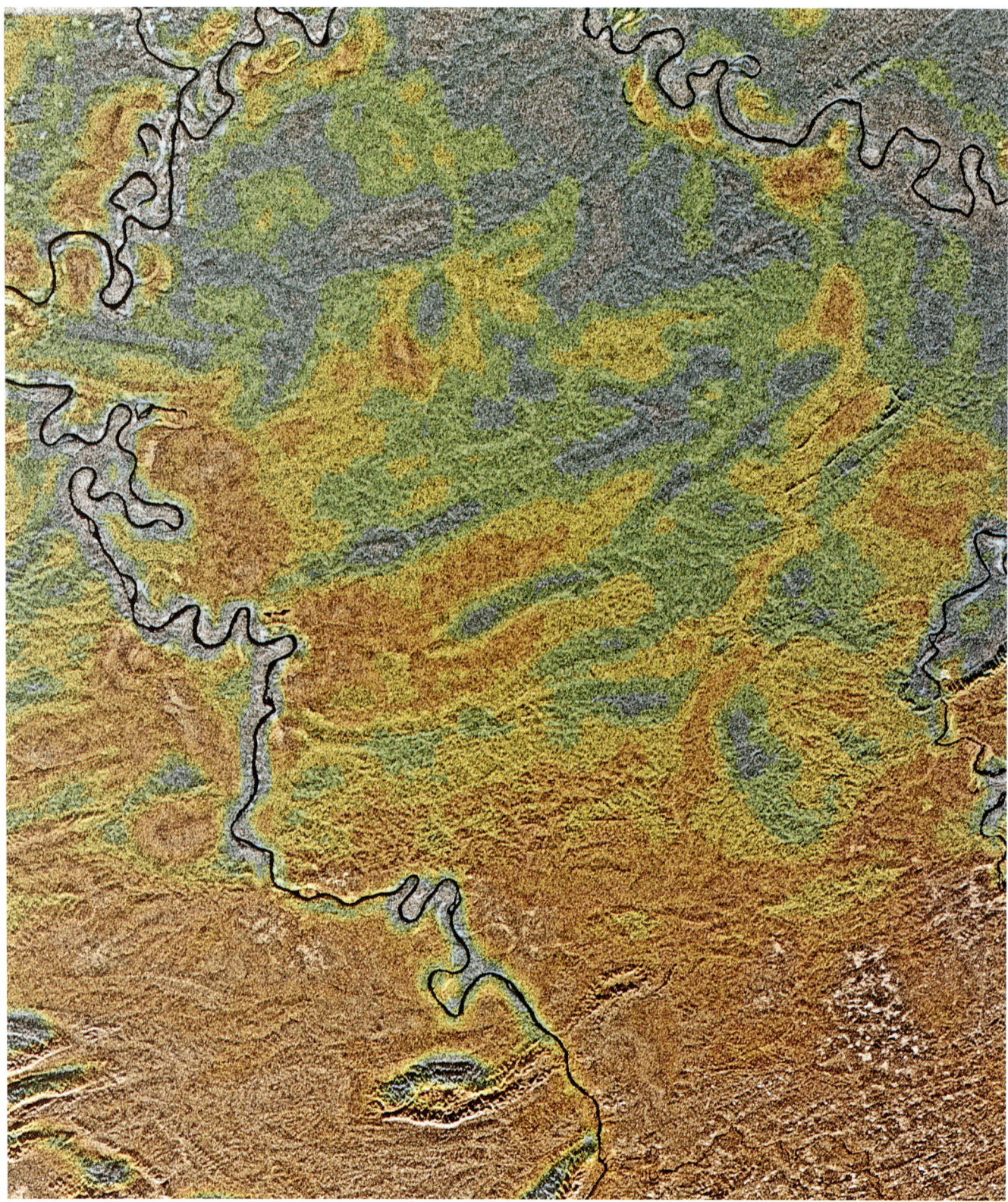

Auf diesem Radarbild von Seasat ist der südliche Teil von Mexiko und Guatemala zu sehen. Das bildgebende Radarsystem sieht durch die Waldfläche auf den darunterliegenden Boden; spezielle Verarbeitungen verdeutlichen geologische Details. 1978 (FF)

IRAS

J. B.: Es sieht nicht so aus, als täte IRAS [Infrared Astronomical Satellite] einen Teil von dem, was JPL sonst tun würde.

A. H.: Nein. Wir sind allmählich mehr und mehr in die Bereiche der Landerkundung geraten.

J. B.: Was Washington aus ökonomischen Gründen, wie ich mir gut vorstellen kann, wesentlich bereitwilliger unterstützte.

A. H.: Es bestehen da gewisse Sorgen.

J. B.: Wegen der Landerkundung?

A. H.: Wegen der ökonomischen Rechtfertigung. Denn sobald man feststellt: „Das ist ein operationelles System mit praktischer Anwendungsmöglichkeit", sagt die Regierung: „Dann gehört es zum Handelsministerium." So, wie beispielsweise bei Landsat; der Satellit wird jetzt vom Handelsministerium, nicht mehr von der NASA betrieben – ebenso die Wettersatelliten. Deshalb zögern wir, überhaupt praktische Anwendungen und operationelle Systeme zu erwähnen. Wir sprechen immer von einem Forschungsinstrument – um die Erde für wissenschaftliche Zwecke zu verstehen; möglicherweise ziehen daraus Leute auch praktischen Nutzen, aber die Aufgabe der NASA ist es, diese Systeme zu bauen, um damit wissenschaftliche Erkenntnisse zu gewinnen. Der Zweck ist ein globales Bewohnbarkeitsprogramm, das gelegentlich auch als NASA-Programm für Erdwissenschaften bezeichnet wird. Erdwissenschaften vom Weltraum aus. Der Grund, warum man das Erdbeobachtungssystem entwarf – eine riesige Plattform, die nun allerdings kleiner geworden ist, seit die Kostenschätzungen vorliegen –, ist, eine wissenschaftliche Studie der Erde aus globaler Sicht zu erstellen.

J. B.: Wie wurde bei IRAS entschieden, was der Satellit beobachten sollte?

A. H.: Er sollte eine Gesamtübersicht des Himmels liefern.

J. B.: Des ganzen?

A. H.: O ja, es gehörte zur ständigen Beobachtungsroutine.

J. B.: Ich muß an den Lunar-Orbiter denken . . .

A. H.: Die Vorgaben, die dieser Gesamtüberblick erforderte, waren sorgfältig geplant worden. Das Sonnenlicht darf nicht ins Objektiv fallen, ebensowenig das von der Erde reflektierte Licht, man darf es deshalb immer nur auf einen bestimmten Teil des Himmels richten. Man brauchte eine sorgfältig ausgearbeitete Strategie, wann man auf welchen Teil des Himmels schaut, und daß alles abgeschlossen ist, bevor das Helium verdampft ist.

J. B.: Und ist das gelungen?

A. H.: Sie können die Himmelskarte sehen.

J. B.: IRAS hat Licht empfangen und nicht, wie beim Radar, selbst Signale hervorgebracht.

A. H.: Er empfing infrarotes Licht.

J. B.: Im Grunde genommen hat IRAS eher abgestrahlte Energie oder Wärmestrahlung aufgefangen als sichtbares Licht.

A. H.: Das stimmt. Er fing auf, was als thermisches Infrarot bezeichnet wird.

IRAS

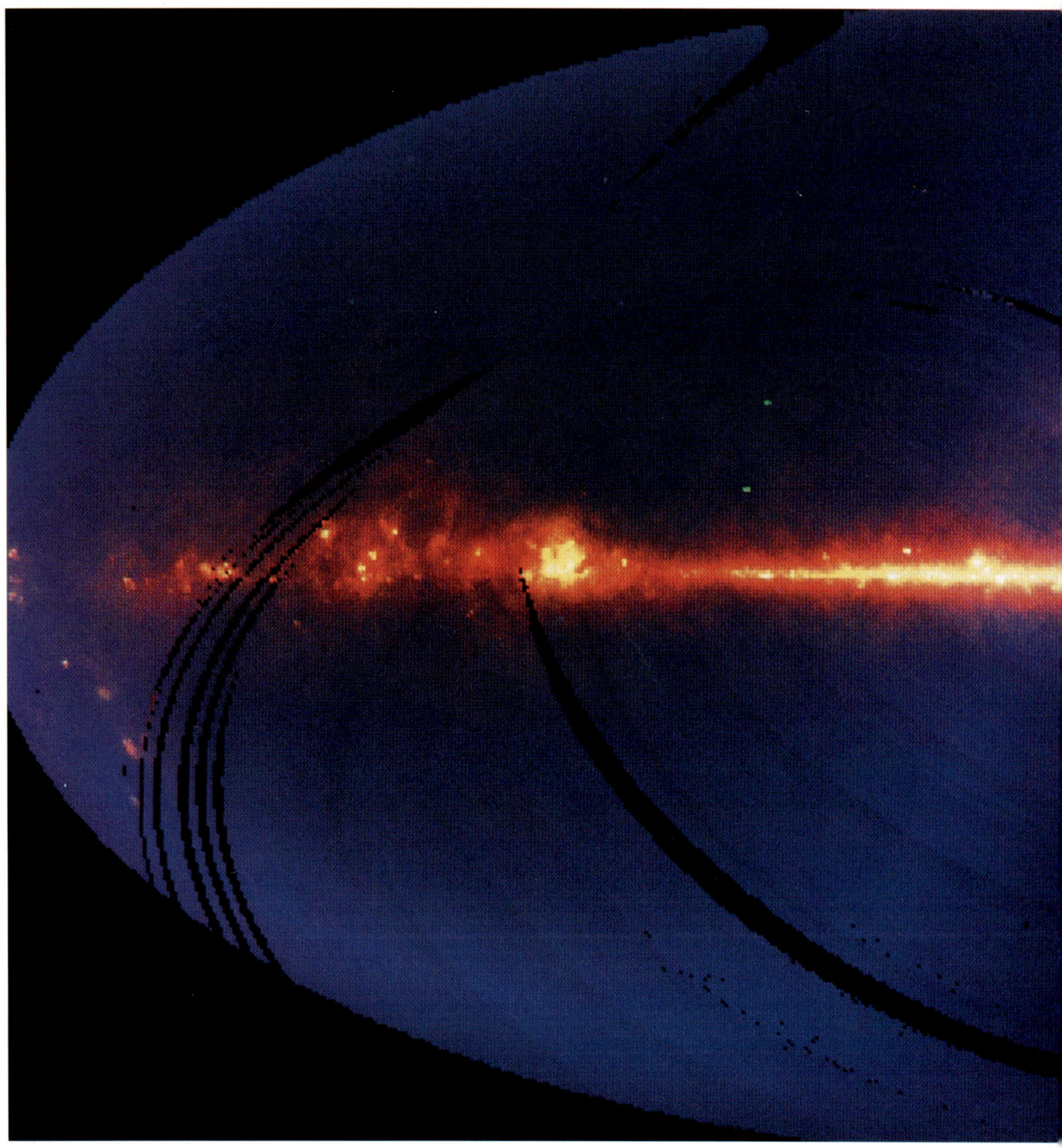

Die Ansicht von IRAS zeigt beinahe den gesamten Himmel. Unsere Milchstraße ist als helles horizontales Band zu erkennen, deren Zentrum in der Mitte des Bildes liegt. Heiße Materie erscheint blau oder weiß, kühle Materie in Rot. 1983 (FF)

J. B.: Was zeigen uns diese Bilder von IRAS denn wirklich, wenn wir sie betrachten?

A. H.: Nun, zuerst einmal kann man Wolken sehen, die kein sichtbares Licht abstrahlen; sie sind zu kalt oder zu weit von uns weg. Die einzige Möglichkeit, solche Wolken mit einem normalen Teleskop zu sehen, ist dann gegeben, wenn in der Nähe ein Stern steht, dessen Licht von den Wolken reflektiert wird.

J. B.: Aber wenn die Wolken weit von Sternen entfernt sind, bleiben sie natürlich völlig dunkel.

A. H.: Dann können wir solche Wolken, die keine andere Strahlung als die ihrer eigenen Temperatur haben, die im infraroten Bereich strahlt, auf diese Weise dennoch beobachten. Man kann auch heiße Wolken hinter kalten beobachten und so weiter. Wir haben Wolken gesehen, die mit den theoretischen Aussagen, bezüglich der Entstehung eines Sterns, ziemlich gut übereinstimmten. Sie sollten von einer relativ warmen Staubwolke umgeben sein, die wiederum in einer kühleren Wolke eingeschlossen ist; davon haben wir mehrere gesehen, in Gegenden, von denen wir aufgrund anderer Merkmale beinahe sicher sein können, daß dort gerade ein Stern entsteht.

J. B.: Und mit diesem Satelliten wurde es erstmals möglich, die theoretische Annahme zu bestätigen?

A. H.: Wir verfügen bereits über einige Beobachtungen von sehr hoch gelegenen Observatorien, und wir erhalten dank zunehmend verbesserter Geräte immer mehr; aber die Observatorien liegen noch innerhalb der Atmosphäre, und ihre Geräte sind daher mindestens zehnmal weniger empfindlich als IRAS.

J. B.: Wie lange blieb das Infrarotverfahren für astronomische Beobachtungen betriebsbereit? Ich glaube, nicht allzulange.

A. H.: Thermisches Infrarot erfordert eine sehr hohe Flugbahn, und diesen Sensortyp für Infrarot gibt es noch nicht lange. Er muß heruntergekühlt werden; das muß man tun, sonst wäre das so, als ob man eine Aufnahme aus einer leuchtenden Glühlampe macht.

J. B.: Wir haben also bisher nicht allzu viele Bilder von IRAS bekommen.

*

J. B.: Wenn man die IRAS-Bilder betrachtet – es gibt da beispielsweise eine ästhetisch wirklich sehr ansprechende Aufnahme der Milchstraße –, sieht man, daß dort, wo wenig Wärme ist, die Farben willkürlich blau kodiert sind – und rot bis gelb dort, wo die größte Wärmestrahlung ist.

A. H.: Obwohl es in Wirklichkeit umgekehrt ist, weil im sichtbaren Bereich die wärmsten Quellen blau und die kühlsten rot strahlen.

J. B.: Es gibt noch eine ganze Menge weiterer Daten.

A. H.: Die werden noch verarbeitet. Wir verhandeln, wie Sie wissen, mit den Nachbarn in Pasadena über den Bau einer Computeranlage speziell für den IRAS, eine Einrichtung, die jahrelang arbeiten soll.

J. B.: Ausschließlich zur Weiterverarbeitung der Information, weil jener Satellit nicht mehr funktioniert.

*

Die Hauptaufgabe von IRAS war die Erstellung eines vollständigen Katalogs aller Infrarotquellen (8–120 Mikron). Dieser wurde im November 1984 mit 245 839 Punktquellen veröffentlicht (Sterne, Galaxien, etc.). Er enthüllte, daß mehrere Sterne von kühler, fester Materie umgeben sind (einer davon ist Beta Pictoris, siehe Seite 182 und Seite 183). Insgesamt erscheinen in dem Katalog 1811 Asteroiden (beinahe 3 600 dieser Himmelskörper sind bekannt), darunter vier Neuentdeckungen von IRAS.

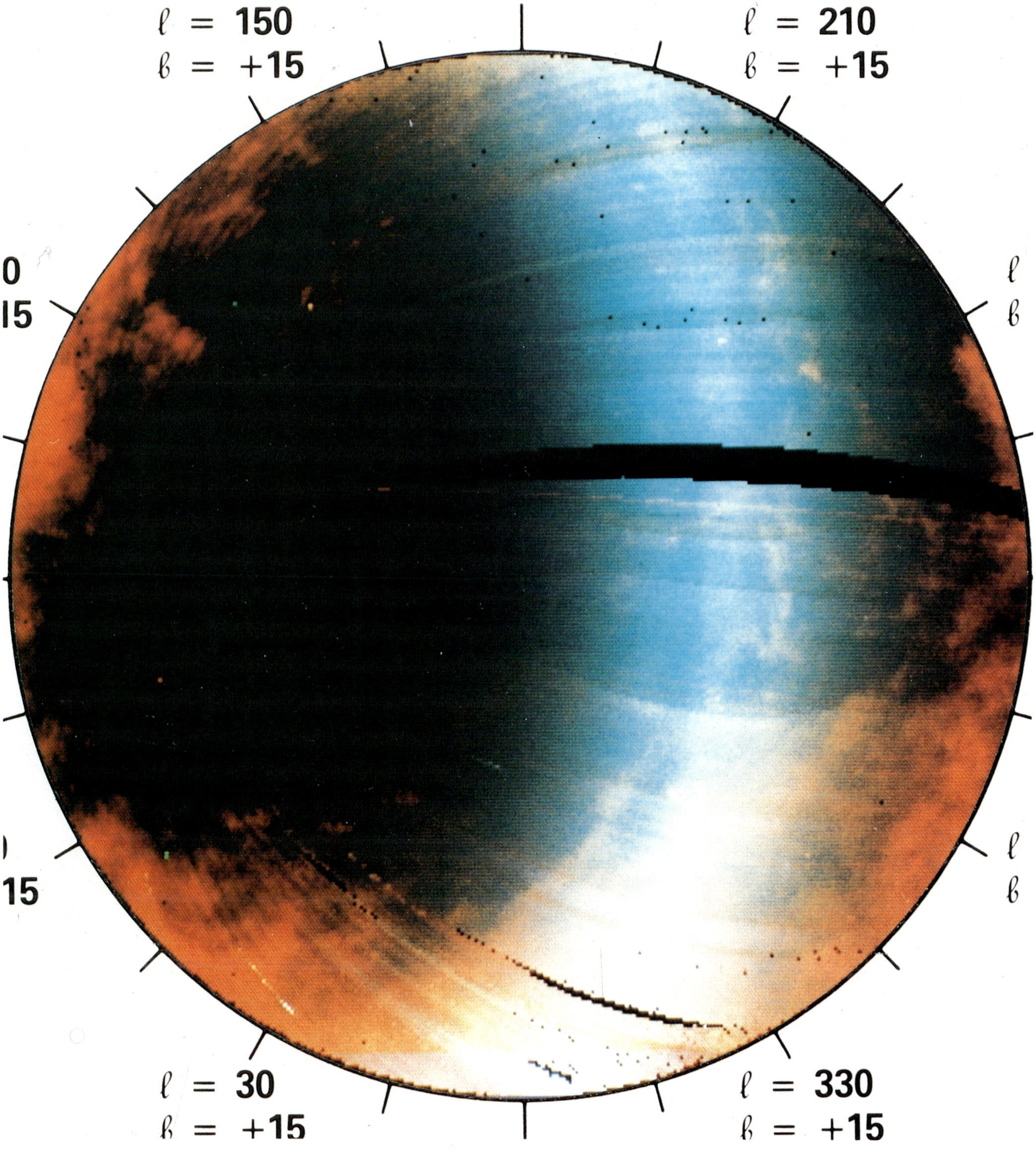

ℓ = **150**
β = **+15**

ℓ = **210**
β = **+15**

0
I5

ℓ
β

15

ℓ
β

ℓ = **30**
β = **+15**

ℓ = **330**
β = **+15**

Ungefilterte fotografische Karte von IRAS, die die Gegend bis 15 Grad um den galaktischen Nordpol zeigt. 1983 (FF)

Die Ansicht von IRAS zeigt beinahe den gesamten Himmel. Das dreifarbige Kompositum wurde gedehnt, um die S-förmige Kurve zu verdeutlichen, die durch schwache Wärmestrahlung in der Ebene des Sonnensystems entstand. 1983 (FF)

Ekliptische, zylindrische Projektion des beinahe gesamten Himmels, gesehen von IRAS. Sie zeigt nochmals die S-förmige Kurve mit der Wärme abstrahlenden Staubschicht in der Ebene des Sonnensystems. 1983 (FF)

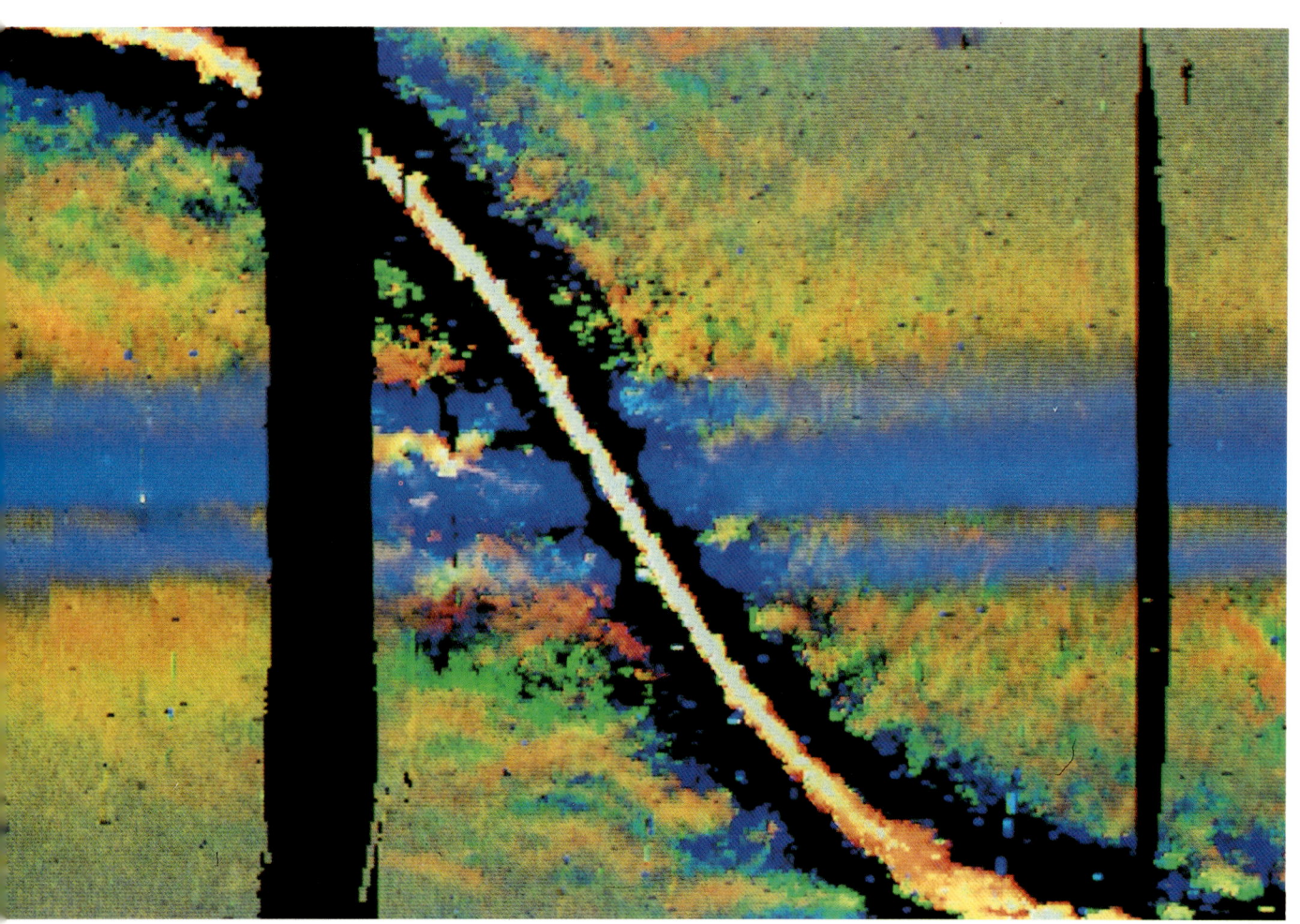

IRAS

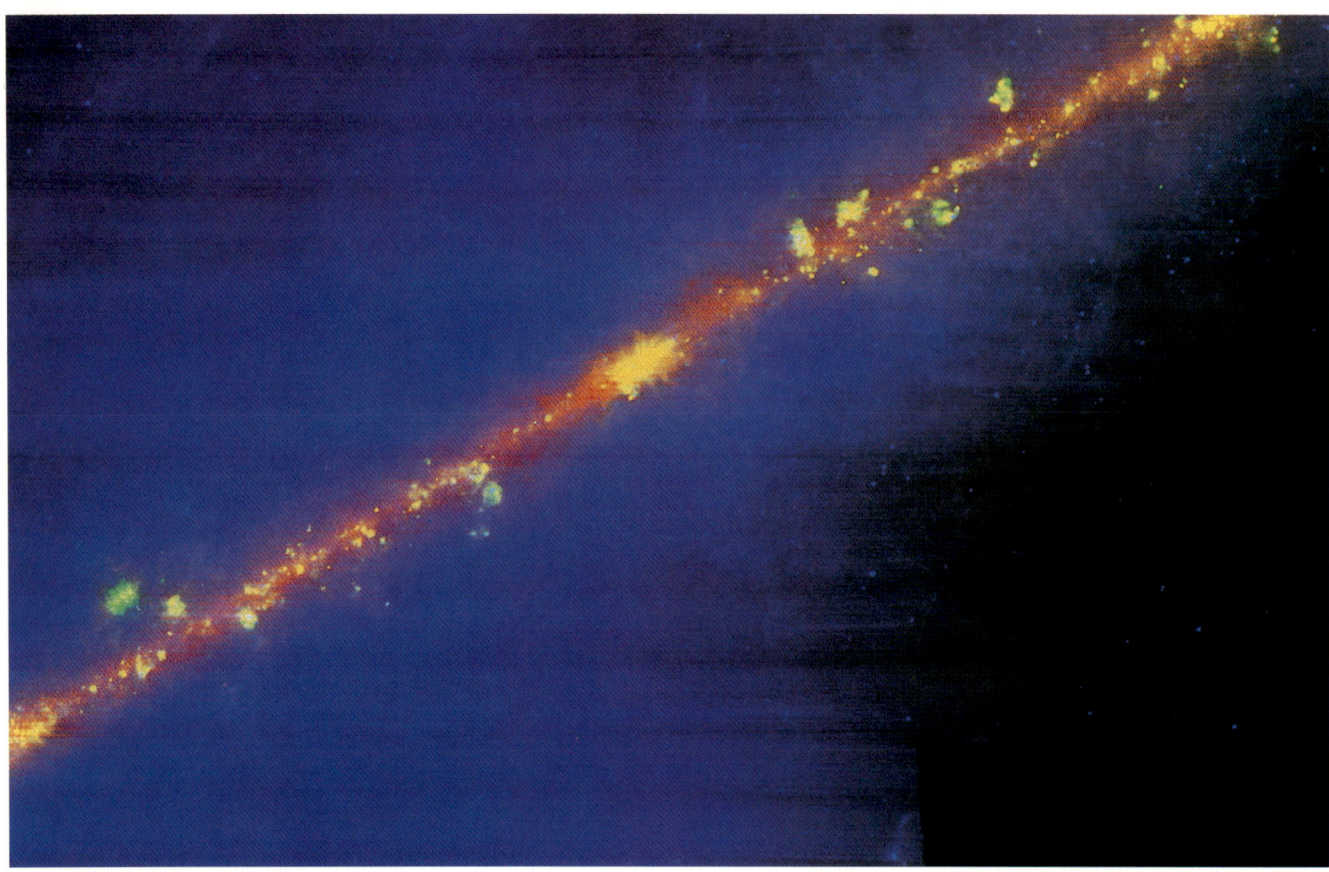

Fotomosaik von IRAS, das das Herz unserer Galaxie zeigt. Der Mittelpunkt des Bildes ist zugleich das Zentrum der Milchstraße; die gelben und grünen Knoten zeigen mächtige Wolken interstellaren Gases an. Heiße Materie ist in Blau repräsentiert, während kühle Materie rot umgesetzt ist. 1983 (FF)

*Fotografie einer Sternansammlung, auf-
genommen von IRAS. 1983 (FF)*

IRAS

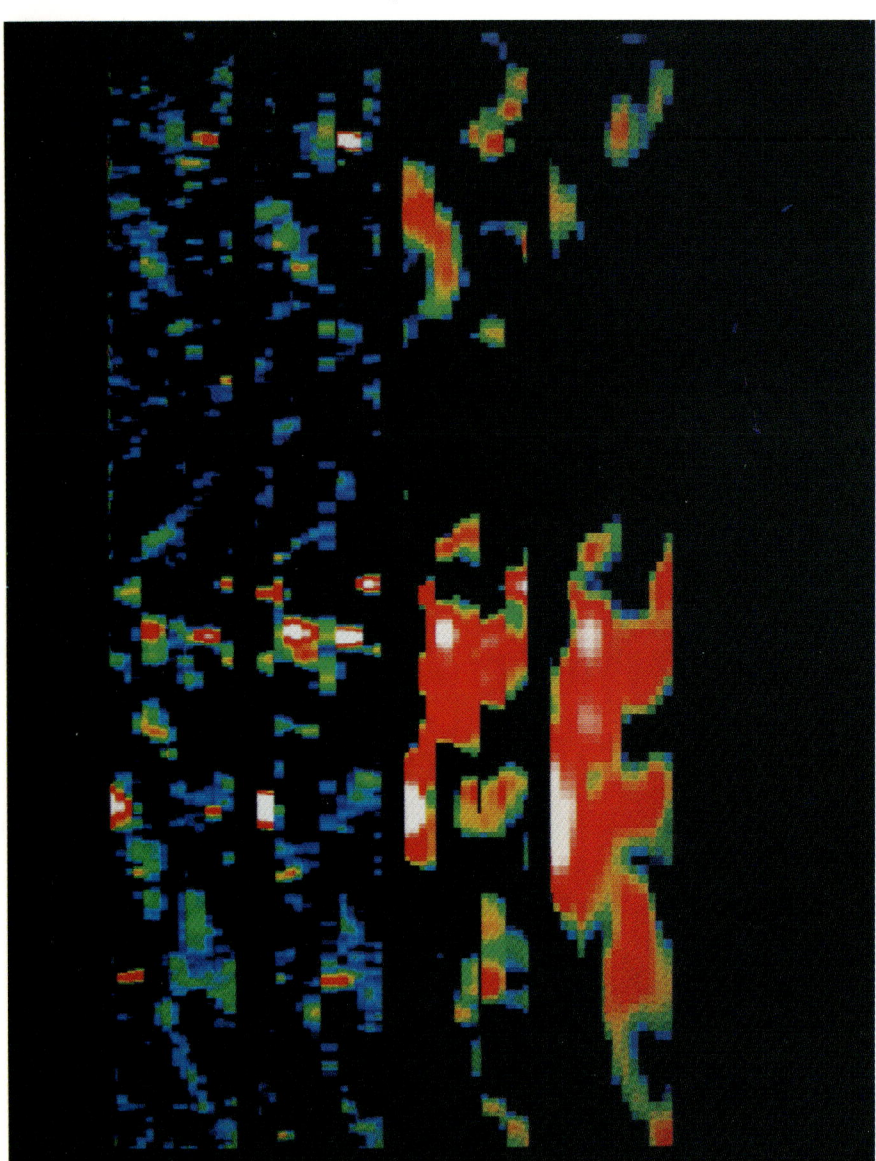

IRAS-Abtastung der Großen Magellan-Wolke in vier unterschiedlichen Wellenlängenbereichen, die verschiedene Niveaus infraroter Messungen zeigen. Die Große Magellan-Wolke liegt unserer eigenen Milchstraße am nächsten. Februar 1983 (FF)

Die Aufnahme von IRAS zeigt Scorpius Ophiuchus, eine Wolke aus interstellarem Gas, und die galaktische Ebene in Gelb und Rot. 1983 (FF)

168

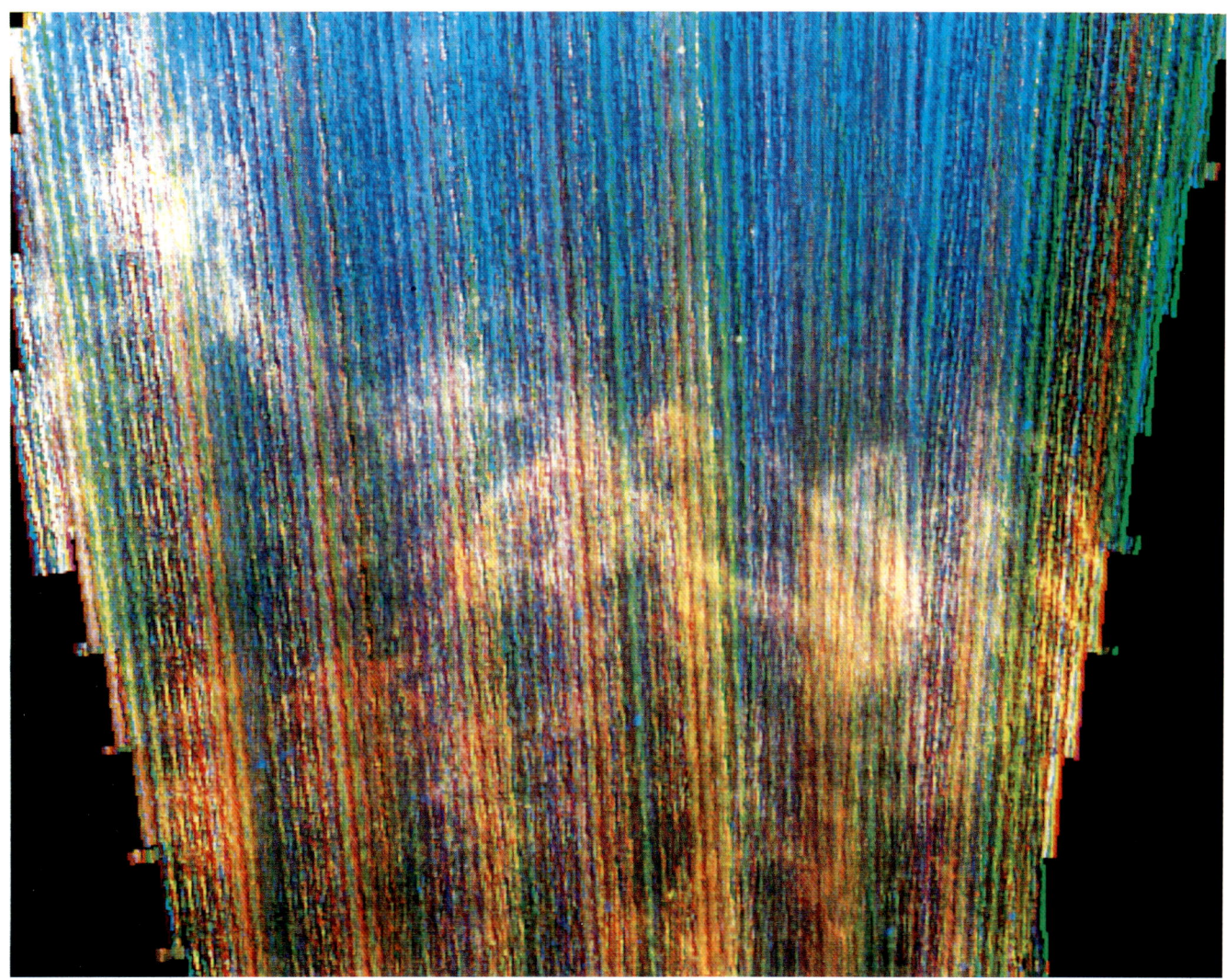

Die Aufnahme von IRAS zeigt infrarot leuchtende Zirruswolken, die sich wie dünne Haare horizontal über das Bild erstrecken. Die vertikalen Streifen sind künstlich durch Prozesse bei der Bildverarbeitung entstanden und am Himmel nicht wirklich vorhanden. 1983 (FF)

SIR-A und SIR-B

J. B.: Gibt es Fälle, in denen SIR-A und SIR-B [Shuttle Imaging Radar] ein Gebiet mehrmals fotografiert hat, um – abgesehen von Mosaiken – ein endgültiges Bild zu erhalten?

C. L.: Bei den Beobachtungsinstrumenten ist interessant, daß die Antenne in unterschiedlichen Winkeln auf die Erdoberfläche gerichtet werden kann. Wenn also mehrere Flüge über dieselbe Gegend unternommen werden, ist es möglich, diese Bilder miteinander zu verrechnen und zwei oder mehrere verschiedene Ansichten derselben Gegend zu erstellen. Man kann auch einen Stereoeffekt mit diesen Bildern erzielen und so eine bessere Vorstellung über die Beschaffenheit der Oberfläche bekommen, weil man die auf der Oberfläche befindliche Streuung aus unterschiedlichen Winkeln betrachten kann. So kann man besser verstehen, wie es unten wirklich aussieht.

J. B.: Es wurden also bei SIR-B für die endgültigen Bilder mehrere Abbildungen aus verschiedenen Flugphasen mit unterschiedlichen Winkeln miteinander verrechnet. Das erinnert irgendwie an die Methode, mit der beispielsweise Voyager Farbbilder durch drei nacheinander aufgenommene Bilder erzeugt . . .

C. L.: Es ist ähnlich.

J. B.: Jedes Bild führt zu einer bestimmten Farbwahl.

A. H.: So ist es. Bei einem Bild von Hawaii haben wir zwei Motive empfangen, und wir haben beiden unabhängig voneinander Falschfarben zugeordnet. Im ersten wollten wir Lava und Asche von den bewachsenen Flächen unterscheiden.

J. B.: Sind die Lava- und Aschenflüsse das, was in der Fotografie als Rot erscheint?

C. L.: Ja. Auf der anderen Seite der Insel auf dem anderen Bild gab es weder Lava- noch Aschenflüsse, die Dinge, die wir hervorheben wollten, waren anderer Natur, so wählten wir ein anderes Farbspektrum für dieses Bild. Wenn man diese beiden bereits farbigen Bilder direkt der Mosaikbildung unterziehen würde, käme nichts Vernünftiges dabei heraus. Aber wenn man die Bilder zuerst zusammensetzt . . .

J. B.: . . . dann kommen die Farben erst nach dem Zusammensetzen der Bilder hinzu.

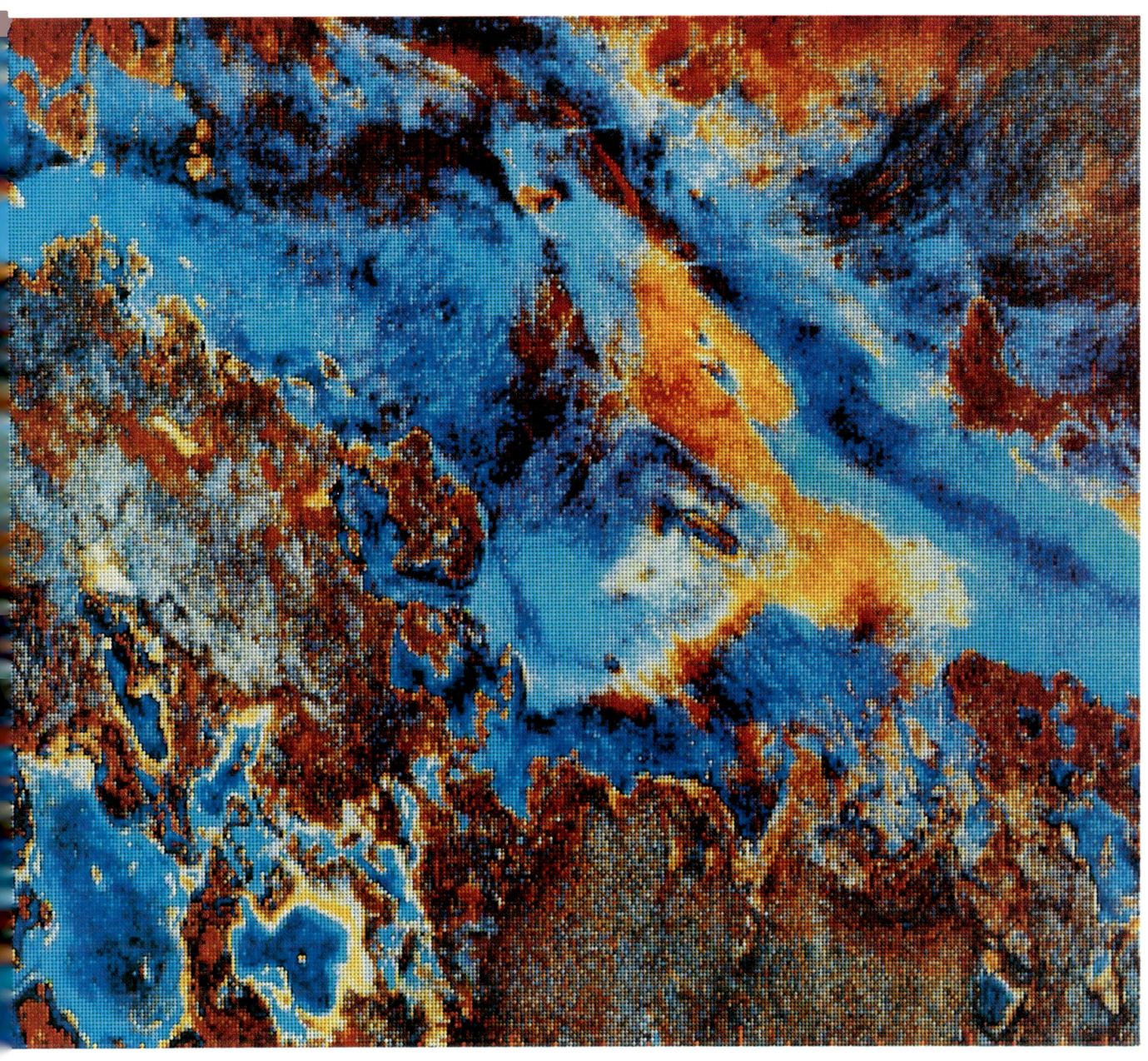

Die begrenzte Datenübertragung von SIR-B
(durch eine fehlerhafte Antenne von Challenger) wird höchstwahrscheinlich zu einem
Folgesatelliten SIR-C führen.   M. M.

*Dieses Radarbild der Strände im nördli-
chen Algerien wurde hergestellt, indem
die Daten von SIR-A und Seasat digital
miteinander korreliert wurden. Die digitale Kombination von Daten verbessert
die Möglichkeiten geologischer Kartierung ganz erheblich. 1982 (FF)*

SIR-A

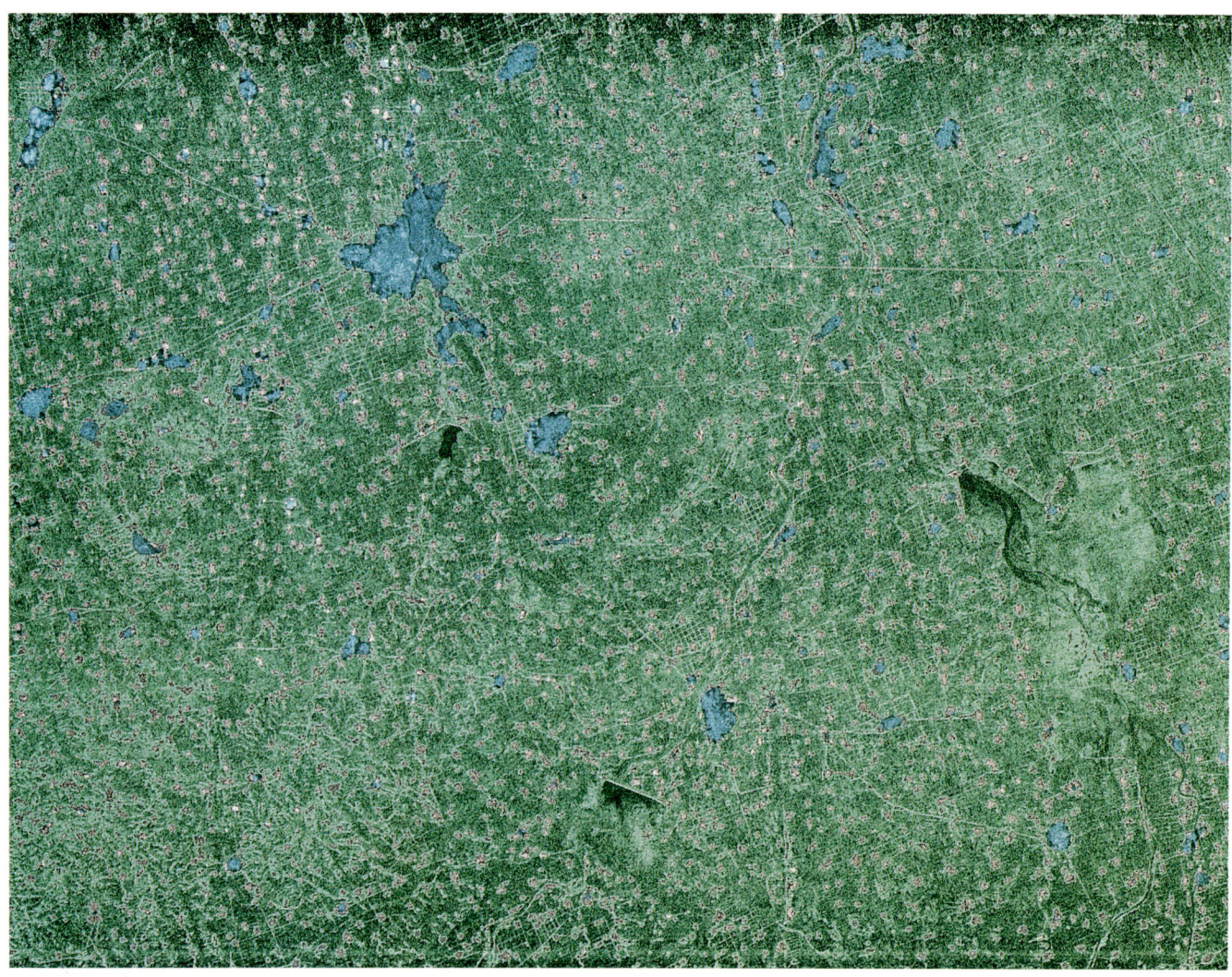

SIR-A-Radarbild der Hopeh-Provinz in der Volksrepublik China, das ein Muster aus Dörfern (rote Flecken) und Weizenfeldern (grün) zeigt. Die Städte von An-chu und Wei-fang sind als graue Flecken in der Mitte und links davon zu erkennen. November 1981 (FF)

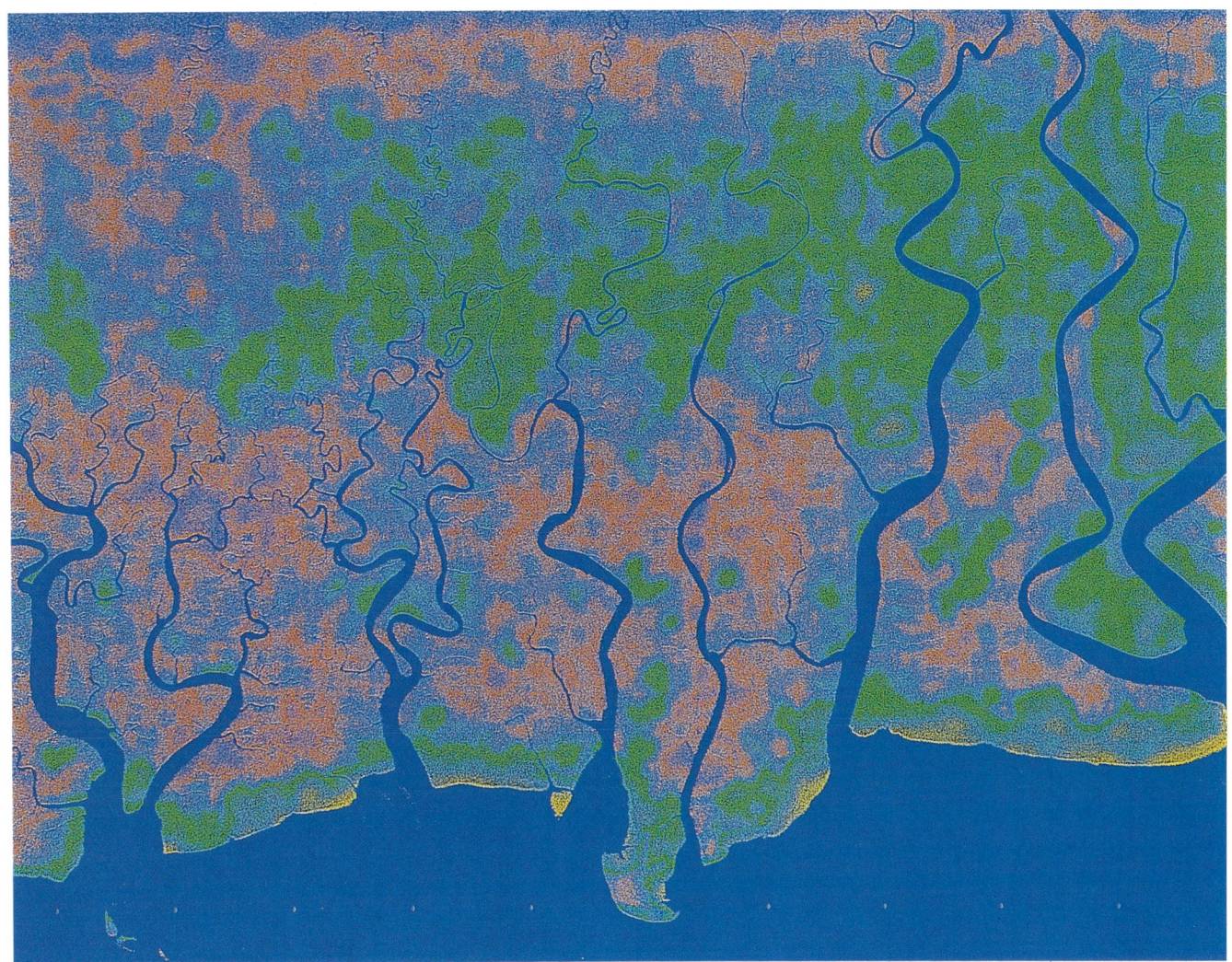

*SIR-A-Radarbild der Sümpfe an der Süd-
küste Neuguineas. November 1981 (FF)*

Aufnahme von Landsat mit einem Teil
der Sudanesischen Wüste. Die gleiche
Gegend ist rechts zu sehen mit einer ein-
gefügten SIR-A-Radaraufzeichnung, die
ehemalige Flußverläufe zeigt; sie haben
sich unter dem Sand erhalten. Archäo-
logische Forschungen in einem dieser
ausgetrockneten Flußläufe führten zu
Entdeckungen menschlicher Artefakte.
November 1981 (VF; SW)

SIR-A-Radarbild der Großen Salzwüste im
Iran. Bei den Wirbelmustern handelt es
sich um zum Vorschein kommende Mio-
zän- und Pliozänsedimente. November
1981 (FF)

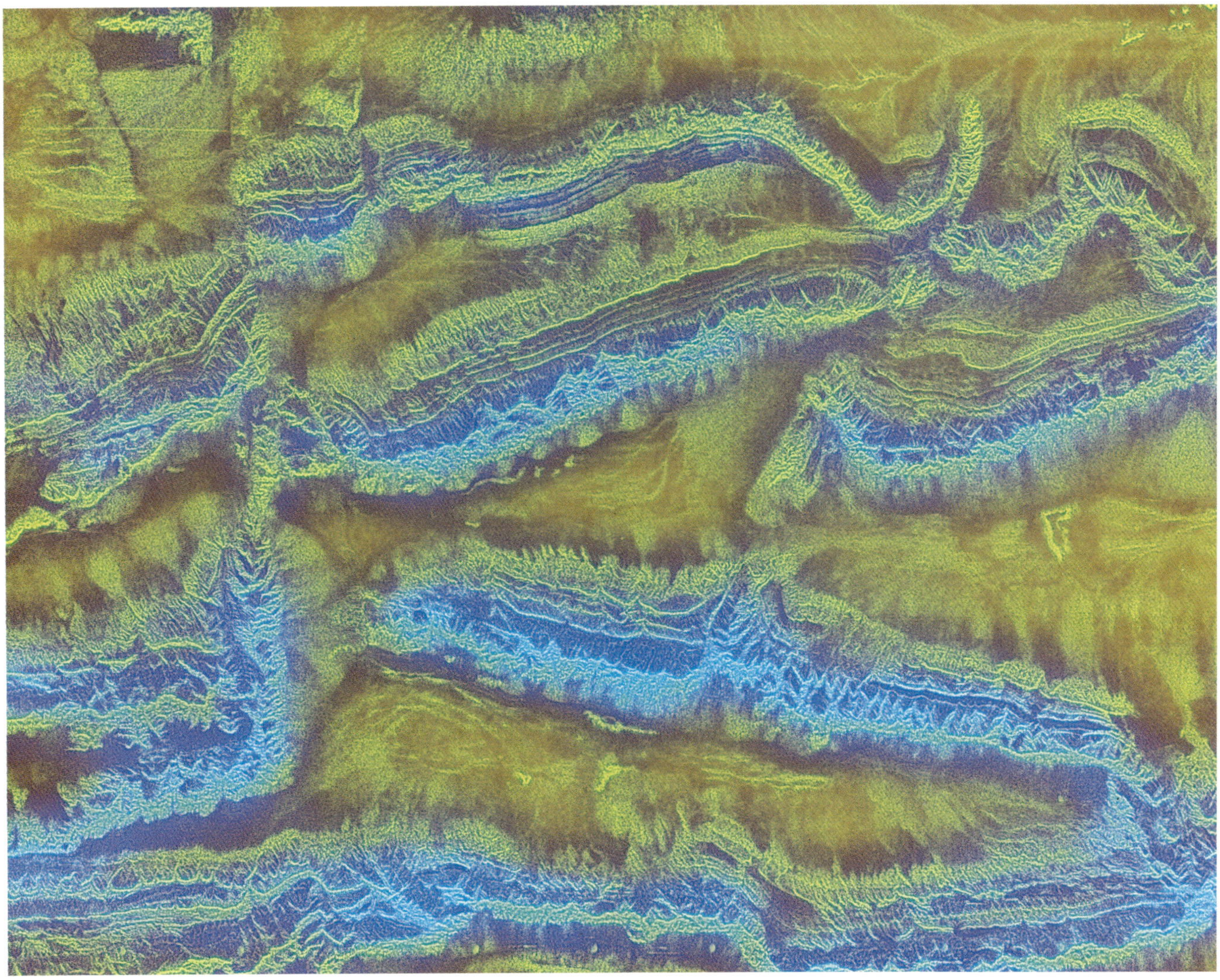

Dieses SIR-A-Radarbild zeigt das durch Verwerfungen entstandene komplizierte Druck-und-Gleit-System im Norden von Zentralchina, dessen Ausmaß rund 3 000 Kilometer beträgt. November 1981 (SW)

SIR-A-Radarbild des Kalpin-Chol- und des Chong-Korum-Gebirges in der Provinz Xinjiang der Volksrepublik China. Diese Bergketten wurden während aktiver Tektonik und gewaltiger Erdbeben gefaltet und verworfen. November 1981 (FF)

SIR-A

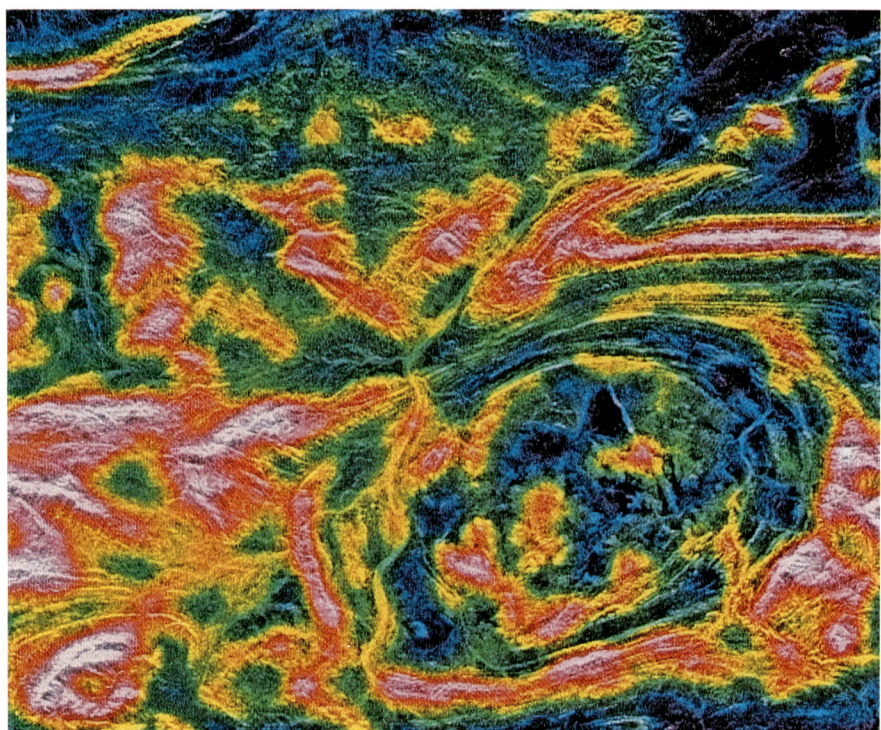

SIR-A-Radarbild eines Teils des Hamersley-gebirges im Westen von Australien. Die roten Flächen repräsentieren sehr unebenes Gebirgsgelände; die grünen veranschaulichen wüstenartiges Gelände; und Blau bedeutet ebenes Terrain sowie ausgetrocknete Flußbetten. November 1981 (FF)

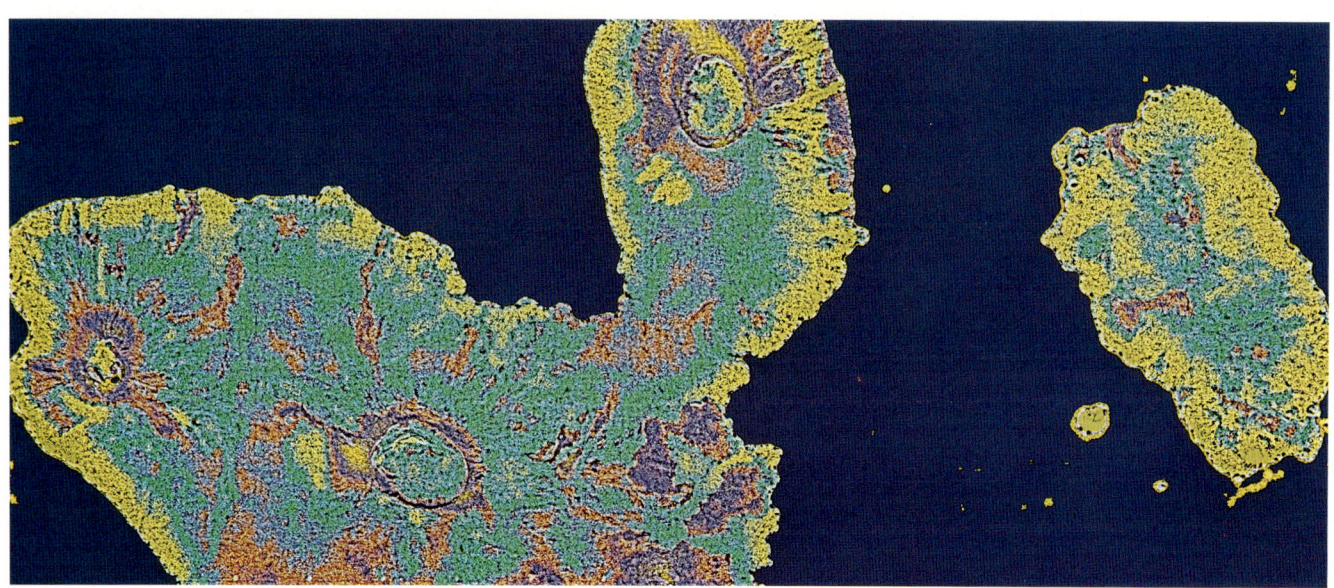

SIR-A-Radarbild, das Vulkane der westlichen Galapagosinseln von Ecuador zeigt. Drei Vulkane der Insel Isabella (links) kann man erkennen. November 1981 (SW)

*SIR-B-Radarbild der Stadt Montreal mit
dem Sankt-Lorenz-Strom und Seaway,
rechts. Rosa und blaue Flächen repräsentieren im allgemeinen Gebäude oder
Fahrbahnen, grüne Flächen zeigen land-
wirtschaftlich genutzte Regionen oder
natürliche Vegetation. 7.10.1984 (FF)*

*SIR-B-Radarbild von gefalteten Gesteins-
schichten aus dem Paläozän im Hochplateau des nördlichen Peru. Das Gebiet ist
stark zergliedert und zeigt lokale, durch
Hebeprozesse entstandene Felsabsätze.
7.10.1984 (FF)*

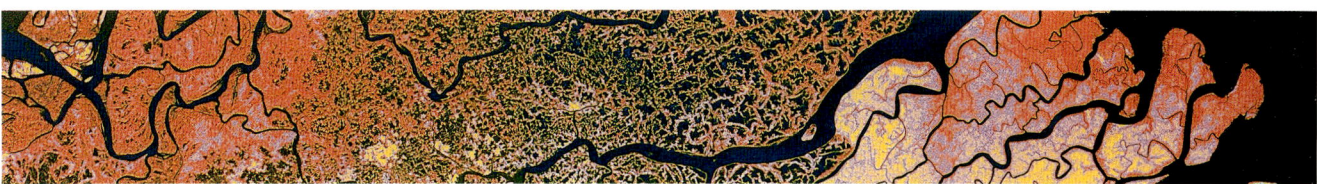

*SIR-B-Radarbild der Mündung des Gan-
ges in Bangladesch während einer Hoch-
wasserperiode. 1984 (FF)*

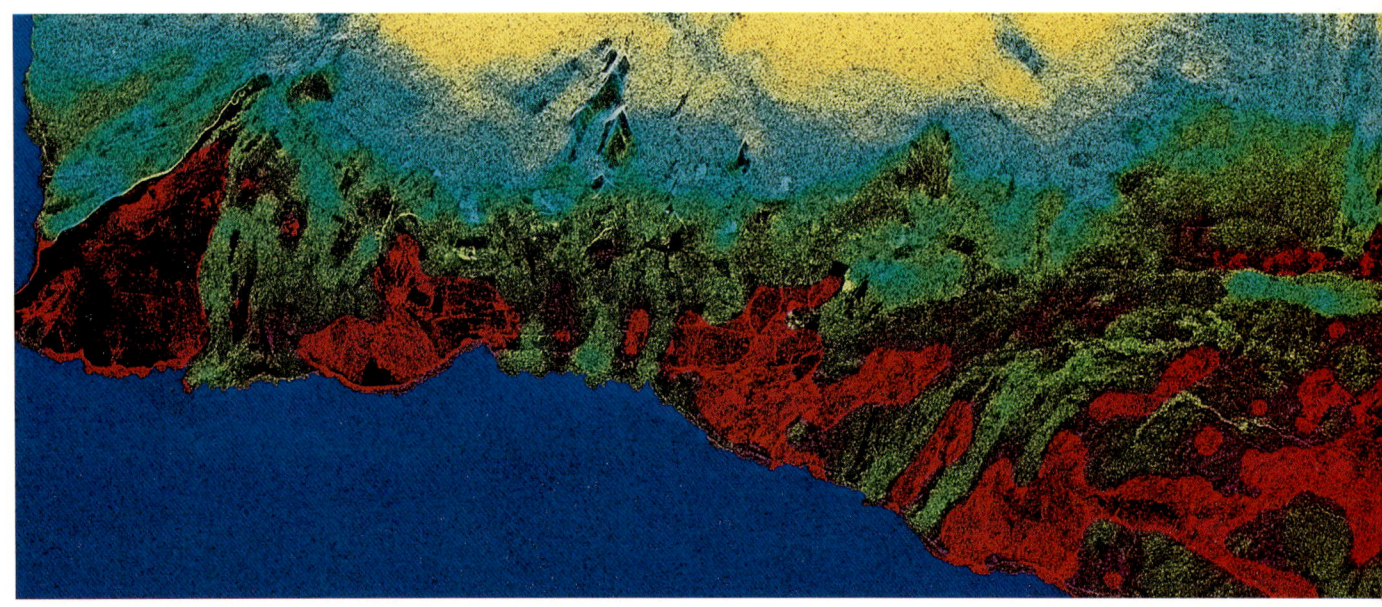

*Das Radarfotomosaik von SIR-B zeigt die
Küste der Insel Hawaii. Rot deutet auf
eine glatte Aschendecke hin. Die runde
Erscheinung in der Bildmitte ist der
Kilauea-Krater; an der Bucht rechts ist die
Stadt Hilo zu erkennen. 11. 10. 1984 (FF)*

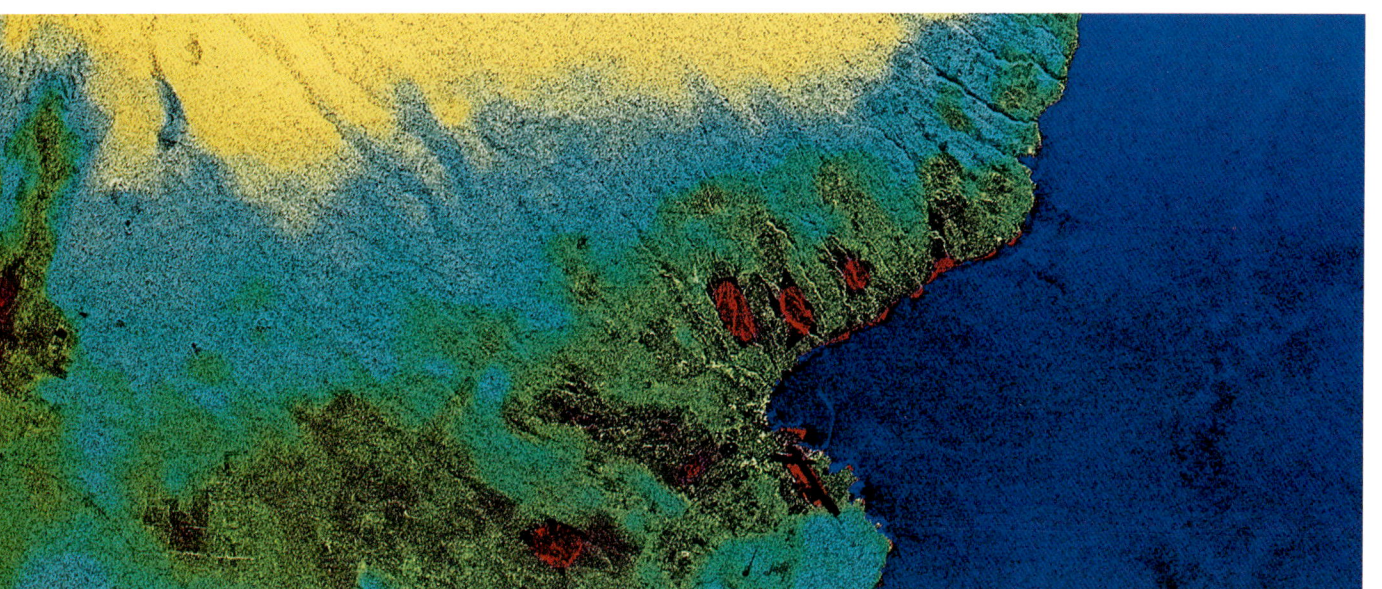

Galileo

A. H.: Die große technologische Revolution findet derzeit bei den Computern statt, und sie wirkt sich auch auf das Rennen im Weltraum aus. Man muß bedenken, daß sogar Galileo eine neun oder zehn Jahre alte Technologie verkörpert. Das war der festgelegte Stand der Dinge damals; wir könnten heute, wenn man uns noch einmal eine Maschine wie Galileo entwickeln ließe, wesentlich Besseres liefern.

J. B.: Wann kommt Galileo?

A. H.: Die Sonde wird voraussichtlich 1986 starten.

J. B.: Wie lange braucht sie, um ans Ziel zu gelangen?

A. H.: Zwei bis zweieinhalb Jahre. Wenn sie etwa Dezember 1988 Jupiter erreichen wird, wird es eine 13 Jahre alte Technologie sein in dieser Zeit des schnellen technologischen Fortschritts.

J. B.: Ist das ein Manko des ganzen Systems, daß man, wie Sie zuvor beschrieben haben, an irgendeinem Punkt die Entwicklung abschließen muß?

A. H.: Nein, ich denke nicht. Es gibt einen Spruch der Ingenieure: „Das Bessere ist der Feind des Guten", den sollte man im Gedächtnis behalten.

J. B.: Es handelt sich also in Wirklichkeit um einen Kompromiß?

A. H.: In bezug auf die Wahl des genauen Termins für den endgültigen Entwurf. Sie

verstehen: Der Entwurf basierte auf dem Zeitplan für die Shuttle-Flüge, der letztlich um drei Jahre hinterherhinkte. Die Sonde sollte 1983 gestartet werden, oder 1982, und das wäre wesentlich vernünftiger gewesen. Wir nutzen natürlich die gewonnene Zeit für weitere Tests, doch laut ursprünglichem Plan sollten wir schon vor Jahren gestartet sein.

*

J. B.: Was genau wird Galileo machen?

A. H.: Wenn sich der Flugkörper dem Planeten Jupiter nähert, wird von ihm eine kleine Sonde abgetrennt, die in die oberen Regionen der Jupiteratmosphäre vorstößt; daraufhin ändert Galileo seinen Kurs, um nicht selbst in die Atmosphäre einzutreten. Galileo fliegt in einer Umlaufbahn am Jupiter vorbei, während die kleine Sonde in die Atmosphäre eintritt und die Funkverbindung aufrechthält.

J. B.: Die Sonde wird nicht direkt hinuntersteigen, sondern in einem Winkel fliegen, um soviel Zeit wie möglich zu gewinnen, bevor . . .

A. H.: Nein, vielmehr, damit sie nicht verbrennt. Beim Eintritt in die Atmosphäre wird sie sehr, sehr heiß. Sie muß längere Zeit in der oberen Atmosphäre bleiben, damit sie die Wärme wieder abgibt, bevor sie tiefer hinunterfliegt und geradewegs eintaucht. Galileo wird eine Umlaufbahn um den Jupiter einschlagen. Er wird die Monde des Planeten anfliegen und ihre Anziehungskraft dazu nutzen, den Kurs jeweils zu ändern, um zum nächsten zu kommen. Galileo wird dies über mehrere Jahre hinweg so machen und dabei alle wichtigen Monde des Jupiters besuchen.

J. B.: Ich bin sicher, daß er sich lange bei Io aufhalten wird.

A. H.: Nicht allzulange. Io liegt in einer Zone starker Strahlung, die die Elektronik beschädigt.

J. B.: Die Bilder werden höchstwahrscheinlich spektakulär ausfallen.

A. H.: Wir haben auch einige gute Infrarotspektrometer erhalten; Galileo wird es möglich sein, gute Daten sowohl über die Geologie als auch über die augenblickliche chemische Zusammensetzung der Oberflächen zu sammeln.

J. B.: Das hat nicht einmal Voyager erreicht, nicht wahr?

A. H.: Richtig. Wir hatten Infrarot, aber kein so gutes. Voyager hielt sich auch nicht lange genug nahe bei den Monden auf und kam nirgends so dicht heran.

Das Galileo-Projekt mußte wegen des Challenger-Unglücks am 28. Januar 1986 verschoben werden. Die Sonde kann nur alle 13 Monate direkt gestartet werden. Daher mußte man einen neuen Zeitplan ausarbeiten, der jetzt einen Start mit dem Shuttle im Dezember 1989 oder im Januar 1990 vorsieht. Zuerst wird Galileo an der Venus vorbeifliegen und deren Schwerkraft ausnutzen, um wieder in Richtung Erde zu fliegen.
Für einen Flug zum Jupiter hat die Sonde noch zu wenig Energie. Sie wird zwei Jahre die Sonne umrunden, bevor sie zur Erde zurückkehrt. Hier erhält sie ihren dritten und letzten Gravitationsschub für den Flug zum Jupiter. Die Sonde soll zwischen September 1994 und November 1995 Jupiter erreichen. Ungefähr 150 Tage vor der größten Annäherung an Jupiter wird die Atmosphärensonde dann zu ihrem Ziel fliegen und in eine Umlaufbahn um Jupiter einschwenken. Später wird noch Io, der innerste der vier Galileischen Monde, von ihr besucht; Ganymed, Kallisto und Europa werden insgesamt zehnmal angeflogen. Auch den Schweif der Magnetosphäre des Jupiters soll die Sonde erforschen. Man erwartet mehr als 50 000 Aufnahmen.   M. M.

Beta Pictoris

Auf diesem Bild, das von Astronomen der Universität von Arizona und dem Jet Propulsion Laboratory aufgenommen wurde, sieht man möglicherweise ein fremdes Sonnensystem in einer Entfernung von 50 Lichtjahren. Die Aufnahme von Beta Pictoris, die mit CCD-Lichtsensoren gemacht wurde, läßt um den Stern eine runde Materiescheibe erkennen, die sich 60 Milliarden Kilometer in den Weltraum erstreckt; der Stern ist hinter einer runden Abdeckmaske im Mittelpunkt des Bildes verborgen. Die ihn umgebende Materie setzt sich wahrscheinlich aus Eis, kohlenstoffhaltigen organischen Substanzen und Silikaten zusammen. Es handelt sich dabei um jene Stoffe, aus denen sich auch die Planeten unseres eigenen Sonnensystems bildeten, und ähnliche Materie könnte auch zur Planetenentstehung bei Beta Pictoris führen. Die blasse Scheibe, die man beinahe von der Seite sieht, soll (nach astronomischem Maßstab) relativ jung sein – wahrscheinlich nicht älter als 100 Millionen Jahre. Die Untersuchung der Dichte dieser Ringmaterie könnte darauf schließen lassen, daß sich Planeten vielleicht schon gebildet haben. Die Extrapolation der Materieverteilung in der Scheibe hat ergeben, daß die innersten Partikel schon weggefegt wurden – möglicherweise von kreisenden Planeten. Dieses Bild wurde mit Hilfe eines Bildverarbeitungsverfahrens hergestellt, das die Teilung einer Aufnahme von Beta Pictoris und einem Vergleichsstern erlaubt. Mit diesem Prozeß kann man das durch die Erdatmosphäre entstehende störende Streulicht eliminieren, dadurch entstehen allerdings in der Aufnahme bestimmte Artefakte wie die negativen „Punktmuster" von Sternen um den Vergleichsstern oder die dunklen runden Erscheinungen um die schwarze Abdeckmaske. Die dunklen horizontalen und vertikalen Linien rühren von feinen Fäserchen aus Seide in der Abdeckmaske her. Die Beobachtungen wurden von Dr. Bradford A. Smith von der Universität von Arizona und Dr. Richard J. Terrile vom Jet Propulsion Laboratory durchgeführt. Sie benutzten das 2,5-m-Teleskop des Las-Campanas-Observatoriums, nahe bei La Serena in Chile gelegen, das von der Carnegie Institution in Washington geleitet wird. Die Bilder wurden an der Universität von Arizona und im Jet Propulsion Laboratory verarbeitet.

M. M.

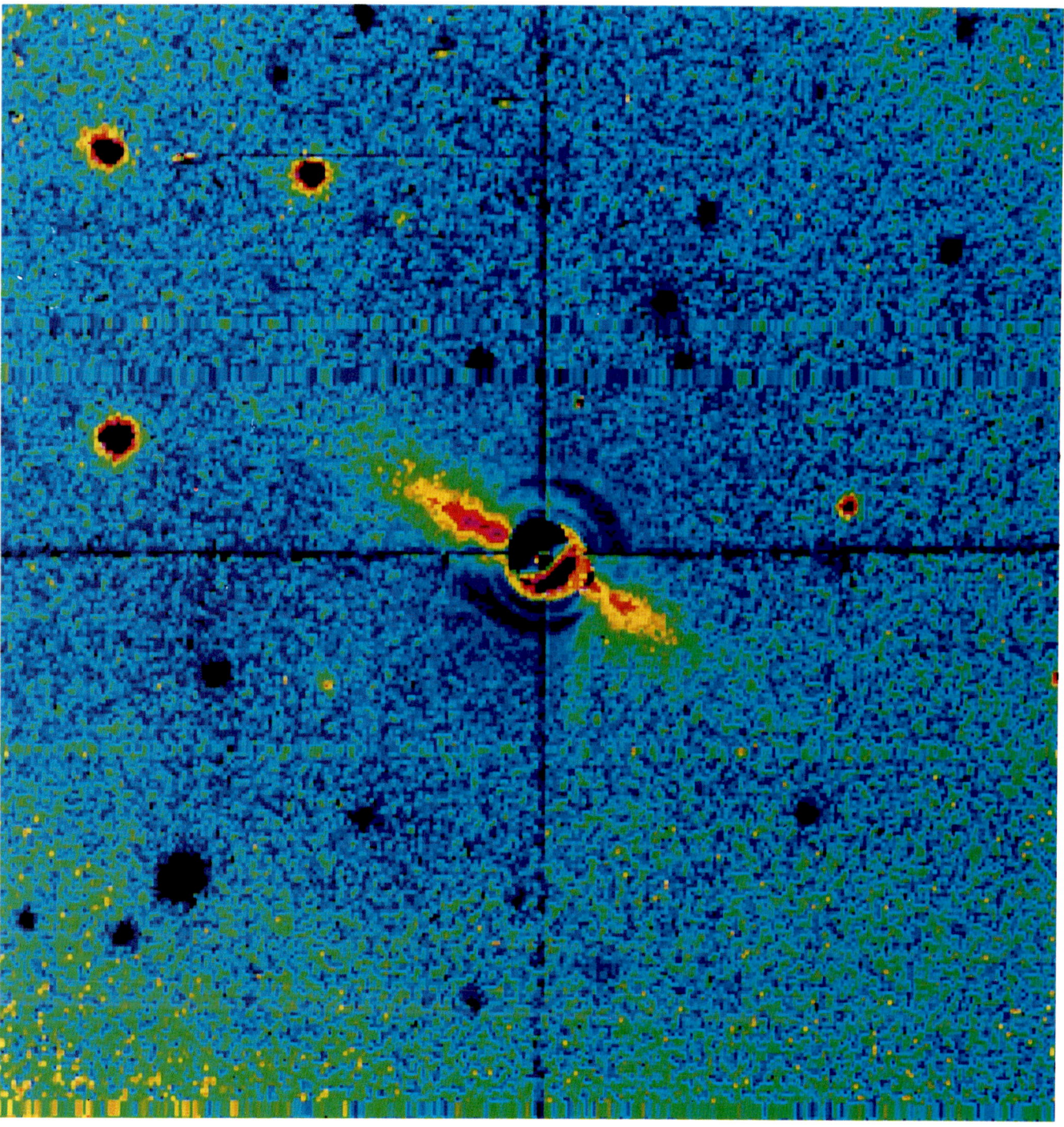

Laufende Weltraumprojekte

CRAF – Comet Rendezvous/Asteroid Flyby

Diese Mission wird entweder mit Shuttle oder mit einer Titan-Centaur-Rakete im September 1992 gestartet – als erste einer neuen Serie von Sonden des Typs Mariner Mark II. Sie wird sich einem Kometen mit kurzer Umlaufperiode wie Temple 2 nähern und eine detaillierte Kartierung des Kerns vornehmen. Zusätzlich zu den Kameras wird CRAF Meßinstrumente mitführen zum Studium der Strahlungseigenschaften, des magnetischen Feldes und zur Gewinnung von Erkenntnissen über die Zusammensetzung des Kerns. (Keine der acht zum Kometen Halley gesandten Sonden kam aus den USA. Eine Sonde ging mit Challenger verloren.)

HST – Hubble Space Telescope

Der Einsatz des Hubble-Weltraumteleskops wurde ebenfalls wegen Challenger verschoben. Es ist kleiner als das größte erdgebundene optische Teleskop. Dennoch wird es eine wesentlich bessere Leistungsfähigkeit besitzen, weil es außerhalb der irdischen Atmosphäre arbeiten kann. Es soll die Beobachtung von Sternen ermöglichen, die achtmal weiter entfernt sind als Sterne, die von der Erde aus gesehen werden können.

Magellan

Der Start mit Shuttle ist für April 1989 oder August 1990 vorgesehen. Die Radarsonde soll rund 75 % der Oberfläche des Planeten Venus mit einer Auflösung von 1 km kartieren, vergleichbar der fotografischen Karte des Mars von Mariner 9. Übrigens wird dies das erste amerikanische interplanetarische Raumfahrzeug sein seit dem Start von Voyager 2.

MO – Mars Observer

Im August 1990 soll dieser mit Shuttle gestartet werden. MO wird in eine kreisrunde, polare Umlaufbahn gebracht, die so gelegt ist, daß die Sonde jeden Tag zur gleichen Zeit eine vorgegebene Stelle am Äquator überfliegt. Sie wird den Planeten während eines ganzen Marsjahres (das entspricht zwei Erdjahren) sehr genau beobachten.

TOPEX – Ocean Topography Experiment

Es wird 1991 mit einer Ariane-Rakete in eine Erdumlaufbahn gebracht, ein Radar-Höhenmeßgerät wird die Höhenlinien der Meeresoberfläche erfassen. Diese Linien sind für das Verständnis des ozeanischen Kreislaufs und der Geologie des Meeresbodens von größter Bedeutung. Um die Daten sinnvoll nutzen zu können, bedarf es der ganz genauen Kenntnis der Lage des Satelliten zu jeder Zeit. Spezielle Radio- und Laserverfahren nutzt man zur Verfolgung des Satelliten; sie werden ihn mit einer Genauigkeit von 13 cm orten. Die Höhe seiner Umlaufbahn beträgt 1330 km.

Ulysses

Die Mission, wegen des Challenger-Unglücks verschoben, soll im September 1989 oder 1990 von einem Shuttle starten. Dieser ESA-Flug (ESA – European Space Agency) nutzt einen nahen Vorbeiflug am Jupiter, um die Umlaufbahn der Sonde aus der Ekliptik über die Sonnenpole zu lenken. Ulysses wird die Polarregionen der Sonne beobachten. Die Daten werden auf Compactplatten (erheblich größere Speicherkapazitäten als Magnetbänder) aufgezeichnet. M. M.

Zukünftige Weltraumprojekte

CNSR – Comet Nucleus Sample Return

Dieser Flug ist als Nachfolgemission von CRAF vorgesehen und soll eine Sonde in den Kometenkern schießen.

Weltraum-Schutzschilder

Beinahe 6000 künstliche Objekte werden derzeit in ihren Erdumlaufbahnen verfolgt, davon sind über 70 % als havariert klassifiziert. Es könnte also bei neuen Orbitaleinrichtungen bald notwendig werden, Schutzschilder anzubringen. Die Kosten würden geringer, wenn solches Material vom Mond in die Erdumlaufbahn befördert werden könnte, als wenn es von der Erde hinaufgebracht werden muß.

Mars Sample Return Mission

Mitte bis Ende der neunziger Jahre könnte es möglich werden, ein weitgehend autonomes Fahrzeug zum Mars zu bringen. Es würde sich dort zwar extrem langsam fortbewegen, aber trotzdem in den mehreren Monaten seines Betriebs mehr als 100 km zurücklegen. Das Marsvehikel könnte ungefähr 5 kg Material sammeln und zurückbefördern. Die Reise zum Mars würde 300 Tage dauern, das Fahrzeug bliebe 400 Tage auf der marsianischen Oberfläche.

Saturn Orbiter

Dabei könnte es sich um einen mit Radar ausgerüsteten Orbiter handeln, der auch in der Lage wäre, Titan in mehrfachen Vorbeiflügen zu kartographieren und gleichzeitig Saturn mit anderen Instrumenten zu erforschen. Er könnte zudem eine Sonde in Titans Atmosphäre schicken.

TAU – Thousand Astronomical Unit Mission

Ins Auge gefaßt wird ein Start um 2005 bei einer Missionsdauer von 50 Jahren. Drei neue Technologien sind dafür nötig: eine nukleare Energiequelle, ein elektrischer Antrieb und eine optische Laserkommunikation. Dieser Flugkörper könnte in den nahe gelegenen stellaren Raum bis zu einer Entfernung von 1000 AE (Astronomische Einheiten) vordringen.

Andere Möglichkeiten schließen die Untersuchung des Jupiters mit seinem vulkanisch noch aktiven Mond Io, das Studium der Ringe von Saturn, Titan und Neptuns größtem Mond Triton ein. (Es gibt Spekulationen darüber, daß Triton von einem Ozean aus flüssigem Stickstoff bedeckt sei; wenn das von Voyager 2 bestätigt würde, könnte ein schwimmfähiges Landegerät für die Erforschung eingesetzt werden.) Auch ein Vorbeiflug am Hauptgürtel der Asteroiden und Umkreisungen oder Vorbeiflüge an Venus, Neptun und Pluto liegen im Bereich des Denkbaren. M. M.

Ein Blick zurück
... und nach vorn

Das Apollo-Saturn-Programm öffnete das Tor zum Universum, doch scheuten sich die USA, es aufzustoßen. Tatsächlich wäre eine ganz erhebliche Erweiterung der Saturn-Rakete möglich gewesen. Statt dessen wurde sie zum politischen Spielball degradiert, denn die endgültige Entscheidung, Saturn nicht weiter einzusetzen, war in erster Linie durch mangelnden Weitblick begründet und nicht technologischer Art. Diese fehlende Weitsicht wurde erst recht durch das Challenger-Unglück offenbar (von den geplanten 725 Starts sind erst 24 durchgeführt worden). Daraus resultiert vor allem, daß sich die Grenzen zwischen zivilen und militärischen Missionen immer mehr verwischen, wie die Zahl von sechs der nächsten neunzehn Shuttle-Flüge zeigt, die für rein militärische Zwecke reserviert sind.

Was ist eigentlich aus jener erfolgversprechenden Zusammenarbeit zwischen den USA und der UdSSR geworden, die damit begann, daß sie die bei vier Flügen zum Mars zwischen 1971 und 1973 gewonnenen Daten den Vereinigten Staaten von Amerika zugänglich machten? Dies war außerordentlich hilfreich für die folgenden Viking-Flüge. Die Hoffnungen, die sich 1975 in der Vereinigung der amerikanischen und sowjetischen Raumschiffe ergaben, wurden allzubald enttäuscht. Die Rivalität der Supermächte fiel in die Steinzeit der militärischen Vormachtstellung zurück, ein „Immer-eine-Nasenlänge-voraus"-Denken macht sich breit.

*

Der teilweise Rückzug der USA aus dem Weltraum brachte anderen Nationen einen Boom. Das sowjetische Raumfahrtbudget steigt ständig (ungefähr 50 % höher als das der USA), und die Sowjetunion besitzt nun eine Rakete (Energija), die beinahe so leistungsfähig wie die Saturn von einst und dreimal kräftiger ist, als Shuttle von morgen sein wird. Da die Sowjets nur noch einen kleinen Schritt entfernt sind von einer ständig bemannten Raumstation, sind bemannte sowjetische Flüge zum Mars schon Gegenstand ernsthafter Studien (die Kosmonauten haben mehr als 100 000 Stunden im All verbracht, die Astronauten der USA dagegen um die 40 000).

Die Volksrepublik China wird bald für andere Nationen kommerzielle Satelliten äußerst kostengünstig starten können. Die Japaner arbeiten an zukünftigen Generationen von hochentwickelten Kommunikations- und Wettersatelliten, es gibt Pläne, eine Mondsonde (MUSES S) 1989 und eine Sonde zur Erforschung der Venusatmosphäre zu starten. Europas Ariane scheint sich mit ihren fast 50 Startaufträgen für Satelliten – darunter auch amerikanische – als universell einsetzbare kommerzielle Trägerrakete etabliert zu haben; mit Meteosat endete die europäische Abhängigkeit von amerikanischen und russischen Satelliten für die Wettervorhersage; eine kleine Version des Raumtransporters ist für die Mitte der neunziger Jahre geplant. Großbritannien ist inzwischen der drittgrößte Hersteller von Kommunikationssatelliten. Andere Nationen, etwa Indien und Italien, machen große Fortschritte. International gesehen, hat Intelsat bewiesen, daß grenzüberschreitende Kooperationen erfolgreich durchgeführt werden können. Der Nutzen solcher Projekte läßt sich anhand der erstaunlichen Zahl von 12 000 Produkten und Techniken ermessen, die vor zehn Jahren noch gar nicht existierten und ausschließlich durch das US-Raumfahrtprogramm zustande kamen. Neue Techniken werden entwickelt – etwa das Raumgleiterflugzeug, das sowohl in der

Atmosphäre als auch im Weltraum einsetzbar ist –, die die Startkosten beträchtlich senken. Die zukünftige industrielle Nutzung des Weltraums schließt u. a. pharmazeutische Produkte, Kristallzüchtungen, neue Legierungen und vielleicht sogar Weltraumwerbung oder – etwas utopisch – den Einsatz von Weltraumfahrstühlen ein.

Was kommt noch auf uns zu? Getreide, das für Milliarden hungriger Menschen der Erde auf riesigen orbitalen Plattformen wachsen könnte; gewaltige Menschenkolonien oder künstliche Welten in Umlaufbahnen; die Besiedelung des Mondes, die Erschließung seiner Rohstoffe und die Benutzung als planetare Startrampe; interstellare Archen; niederenergetische Fusionsreaktoren in Kombination mit Laserimpulsen als Energiequellen; Weltraumspiegel, die die Sonnenenergie auf die Erde reflektieren; Reihen von mächtigen Teleskopen ziehen sich durch das Sonnensystem und geben ein genaues Bild der Planeten, die in unserem Teil der Milchstraße existieren...

Die Liste könnte beliebig fortgesetzt werden. All das ist kein Problem der Technik, sondern ein Problem der Politik und der Wirtschaft.

*

Apollo war der erste Schritt weg von unserem Planeten. Wird es noch einmal etwas dergleichen geben? Haben wir dazu überhaupt die Vorstellungskraft? Soll man die Planeten oder ihre Monde tatsächlich bevölkern und erschließen?

Die Welt, in der wir leben, verfällt zusehends. Die vorhandenen Flächen, die die notwendige Nahrung für eine schnell expandierende Bevölkerung liefern müssen, nehmen täglich ab. Eine weitere Zunahme der Bevölkerungszahl in den vorgegebenen Grenzen schafft massive politische Spannungen. Sollten wir nicht hinausschauen, um unsere irdischen Probleme zu lösen?

Arthur C. Clarke hat einmal hervorgehoben: „Es mag sein, daß die alten Astrologen die Wahrheit genau auf den Kopf gestellt haben, als sie behaupteten, die Sterne beherrschten das Schicksal der Menschen. Der Mensch könnte die Sterne beherrschen." Werden wir den Mut dazu haben – den gesunden Menschenverstand –, um diesen Schritt zu wagen?

Aber vielleicht sollten wir uns zuerst selbst fragen, ob die Menschen, die für jeden einzelnen Mann, jede Frau und jedes Kind über vier Tonnen Sprengstoff auf diesem Planeten angehäuft haben und drei Millionen Mark pro Minute für militärische Ausgaben aufbringen, überhaupt fähig sind, die Möglichkeiten wahrzunehmen, die die Erforschung und Erschließung des Weltraums bieten.

Michael Maegraith

Anhang –
Die Probleme der Bildübertragung

D. L.: In diesem Fall arbeitet da draußen eine Schwarzweißkamera, die zu verschiedenen Zeiten Aufnahmen macht. Diese müssen in einer Vielzahl von Prozessen – vielen Einzelschritten – so umgeformt, transformiert werden, daß Bilder entstehen, die ein wirkliches Abbild der Szenerie zeigen. Vielleicht sitzt dann in der „Bodenstation" eine Person, die Farben und Helligkeit hinzufügt, um ein ästhetisch ansprechendes Ergebnis zu erhalten. Zwei Bearbeiter erstellen – aus den gleichen Daten – unter Umständen zwei unterschiedlich anmutende Bilder. Eins spricht an, das andere nicht; das ist die Kunst, die Wahl, welche Parameter man anlegt.

J. B.: Sie sprachen davon, daß es Leute gibt, die wirklich fähig sind, Fotografien zu erstellen, die sowohl gefallen als auch ihrem eigentlichen Zweck dienen, und daß es andere gibt, die das nicht so gut können.

D. L.: Das ist richtig. Die Wahl der Verarbeitungsmethode und der Programme, die auf das Bild angewendet werden, ist gewissermaßen eher Kunst als Wissenschaft, weil so viel davon abhängt, was in den Daten steckt und wie man das herausbekommen kann. Es ist sehr schwierig, dafür im voraus eine komplette Gebrauchsanweisung zu erstellen.

Wie Farbbilder entstehen

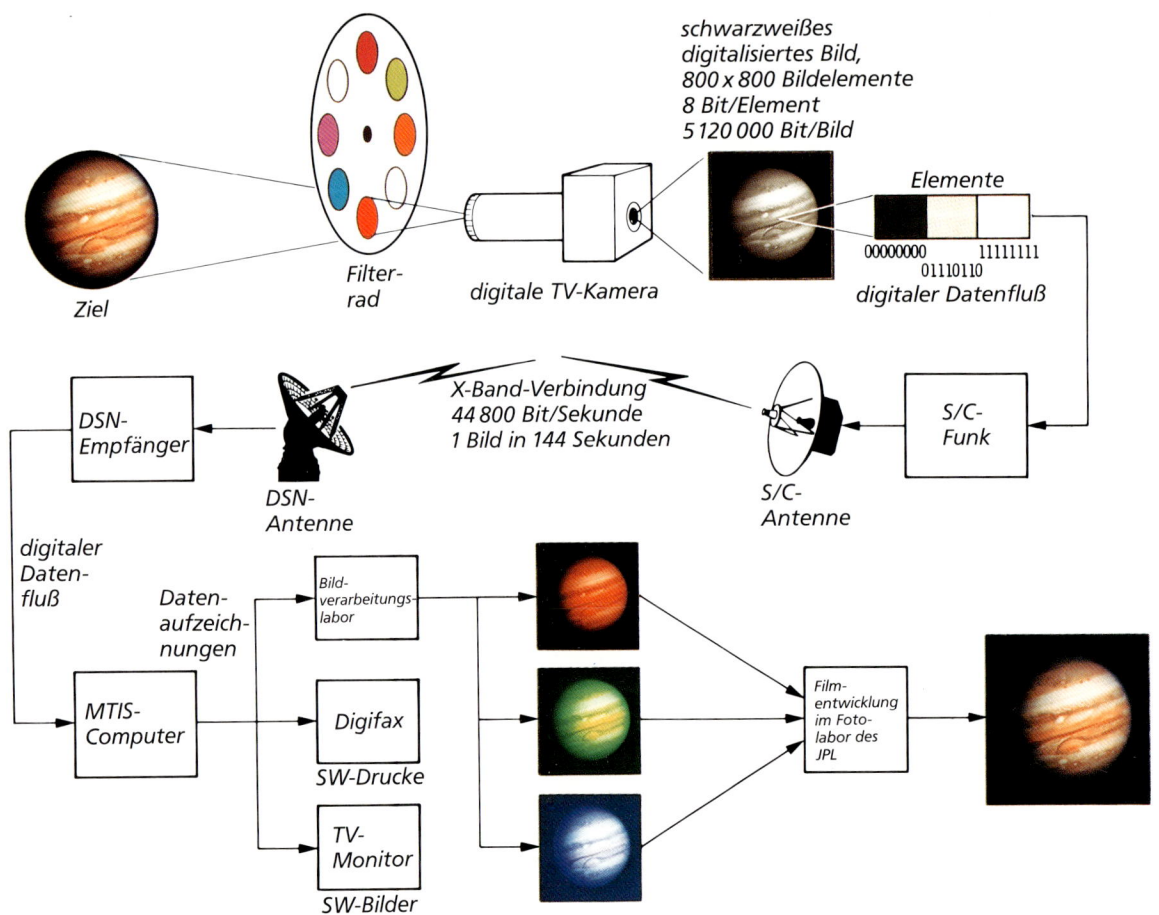

schwarzweißes digitalisiertes Bild, 800 x 800 Bildelemente 8 Bit/Element 5 120 000 Bit/Bild

Elemente

00000000   11111111
01110110
digitaler Datenfluß

Ziel

Filter-rad

digitale TV-Kamera

X-Band-Verbindung 44 800 Bit/Sekunde 1 Bild in 144 Sekunden

DSN-Empfänger

DSN-Antenne

S/C-Antenne

S/C-Funk

digitaler Datenfluß

Datenaufzeichnungen

MTIS-Computer

Bildverarbeitungslabor

Digifax

SW-Drucke

TV-Monitor

SW-Bilder

Filmentwicklung im Fotolabor des JPL

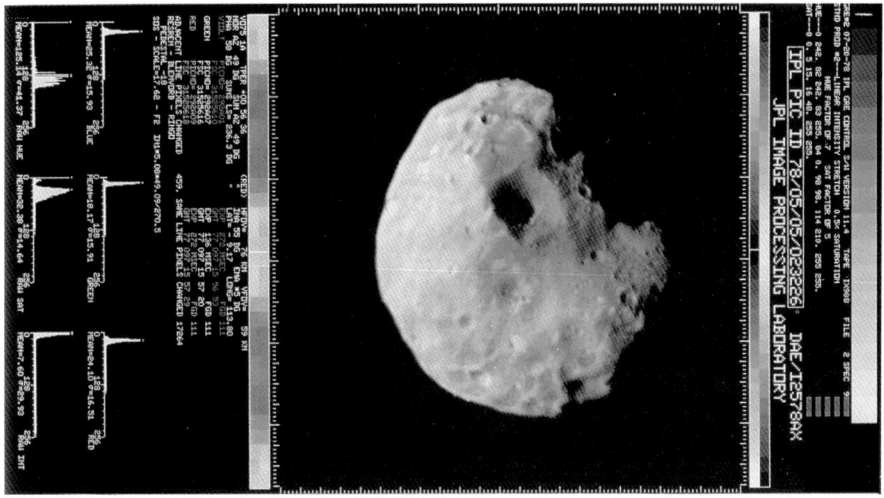

D.L.: Sie beginnen mit einem Bild vom Raumschiff, einem digitalen Bild. Bei der Bildbearbeitung werden alle Dinge wie die Wiedergabequalität der Kamera und die geometrische Verzerrung eliminiert. Dann macht man gegebenenfalls eine Verstärkung, um ein aussagekräftigeres Bild zu erzielen, anschließend kommt das als „masking" bezeichnete Verfahren: Sie lassen das Bild durch ein Programm laufen, das alle diese Bearbeitungen hinzufügt und das Bild so organisiert, daß die gesamte Information, wenn man ein Negativ oder einen Film produziert, erhalten bleibt. Sie können später zurückgehen – und es soll immer möglich sein, später wieder zurückgehen zu können – und feststellen, was mit dem Bild gemacht wurde, wo es herkam, wann und wie es hergestellt wurde.

J.B.: Das alles geschieht im Bildverarbeitungslabor.

D.L.: Das GRE [Ground Reconstruction Equipment] war ein Teil des Bildverarbeitungslabors, als dieses Bild aufgenommen wurde. Die Fotoprodukte werden in zwei Schritten hergestellt: zuerst das digitale Bild mit allen Bearbeitungsinformationen, aber das ist immer noch digital auf Band. Dieses Band muß zu einer anderen Anlage gebracht werden [in diesem Fall zum GRE], wo die Konvertierung von digital auf Film erfolgt.

J.B.: Was, zum Beispiel, bedeutet die gedruckte Information auf diesem Bild von Deimos (Abb. A)?

D.L.: Beginnen wir mit IPL PIC ID, das ist der eindeutige Code, der hinzugefügt wurde, als das Bild im Computer mit der gesamten damit zusammenhängenden Information verarbeitet wurde. Dieser Code identifiziert das Bild. DAE sind die Initialen des Bearbeiters, und die Zahl 12 578 vermerkt, wer die Herstellung dieses Bildes oder dieser Bildfolge vom JPL angefordert hat.

J.B.: Was bedeutet das AX?

D.L.: Das X ist nur für den Computer von Bedeutung. Das I vor der Anforderungsnummer zeigt an, daß sich die Anfrage auf das Viking-Orbiter-Projekt bezog, und A ist möglicherweise eine Spezifikation der Version; wenn man bei der gleichen Anforderung mehrere Aufgaben zu erfüllen hat, kennzeichnet man sie mit A, B, C oder D.

J.B.: Was ist mit der darüberstehenden Information?

D.L.: Dieses spezielle Bild wurde mit dem GRE-Filmrecorder hergestellt. Diese Anmerkung gibt Informationen darüber, wann und wie das GRE das Negativ herstellte. Da dieses Bild zuerst auf Band vorlag, kann man mehrere Negative vom gleichen digitalen Bild herstellen; jeweils auf ganz unterschiedliche Weise. Das IPL PIC ID verweist darauf, wann das digitale Bild hergestellt wurde; die GRE-Daten erklären, wie das fotografische Negativ produziert wurde, so daß man es wieder abrufen kann, wenn man möchte. Diese

Grauskala wird dem digitalen Bild während der Herstellung beigefügt; sie erlaubt es festzustellen, ob der Druck oder das Negativ den größtmöglichen Dynamikbereich aufweist oder ob das Bild zu dunkel oder zu hell gedruckt wurde. Die Grauskala ganz oben ist im GRE hinzugekommen, sie ermöglicht es, den Prozeß zwischen dem Negativ und dem Druck zu kontrollieren, wenn man das will.

J. B.: Was hat es mit den kleinen Skalen auf sich, die rund um das Bild zu sehen sind . . .?

D. L.: Man nennt sie Paßkreuze, sie zeigen die Zahl der Bildelemente oder Pixels. Die kleinen sind jeweils nach 5 Linien oder Bildpunkten angebracht, die größeren im Abstand von 25.

J. B.: Im Grunde geben sie Auskunft über die Informationsmenge, die bei der Herstellung des Bildes vorhanden war.

D. L.: Ja. In einigen Fällen, bei sehr kleinen Bildern, gibt es nicht so viele Bildpunkte.

J. B.: Was bedeutet die Information darunter?

D. L.: Die Anmerkung unter den Paßkreuzen beschreibt das Projekt; VO 75 ist Viking Orbiter. Irgendwo ist auch eine Bildnummer, eine unverwechselbare ID-Nummer. Auf dem anderen Foto vom Jupiter, aufgenommen von Voyager 1, sind diese Informationen einfacher zu verstehen. FDS ist eine Nummer, die vom Datensystem beim Flug erzeugt wurde, von einer Uhr in der Sonde; so läßt sich eindeutig ablesen, wann das Bild aufgenommen wurde. PICNO wird erst am Boden eingegeben, weil FDS nur eine Zeitangabe ist, die Bilder aber nicht laufend aufgenommen werden. Diese am Boden eingespeicherten sequentiellen Bildzahlen sagen uns, ob Bilder verlorengegangen sind.

J. B.: Noch einmal: Das ist eine eindeutige Nummer, die mit einem ganz bestimmten Bild verbunden ist?

D. L.: Ja. SCET heißt Spacecraft Event Time in GMT oder Greenwich Meridian Time. Es sagt, wann das Bild aufgenommen wurde. Dieser Zeitpunkt stimmt überhaupt nicht mit der Zeit überein, zu der das Bild die Bodenstation erreicht. NAC [Narrow Angle Camera] steht für Telekamera; EXP ist die Belichtungszeit, und MSEC zeigt an, daß der Wert in Millisekunden angegeben ist; FILT hält fest, durch welche Filter das Bild aufgenommen wurde. Die Kamera hat einen Filter mit 8 Positionen. Das ist Filterposition 1, durch die violettes Licht in die Kamera fällt. In der Kamera gibt es eine Einstellung für niedrige und eine für hohe Verstärkung. Dieses Bild wurde mit niedriger Verstärkung aufgezeichnet. Die Abtastung erfolgt eins zu eins; dies sind langsam abtastende Kamerasysteme, die ein volles Bild in 48 Sekunden überspielen können – das heißt eins zu eins – oder in dreifacher Übertragungszeit – das entspricht einer Abtastung von drei zu eins; die Bildübertragung drei zu eins würde, lassen Sie mich sehen, $2\,^4/_{10}$ Minuten benötigen. Somit gibt die Sonde in den ersten 48 Sekunden ein Drittel davon aus und ein weiteres Drittel in den nächsten 48 Sekunden. Die Voyager-Sonden haben auch Übertragungszeiten von fünf zu eins und zehn zu eins. ERT heißt Empfangszeit auf der Erde (Earth Received Time). Das ist ein Zeitzusatz zur Telemetrie beim Empfang in der Station. Auch hier kann man dasselbe Bild auf mehrere und verschiedene Arten überspielen, sofern es auf dem Recorder der Sonde aufgezeichnet wurde.

J. B.: Und ist die Empfangsstation wirklich JPL?

D. L.: Nein, sie liegt in Goldstone, in der Mojavewüste, manchmal auch in Spanien bei Madrid oder in Australien. Was haben wir noch? FULL RES bedeutet höchste Auflösung, weil es Bearbeitungsmethoden in der Sonde gibt, mit denen wir Bildausschnitte überspielen können. „Vidicon temp" gibt die Temperatur der Oberfläche der Vidikonröhre zu der Zeit an, zu der das Bild aufgenommen wurde, weil die Kalibrierung, die Empfindlichkeit der Vidikonröhre, von der Temperatur abhängt. Dann ist da noch IN und OUT, ich glaube, das sind Bandangaben. DSS ist die Nummer der Deep-space-Empfangsstation; sie ist hier nicht vermerkt. BIT SNR ist der Bit-Durchschnittswert zwischen Signal und

Abbildung B
Während sich Voyager 1 mit rasender
Geschwindigkeit vom Jupiter entfernt,
schaut die Sonde auf den mondförmig
beleuchteten Planeten zurück. Der Große
Rote Fleck ist unterhalb des Äquators zu
erkennen. 4.4.1979 (VF)

Rauschen während der Übertragung zu der Zeit, in der das Bild empfangen wurde. „Adjacent line pixels" bezieht sich auf eine der Bildverarbeitungen, die die Bilder hier am Boden im Bildverarbeitungslabor durchlaufen. Wenn man ein sehr verrauschtes Bild erhält, sieht es aus, als ob viel „Salz und Pfeffer" darüber gestreut wäre. Mit dem DESPIKE-Algorithmus kann man einzelne Pixels, die sich zu sehr von den nächstgelegenen unterscheiden, heraussuchen; hieraus läßt sich schließen, daß dieser spezielle Bildpunkt wahrscheinlich fehlerhaft ist. Mit Hilfe des Algorithmus versucht man, diesen Fehler zu korrigieren. FICOR steht für volle Intensitätskorrektur (Full Intensity CORrection). Sie erlaubt, jedes Pixel mit den Kalibrierungswerten zu vergleichen; man kann damit anhand der aufgezeichneten Ausgabewerte die genaue Intensität des Lichts für jedes Pixel ausrechnen.

J. B.: Das hat mit all diesen Kalibrierungstests zu tun, die Sie am Boden durchführten, bevor Sie die Kamera in den Weltraum schickten, beispielsweise mit den Filterrädern, um festzustellen, wie sie unter bestimmten Voraussetzungen arbeiten.

D. L.: Genau.

J. B.: Die Korrekturen müssen Sie vornehmen, weil Sie offensichtlich nicht das rohe Bildmaterial zurückbekommen.

D. L.: FICOR 77 deutet darauf hin, daß an diesem Bild eine komplette Intensitätskorrektur durchgeführt wurde. Jedes Pixel wurde mit den radiometrischen Kalibrierungswerten verglichen. Weil Vidikonröhren magnetisch gesteuert werden, gibt es bei einem Vidikonbild viele geometrische Verzerrungen. Damit es uns möglich ist, diese Verzerrungen zu eliminieren, sind kleine Quadrate in die Oberfläche der Vidikonröhre geätzt. Sie ergeben das kleine Punktmuster, das Sie sehen.

J. B.: Was bedeutet das Punktmuster, das man auf den Bildern immer wieder sieht?

D. L.: Die geometrische Kalibrierung ist ebenfalls ein Teil des Kalibrierungsprozesses am Boden; mit Hilfe eines Theodolits werden die Koordinaten jedes dieser kleinen Quadrate vermessen. Man nennt sie Réseaus. Das Muster heißt Réseau-Muster. Der Mittelpunkt jeder dieser einzelnen Positionen wird exakt bestimmt. Das geschieht mit einem Programm, das als RESSAR 77 bezeichnet wird; man sieht es auf dem Jupiterfoto (Abb. B). Es ermittelt im Bild mit Hilfe eines komplizierten Programms das Zentrum der Position jedes einzelnen Réseau. Das Programm kann den Mittelpunkt mit einer Genauigkeit von einem Zehntel der Pixelgröße feststellen.

J. B.: Man kann damit die Verzerrung ausgleichen.

D. L.: Im Ergebnis sagt das Programm: „Hier ist jenes Ding im Bild, und dort sollte es eigentlich hin, wenn es geometrisch korrekt sein soll. Jetzt gebe ich ein paar geometrische Verzer-

rungsparameter an, die die Bildpunkte dorthin zurückbringen, wo sie die Szenerie richtig wiedergeben." Das macht GEOMA; GEOMA ist das geometrische Korrekturprogramm (Geometric Correction Program); es nimmt die von RESSAR berechneten Koordinaten und führt alle Transformationen durch, die nötig sind, um die Bildpunkte dorthin zu bringen, wo sie die richtigen geometrischen Beziehungen haben.

J. B.: Das alles macht man in erster Linie, um das Bild so zu sehen, wie es wirklich war, nicht, auf welche Weise es in der Röhre gestört wurde.

D. L.: Ja, genau. In Wirklichkeit führt RESSAR auch eine Mittelung durch, so daß Sie dann die kleinen Quadrate nicht mehr sehen.

J. B.: Man sieht sie manchmal doch.

D. L.: Nun, das liegt einfach daran, daß man kein RESSAR-Programm zu deren Beseitigung durchführte. Man kann RESSAR auch laufen lassen, ohne die Réseaus zu entfernen.

J. B.: Was haben wir hier noch nicht besprochen?

D. L.: Okay. F2 ist ein Programm, mit dem arithmetische Operationen an mehr als einem Bild vorgenommen werden können. In diesem Bild vom Jupiter wurde es höchstwahrscheinlich angewandt, entweder weil man es auf diese Weise farbig machen und damit etwas Ungewöhnliches erreichen wollte, oder vielleicht hat man mehrere unterschiedliche Versionen dieses einen Bildes kombiniert. Das gleiche Bild wurde möglicherweise über verschiedene Übertragungswege übermittelt und mußte zusammengesetzt werden, um ein gutes Bild daraus zu machen. FARENC (Far Encounter) steht für Begegnung in großer Entfernung. Weil wir die Farbbilder hintereinander in drei Auszügen aufnehmen, ist die Position und Größe des Planeten für jedes Einzelbild etwas anders; FARENC ermittelt in der Aufnahme den Rand des Planeten und hält die Position der Bildpunkte an der Grenzlinie fest. Es paßt sie einem Ellipsoid an und

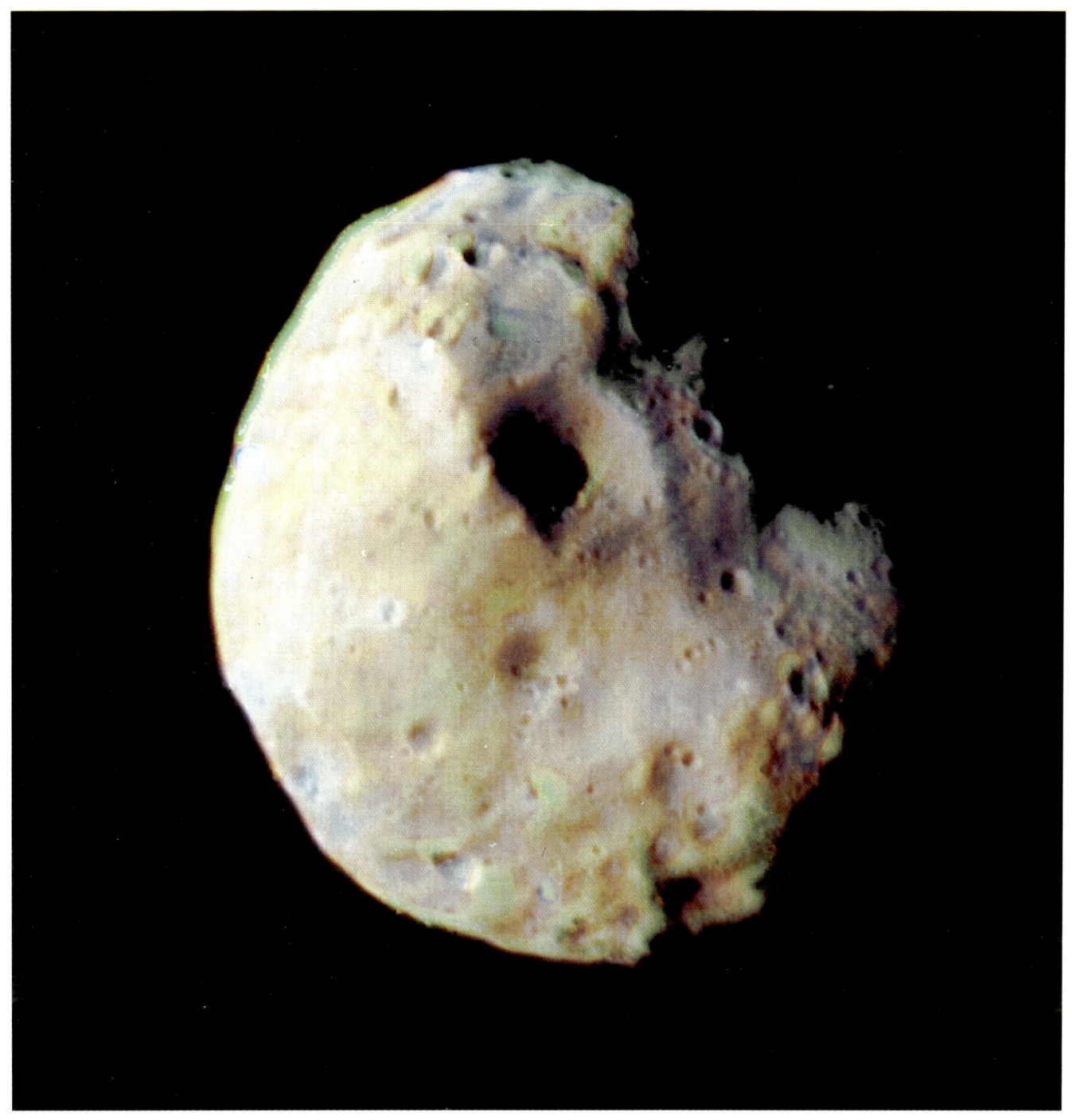

Detail Abbildung A

berechnet aus den zusammentreffenden Positionen den Mittelpunkt des Planeten. Dann werden die Zentren des Planeten in diesen drei Bildern und seine Grenzen berechnet. Es entspricht einer Verrechnung der drei Bilder.

J. B.: Und worauf beziehen sich STRETCH und FILTER?

D. L.: Auf Kontrastverstärkung. In diesem Fall handelt es sich wahrscheinlich um ein MTF-Filter, das das Bild schärfer macht, indem es die Streuung ausgleicht, die in jedem Punkt der Kamera auftritt – MTF steht für Modulation Transfer Function. Eine punktförmige Lichtquelle, aufgenommen durch das Objektiv einer Vidikonröhre, streut in Wirklichkeit. Mit dieser Verarbeitung bündeln wir das Licht, so gut wir es anhand der Kalibrierungsdaten können.

J. B.: Um es genauer zu machen?

D. L.: Und schärfer. COLORBALVL ist ein Programm, mit dem die drei Bilder kombiniert werden und die nötige Intensitätskorrektur und Anpassung durchgeführt wird, womit die repräsentativen Farben erreicht werden, die den spektralen Eigenschaften des Fotoprodukts entsprechen.

J. B.: Also, wenn man drei Bilder hat, dann muß man das machen, wenn es signifikante Abweichungen gibt, die man irgendwie ausgleichen muß?

D. L.: Ja. Man stellt möglicherweise fest, daß das Rot aus irgendeinem Grund so gesättigt ist, daß es die anderen überstrahlt und die Farbe verzerrt; dieses Programm untersucht alle drei Bilder, kombiniert sie und gleicht ihre Intensität an, damit keines stärker hervortritt, als man will . . . SIZE bezieht sich auf die Vergrößerung, ob das Bild vergrößert oder verkleinert wurde. Es gibt eine Vielzahl unterschiedlicher Programme, die je nach Belieben des Auswerters oder der Person, die das Bild verarbeitet, angewendet werden können.

J. B.: Wir sollten noch einmal zum Bild von Deimos zurückkommen (Abb. A). Was

bedeuten die Diagramme, die unten erscheinen?

D. L.: Das sind Histogramme. Sie repräsentieren neun unterschiedliche Verarbeitungsschritte. Ein Histogramm verdeutlicht die Verteilung der in einem Bild enthaltenen Intensitäten. Dieses eine Bild hier war ursprünglich fast völlig dunkel. Das dort drüben dagegen ist das Histogramm des ursprünglich blauen Bildes, des ursprünglich grünen und roten. Sie sind alle relativ dunkel. In der linken Kolonne zeigen die beiden unteren Reihen das ursprüngliche und das spätere Histogramm der Farbe des Bildes. Das Farbprogramm, mit dem die drei Bilder in einen anderen Farbraum umgewandelt werden, wird HSI (Hue, Saturation and Intensity) für Farbton, Sättigung und Helligkeit genannt. Ich meine mit „Farbton" die Farbe oder deren Position im Spektrum von Blau bis Rot.

J. B.: Also beschränkt sich das auf ein recht begrenztes Farbspektrum in dieser besonderen Ansicht.

D. L.: Jetzt die beiden unteren Reihen in der mittleren Spalte; sie beziehen sich auf das ursprüngliche und das spätere Histogramm der Sättigung in diesem Bild. Die Sättigung ist das Maß für die Reinheit einer Farbe.

J. B.: Entspricht das einem niedrigen oder hohen Grad an Reinheit?

D. L.: Relativ niedrig. Die Farbe ist also gedämpft. Die Intensität – in den unteren Reihen der rechten Kolonne dargestellt – entspricht der Helligkeit.

J. B.: Das sieht ziemlich dumpf aus; es scheint auf diesem Satelliten nicht sehr viel Licht zu geben.

D. L.: Das stimmt; er reflektiert nicht viel, deshalb erscheint der Mond grau. Mit Hilfe des HSI-Programms kann man das Farbspektrum spreizen und hat damit die Möglichkeit, Farbe, Sättigung oder Intensität zu verbessern oder sie alle drei zu manipulieren.

J. B.: Und dies alles wurde hier gemacht?

D. L.: Man hat hier die Histogramme gemacht, weil es sehr einfach ist, das Farbspektrum auf diese Weise zu spreizen – dort, wo etwas saturiert ist, ohne daß es jemand weiß. Besonders wenn man mit Einzelfarben arbeitet, ehe man sie kombiniert. Man sättigt etwas und merkt es überhaupt nicht und möchte es auch gar nicht; ein Grund, warum man alle diese neun Histogramme hat, ist der, daß man das Ergebnis jedes einzelnen Schritts in der Bildverarbeitung abschätzen kann und sich absichert, nichts zu tun, was man nicht machen will. Mit diesen Histogrammen läßt sich verfolgen, was mit der Farbe getan wurde; hier wurde die Farbe abgeschnitten und eingeengt, und das gleiche wurde auch mit der Sättigung gemacht. Man hat das Spektrum komprimiert, die Reinheit der Farben verstärkt und dann noch die Intensität verbessert. Unserer Vorstellung von Deimos entsprechend, hat man die Farbe wohl gestaucht, weil Deimos wahrscheinlich ein mehr oder weniger einfarbiger Himmelskörper ist. Aus dem gleichen Grund hat man wahrscheinlich die Sättigung gestaucht und die Intensität verstärkt, weil Deimos so schwach reflektiert.

Chronologie der Weltraumflüge

Name der Mission	Ziel
Ranger 7	Beschaffung und Übertragung von Fotografien der Mondoberfläche vor dem Aufschlag auf dem Mond
Ranger 8	wie zuvor
Ranger 9	wie zuvor
Surveyor 1	Weiche Landung auf dem Mond und Beschaffung von unterstützenden Daten für das Apollo-Programm
Surveyor 3	wie zuvor
Surveyor 5	wie zuvor
Surveyor 6	wie zuvor
Surveyor 7	Weiche Mondlandung. Wissenschaftliche Erforschung der Hochlandregion des Mondes. Beschaffung von unterstützenden Daten für das Apollo-Programm
Lunar-Orbiter 1*	Fotografisches Kartierungsprogramm der äquatorialen Zone des Mondes (43° O bis 50° W), das bei der Auswahl passender Landeplätze für Surveyor und Apollo helfen sollte
Lunar-Orbiter 2	wie zuvor
Lunar-Orbiter 3	Fotografien von zwölf Apollo-/Surveyor-Landeplätzen, die bei der Betrachtung der Aufnahmen von Lunar-Orbiter 1 und 2 festgelegt wurden. Beschaffung von Daten des Schwerkraftfeldes und der Mondumgebung
Lunar-Orbiter 4	Fotografischer Überblick über die Oberflächenmerkmale des Mondes für wissenschaftliche Zwecke. Schwerkraftfeldmessung, Mikrometeoritenbeobachtung und Strahlungsmeßversuche
Lunar-Orbiter 5	Fotografien von fünf möglichen Apollo-Landeplätzen, zuvor beobachtet von den Lunar-Orbitern 1, 2 und 3, ebenso von verschiedenen Örtlichkeiten für Surveyor-Landungen. Beobachtung von Protonenstrahlung und Meteoriten in der Umgebung des Mondes
Mariner 4	Vorbeiflug am Mars. Durchführung wissenschaftlicher Messungen im interplanetaren Raum zwischen den Bahnen von Erde und Mars und in der Umgebung des Mars
Mariner 6	Vorbeiflug über den Äquator des Mars, um Oberflächenbeschaffenheit und Atmosphäre des Mars zu erkunden
Mariner 7	Vorbeiflug an der südlichen Halbkugel des Mars

* Alle Lunar-Orbiter-Flüge wurden vom Langley Research Center in Hampton, Virginia, in Zusammenarbeit mit dem JPL geleitet.

Starttermin	Tag der größten Annäherung	Anzahl der zurückgesendeten Aufnahmen
28. Juli 1964	Aufschlag auf dem Mond (Meer der Wolken): 31. Juli 1964	4 316
17. Februar 1965	Aufschlag auf dem Mond (Meer der Ruhe): 20. Februar 1965	7 137
21. März 1965	Aufschlag auf dem Mond (Krater Alphonsus): 24. März 1965	5814
31. Mai 1966	(Ozean der Stürme) 1. Juni 1966)	11 240
16. April 1967	(Ozean der Stürme) 19. April 1967	6 326
8. September 1967	(Meer der Ruhe) 10. September 1967	19 118
6. November 1967	(Sinus Medii) 9. November 1967	29 952
6. Januar 1968	(nahe dem Krater Tycho) 9. Januar 1968	21 038
10. August 1966	Aufschlag auf dem Mond: 29. Oktober 1966	207
6. November 1966	Aufschlag auf dem Mond: 11. Oktober 1967	211
4. Februar 1967	Aufschlag auf dem Mond: 9. Oktober 1967	182
4. Mai 1967	Aufschlag auf dem Mond: 6. Oktober 1967	163
1. August 1967	Aufschlag auf dem Mond: 31. Januar 1968	212
28. November 1964	14. Juli 1965	21
24. Februar 1969	27. März 1969	75
27. März 1969	4. August 1969	126

Name der Mission	Ziel
Mariner 9	Erkundung des Mars aus einer Umlaufbahn. Kartierung des Planeten und Suche nach einem Gelände für die Viking-Landefähren. Mariner 9 sendete die ersten Aufnahmen von der Oberfläche der beiden Marsmonde Deimos und Phobos
Mariner 10	Vorbeiflug an Venus und Merkur. Erste Sonde, die die Schwerkraft eines Planeten nutzt (Venus), um einen anderen (Merkur) zu erreichen
Viking 1**	Erforschung des Planeten Mars aus Umlaufbahn und am Boden. Landung einer mit Instrumenten ausgerüsteten Sonde auf dem Mars
Viking 2	wie zuvor
Voyager 1	Vorbeiflug mit Erforschung von Jupiter und fünf seiner wichtigsten Monde (Io, Europa, Ganymed, Kallisto und Amalthea); ebenso bei Saturn und vier seiner Monde (Titan, Tethys, Enceladus und Rhea)
Voyager 2	Vorbeiflug mit Erforschung von Jupiter und fünf seiner Monde (Io, Europa, Ganymed, Kallisto und Amathea); ebenso bei Saturn und neun seiner Monde (Iapetus, Hyperion, Titan, Dione, Mimas, Enceladus, Tethys, Rhea und Phoebe), bei Uranus und seinem Mond Miranda, sowie 1989 bei Neptun.
Seasat	Flug zur Bestätigung des Konzepts. Erforschung der Weltmeere aus polarer Umlaufbahn in 800 km Höhe. Beschaffung wissenschaftlicher Daten für Ozeanographen, Meteorologen und für kommerzielle Anwendungen. Ausgerüstet mit Instrumenten für die Messung von Meeresströmungen, Gezeiten, Wellen, Oberflächentemperaturen, Wolkenstrukturen und Eisfeldern
IRAS	Satellit mit polarer Umlaufbahn zur Kartographierung des Universums; Einsatz von Detektoren mit extrem niedriger Temperatur, um die infrarote Energie oder Wärmestrahlung von Staub, Gas, Sternen, Galaxien und anderen Objekten zu messen, die mit früher benutzten optischen Detektoren nicht beobachtbar waren
SIR-A	Erdbeobachtung mit Radarabbildungen; Beschaffung und Übertragung von Daten geologisch unterschiedlicher Regionen; Demonstration der Möglichkeit, Space-shuttle als Plattform für weltraumgestützte wissenschaftliche Forschungen zu nutzen
SIR-B	Wie zuvor, aber mit einer schwenkbaren Antenne, die Beobachtungen aus verschiedenen Winkeln erlaubte, um Mehrfachradarbilder zu bekommen

** Viking 1 und 2 wurden vom Langley Research Center während Entwicklung, Start und der ersten Flugphase gel
Am 1. April 1978 wurden sie für die weiteren Missionen vom JPL übernommen.

Starttermin	Tag der größten Annäherung	Anzahl der zurückgesendeten Aufnahmen
30. Mai 1971	13. November 1971	7 329
3. November 1973	Venus: 5. Februar 1974; Merkur: 29. März 1974; Merkur: 21. September 1974; Merkur: 16. März 1975	November 1973: 1000 (Erde/ Mond); Februar 1974: 3500 (Venus); März/April 1974: 2300 (Merkur); September 1974: 1000 (Merkur II); März 1975: 400 (Merkur III)
20. August 1975	Umlaufbahn: 19. Juli 1976; Landung: 20. Juli 1976, Chryse Planitia (22,4° N; 47,5° W)	über 50 000 von Landefähre und Orbiter Viking 1 und 2
9. September 1975	Umlaufbahn: 7. August 1976; Landung: 3. September 1976, Utopia Planitia (48° N; 226° W)	wie zuvor
5. September 1977	Jupiter, Io, Ganymed, Europa und Amalthea: 5. März 1979; Kallisto: 6. März 1979; Titan: 11. November 1980; Tethys, Enceladus, Rhea: 12. November 1980	Über 35 000 Aufnahmen vom Jupiter wurden von Voyager 1 und 2 übertragen und über 33 000 vom Saturn.
20. August 1977	Kallisto: 8. Juli 1979; Jupiter, Io, Ganymed, Europa und Amalthea: 9. Juli 1979; Iapetus: 22. August 1981; Hyperion: 24. August 1981; Saturn, Titan, Dione, Mimas, Tethys und Rhea: 25. August 1981; Phoebe: 4. September 1981; Uranus: 24. Januar 1986	wie zuvor
26. Juni 1978	–	40 Stunden aufgezeichneter Daten, die eine Fläche von unge-fähr 96 000 000 km^2 abdecken
25. Januar 1983	–	über 200 000
12. November 1981	–	8 Stunden aufgezeichneter Daten, die eine Fläche von unge-fähr 10 000 000 km^2 abdecken
5. Oktober 1984	–	16 Stunden aufgezeichneter Daten, die eine Wasser- und Landfläche von ungefähr 15 000 000 km^2 abdecken